航海类高等职业教育项目化教材

气象观测与分析

郭亚娜　主编
潘益农　主审

上海浦江教育出版社

内 容 简 介

本书内容符合中华人民共和国海事局和STCW 78/10公约对各类船舶驾驶人员在航海气象和海洋学方面的基本要求，内容紧扣大纲，具有系统性、实用性等特点，在教材编写过程中，力求概念清楚、重点突出、条例清晰、理论联系实际。本书是航海类高等职业教育项目化教材，也适用于无限航区、近洋航区和沿海航区的船舶管理级（船长、大副）、操作级（二副、三副）适任证书考试培训使用，还可作为航海从业人员的参考书。全书共分五个项目。内容涉及气象学基础知识、海洋学基础知识、船舶海洋水文气象要素观测与编报、天气系统、传真天气图等知识。

图书在版编目(CIP)数据

气象观测与分析/郭亚娜主编. —上海：上海浦江教育出版社有限公司，2014.8

(航海类高等职业教育项目化教材)

ISBN 978-7-81121-359-1

Ⅰ.①气… Ⅱ.①郭… Ⅲ.①气象观测—高等职业教育—教材 ②天气分析—高等职业教育—教材 Ⅳ.①P41 ②P458

中国版本图书馆CIP数据核字(2014)第185679号

上海浦江教育出版社出版

社址：上海海港大道1550号上海海事大学校内　邮政编码：201306

电话：(021)38284910(12)(发行)　38284923(总编室)　38284910(传真)

E-mail：cbs@shmtu.edu.cn　URL：http://www.pujiangpress.cn

上海图宇印刷有限公司印装　上海浦江教育出版社发行

幅面尺寸：185 mm×260 mm　印张：13.5　字数：325千字

2014年8月第1版　2014年8月第1次印刷

责任编辑：蔡则齐　封面设计：赵宏义

定价：42.00元

总　序

当前，我国高等职业教育已进入了快速发展时期，职业教育的教学模式也悄然发生着改变，传统学科体系的教学模式正逐步转变为行动体系的教学模式。项目化教学是“行动导向”教学法的一种，因其具有实践性、自主性、发展性、综合性、开放性等多个优点而被高等职业院校广泛采用。但由于受传统学科体系的教学模式和海事局船员适任考试评估大纲的影响，航海类高等职业教育的教材目前大多仍按知识体系架构编写，内容偏重于理论知识，而轻视实践技能的训练，与职业能力培养要求存在较大的差距。国内部分院校虽然也进行过项目化教学改革的尝试，但编写的配套教材大多采用模块（知识体系）＋实训（海事局评估项目）架构，教学方法上采用“理论与实践交替互动”的模式，没有真正实现以项目为载体的理实一体化教学。

为了培养高素质航海技术技能人才，使教学模式遵循职业教育教学规律和高职学生的认知规律，我们组织编撰了《航海类高等职业教育项目化教材》（丛书）。为了高质量地完成教材的编撰工作，编委会组织了一批企业专家、知名学者和专职教师，在以华东师范大学博士徐国庆教授为核心的“职业教育项目化教改团队”的指导下，大力推进航海类专业以工作任务为导向的课程体系改革。本次课程体系改革，完全打破以往的基于知识体系的课程体系模式，而是以海船船员典型工作任务为导向，从船员岗位的工作领域和职业能力分析入手，形成了一套集知识目标和技能目标于一体、融理论学习和技能训练于一身的全新航海类项目化专业主干课程教材。

教材是课程教与学的载体，也是课程教与学模式的具体体现。在重新优化和构建以工作任务为导向的课程体系的基础上，编委会配套制定了各课程教学标准，分组开展了项目化课程设计，并以此指导项目化系列教材的编撰。

本套教材紧扣船员工作岗位的实际工作项目，通过“项目描述”“项目目标”“任务描述”“任务实施”“任务评价”等栏目逐层递进，在项目实施中完成对学生

知识的积累和能力的培养。这种“做中学、学中做”教学方法，既符合高等职业教育的需求，也符合高等职业院校学生的认知规律。

航海类专业职业教育“课证融通”的特点，要求毕业生参加海事局组织的船员适任证书考试和评估，并取得相应船员适任证书。所以，本套教材在编撰过程中，还特别强调紧扣国际海事组织 STCW 公约 2010 年马尼拉修正案的新内容、新要求，在知识内容和实训项目设置上，完全涵盖中国海事局全国海船船员适任考试和适任评估两个大纲的要求，实现了理论和实践的有机融合。此外，本套教材还根据航海技术的最新发展动态，增加或修订了一些新技术或新设备内容，由此满足船员适任考试和评估的双重需要，还可作为船舶技术人员的参考用书。

本套教材的编撰，是我国航海教育项目化课程改革的有益探索和创新，由于我们的水平有限，书中或仍有某些不足，敬请专家、同行和其他读者不吝指教，以便我们适时改进，为推进我国航海高等职业院校项目化课程改革添砖加瓦。

《航海类高等职业教育项目化教材》编写委员会

2014 年 7 月

《航海类高等职业教育项目化教材》编写委员会

前　言

《气象观测与分析》贯彻“以服务为宗旨，以就业为导向”的职业教育方针，打破“章、节”编写模式，建立“以工作项目为导向，以工作任务为驱动，以行动体系为框架，以典型案例情境为引导”的教材体系。教材紧紧围绕学生关键能力的培养目标来组织教材的内容，在保证气象观测与分析知识系统性的同时，把气象要素观测与记录、天气图分析、天气系统分析、天气报告识读及气象传真图识读等实用技术融入典型专业任务实训中，强调实践操作的实用性，促进“教、学、做”一体化教学。全书共分五个项目，内容涉及气象学基础知识、海洋学基础知识、船舶海洋水文气象要素观测与编报、天气系统、传真天气图等知识。

《气象观测与分析》符合中华人民共和国海事局和 STCW 78/10 公约对各类船舶驾驶人员在航海气象和海洋学方面的基本要求，内容紧扣大纲，具有系统性、实用性等特点。

教材的各项目依据岗位对技能和知识的需求，重构知识结构和能力结构体系，有助于提高学生抽象思维能力和解决具体问题的能力。教材内容全面，具有可读性、趣味性和广泛性，重点突出船员考前培训和航海实践知识；同时，紧密联系编者最新研究成果和教学经验，反映该学科的最新发展动态。教材精选来自于教学、科研和企业、行业的最新典型案例，以促进相关课程的学习和满足不同人员所需。

本书由郭亚娜主编，参编人员有俞剑蔚、史方敏、王艳玲、陈宝康、丁振国。全书由郭亚娜统稿，潘益农主审。本教材的编写团队具有“校校联合”和“校企融合”的特点，其成员来自于省内、外的同类高职院校和行业单位，在吸收其他高职院校丰富教学经验的同时，还增加实际的案例，提高教材在省内、外同类高职院校教学和行业培训中使用的宽度和广度。本书适用于无限航区、近洋航区和沿海航区的船舶管理级（船长、大副）、操作级（二副、三副）适任证书考试培训使用，还可作为航海从业人员的参考书。

由于编者水平有限，书中不当或错误之处，热忱欢迎读者批评指正。

编　者

2014 年 7 月

目　录

引　言

远在独木舟航海时代，人类就注意到按气象条件选择出航时间和航行海域。至帆船时代，人们已能利用海上的风做为航行的动力。魏晋南北朝时，中国以风为动力的海船就经常来往于中国和波斯（即今伊朗）等国之间。

15世纪末，航海者开始掌握东北信风知识，由于它有利于商业贸易船队的航行，又称贸易风。17世纪，航海中已开始使用实质上是测量气压变化的晴雨计，以预测风暴的来临。随着蒸汽机船舶的出现和发展，航海者不断总结航海中的各种环境资料，至1805年，英国人蒲福根据风对地面和海面物体影响程度，拟定风力海况等级表，称为"蒲福风级表"。

从19世纪开始，人们主要依靠航海实践中积累的资料，开始编制用于大洋航行和局部海域使用的各种航海气候图。这个时期，海上风和海流图的出现，有助于航海家们据此设计出适用于不同季节航行的季节航路。1938年美国天气局出版了全球范围的《海洋气候图集》。但直到20世纪50年代，这种海洋气候图志才较为系统和完善，并成为航海和航路设计的主要依据。此后，海上气象观测、气象情报传输、海洋天气预报等，也都有了很大发展，海洋天气分析图表和预报产品开始通报到海上，使其在航海上得以广泛应用。

从20世纪50年代蓬勃发展起来的船舶最佳航线选择技术，是气象学结合海洋学在航海上的重要应用，也是航海气象学的重要发展。现代航海气象学所研究的课题，就是应用气象学，尤其是海洋气象情报和预报服务方面的成果，保障船舶安全经济航行，避免和减少由于海上环境条件给航海所带来的不利影响和损失。这些研究，同时也丰富了气象学的研究内容，促进了气象学的发展。

气象观测与分析是研究与航海有关的气象学问题的科学，是气象学与航海学之间的边缘科学。凡影响船舶航行的气象条件的形成和变化规律、与气象条件关系密切的海洋水文条件，以及这些条件对航海和船舶驾驶的影响和应用等，均为其研究范畴。影响航海的气象条件和与气象关系密切的海洋水文条件有：①风，主要影响航向和航速；②海浪，长时间的强风会造成巨浪，引起船舶横摇、纵摇和垂直运动，严重时可导致船舶倾覆；③海雾，由于能见度降低可给船舶驾驶造成困难，甚至发生碰撞事故；④海流，它对船体的流压，可使其偏航而造成危险，但正确利用海流，可增加航速和节省燃料；⑤海冰和冰山是高纬区航行的巨大威胁。现代航海气象学的最重要的任务，就是如何应用现今的气象学成就，根据海上观测所得的资料图表及预报的天气形势，推定船舶附近对航海活动有威胁的天气，提出安全、经济的航行条件。研究航海气象的目的在于充分利用有利的天气和水文条件，避离或克服不利的气象和水文条件，使船舶航行安全、省时、经济，并使因灾害性天气造成的损失减小到最低限度。要达到此目的，驾驶员首先应掌握气象基础知识。

项目一　气象基础知识观测与分析

学习与训练总目标

掌握气象要素的定义、特征和时空变化规律
掌握气象要素在实际天气中的表现形式
掌握气象要素观测的基本方法
能正确使用船用气象仪器，进行要素的观测和记录

项目导学

气温、湿度、气压、风、云、能见度、雾、雷暴、雨、雪、冰雹等，都是表征大气状态的物理量或物理现象，统称为气象要素。表层水温、海浪、海流、海冰等是水文要素，也可以看成是广义的气象要素。

核心概念

大气成分、大气垂直分层、温标、辐射、单位气压高度差、海平面气压场基本形式、水平气压梯度、水平气压梯度力、水平地转偏向力、惯性离心力、摩擦力、地转风、梯度风、海面上的风、单圈环流、三圈环流、大气活动中心、季风、海陆风、山谷风、大气湿度、云的分类、降水强度、雾的分类、能见度

项目描述

船舶海洋水文气象辅助测报（简称船舶测报）是组织海上部分运输船只、渔船以及从事其他海上活动的船舶进行的海上水文气象观测和编报。它是全球天气监视网的重要组成部分，是认识、研究、掌握海洋环境变化规律和为海洋天气预报提供实时资料的有效手段。此外，根据《1974 年国际海上人命安全公约》中关于"危险通报"的有关规定，也要求船舶能够掌握正确观测海上危险天气及海况和及时进行国际通报的方法。

气象要素的观测与测报是学习《天气观测与分析》课程的基础，该项目主要描述气象要素的特征，以及海上各气象要素的观测和记录方法。

知识准备模块

模块1　大气概况

学习目标

掌握影响天气气候变化的主要大气成分
掌握大气污染的概念
掌握大气的垂直结构
了解大气各层的特征

要正确解释发生在大气中的各种物理现象和物理过程，进而掌握它们的变化规律，首先必须对大气的成分、结构和基本物理性质等有一个概要的了解。

一、大气的成分

环绕地球表面的整个空气层称为大气层，简称为大气(Atmosphere)。大气是一种混合物，由干洁空气、水汽和各种悬浮的固态杂质微粒组成。由于空气的可压缩性，在地球引力的作用下，大气的质量绝大部分集中于大气底层，越往高处空气越稀薄。通常把大气的组成成分分为干洁空气、水汽和杂质三部分。

1. 干洁空气

大气中除了水汽、液体和固体杂质之外的整个混合气体，称为干洁空气。干洁空气是组成大气的主要成分，主要气体有氮、氧、氩等，三者约占干洁空气总容积的99.97%，其中氮约占78%，氧约占21%。氧和氮是地球上一切生物呼吸和制造营养的源泉，是维持生命必不可少的；次要气体有二氧化碳、臭氧、氢、氖等。干洁空气在地球的常温和常压状态下总保持气体状态，在地面附近的平均分子量是28.966，密度为1.293 g/m^3。

大气中的二氧化碳含量虽少，但对气候变化影响很大。它能透过太阳短波辐射，强烈吸收和放射长波辐射，使地面和大气保持一定的温度，因其作用类似于栽培农作物的温室，故名温室效应(Greenhouse effect)，又称花房效应，它是大气保温效应的俗称。自工业革命以来，人类向大气中排入的二氧化碳等吸热性强的温室气体逐年增加，大气的温室效应也随之增强，已引起全球气候变暖等一系列严重问题，引起了全世界各国的关注。

大气中臭氧含量也很少，它主要分布在10～50 km高度的平流层中，极大值出现在20～30 km高度之间。臭氧可以在高空吸收大量太阳紫外线，保护地面生物免受强烈紫外线的伤害，同时它能使平流层大气增温，对平流层的温度场和大气环流起着决定性作用。

2. 水汽

水汽(Vapor)是大气中含量变化最大的气体，它是一种无色、无味、透明的气体。水汽来源于地表的蒸发。海洋上空水汽含量多于陆地上空，沙漠上空水汽含量最少，在垂直方向的分布是低空多于高空，随高度升高水汽含量迅速减少，99%集中在距地面十几公里的

大气层内。我们通常把含有水汽的空气称为湿空气(Wet air),不含水汽的空气称为干空气(Dry air)。

水汽与干洁空气有着本质区别,它是唯一在常温和常压下能发生相态变化的气体,是天气演变的主要因素。水汽含量甚微,然而它却是成云致雨、导致天气现象千变万化的重要因素。热带气旋之所以能够强烈发展,其能量主要来自水汽凝结释放的潜热。另外,水汽和二氧化碳一样,能强烈地吸收和放射长波辐射,对地面和大气的温度有较大的影响。

气温、气压相同时,水汽密度比干空气密度小,水汽的存在使实际大气的密度变得小一些,即干空气的密度大于湿空气的密度。另外温度的高低也影响空气的密度,气压相同时,温度高空气密度小,温度低空气密度大。因此,在同一气压条件下,暖湿空气最轻,干冷空气最重。

3. 大气杂质

大气杂质(Atmospheric impurity)指悬浮在大气中的许多固体或液体的颗粒,又称为气溶胶粒子(Aerosol particle),包括水汽凝结物(水滴、冰晶)、烟尘、尘埃、盐粒等。杂质多集中于大气的底层,它不仅使能见度变坏,影响船舶航行,而且是水汽凝结的核心(称为凝结核),对云、雾、雨、雪的形成起着重要的作用。大气杂质还有削弱太阳辐射、阻挡地面辐射、保持地面温度的作用。

由于人类活动使局部甚至全球范围大气成分发生有害于人类和各种生物的变化过程称为大气污染(Atmosphere pollution)。目前日益严重的大气污染严重威胁着人们的生活和健康,对周围环境、森林、农作物、建筑物以及动植物的生存等造成不同程度的危害。一些科学家指出,大气污染特别是二氧化碳含量的累积,将使地球变暖并引起全球天气和气候的异常变化,导致极地冰雪融化、海面上升,一些沿岸的港口将被淹没。

目前已知大气污染物约有100多种,有自然因素(如森林火灾、火山爆发等)和人为因素(如工业废气、生活燃煤、汽车尾气、核爆炸等)两种,且以后者为主,尤其是工业生产和交通运输所造成的。污染的主要过程由污染源排放、大气传播、人与物受害这三个环节构成。目前气象台监测的首要污染物种类有总悬浮颗粒物、二氧化硫和氮氧化合物。

保护大气环境,防止和控制大气污染已经日益引起人们的高度重视。防治空气污染是一个庞大的系统工程,需要个人、集体、国家乃至世界各国的共同努力。

二、大气的垂直分层及对流层的特征

大气在垂直方向上很不均匀,且不同高度上大气的性质差异很大,世界气象组织(WMO)建议,根据温度的垂直变化、水汽的垂直分布和电离现象等不同特点,将大气在垂直方向上自下而上依次划分为对流层、平流层、中间层、热层、散逸层等五个层次,通常以“极光”出现的最大高度1 000 km作为大气上界的高度,如图1-1-1所示。

1. 对流层

对流层(Troposphere)位于大气的最低层,其下边界与地面相接,上边界高度随地理纬度和季节的变化而变化。在低纬度地区平均高度为17~18 km,在中纬度地区平均为10~12 km,极地地区平均为8~9 km;就季节而言,同一地区夏季对流层厚度大于冬季。

对流层是大气层中极薄的一层,其厚度只有整个大气厚度的1%。但是由于地球引力的作用,这一层却集中了整个大气质量的3/4和几乎全部的水汽、杂质。

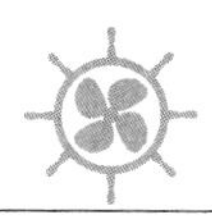

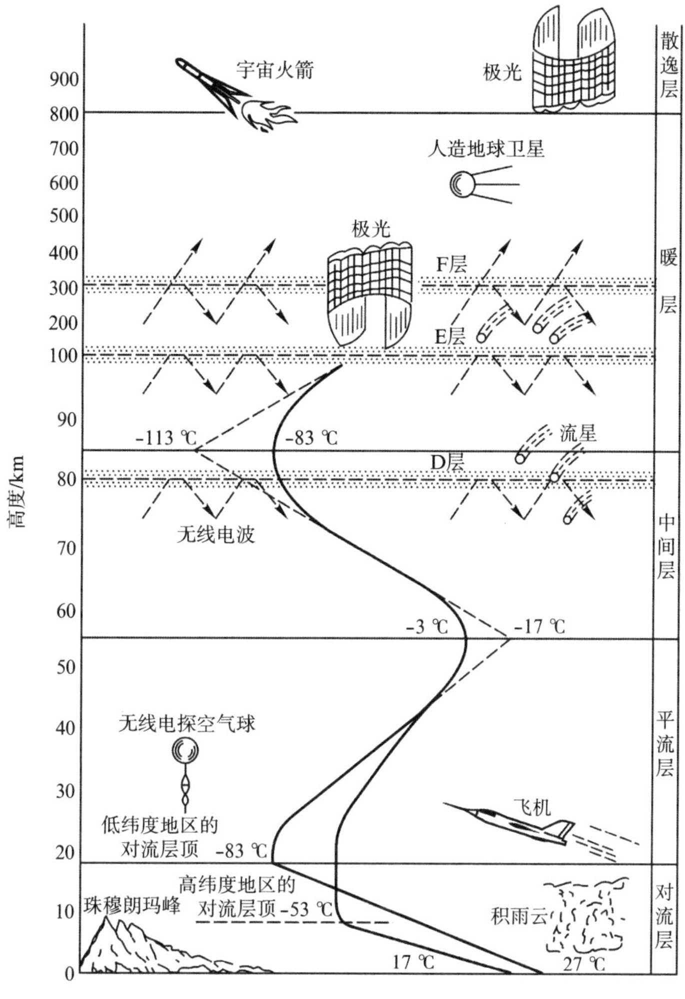

图 1-1-1　大气的垂直分层

对流层大气具有以下几个特点：

(1) 气温随高度的升高而降低

对流层中一般每升高 100 m，气温平均下降 0.65 ℃。在一定条件下，大气中有时会出现气温随高度的增加而升高的现象，这种现象称为逆温，出现气温随高度增加而升高的这一层，称为逆温层。

(2) 有强烈的对流和乱流运动

空气的对流使上下层水汽、尘埃、热量发生交换混合，由于 90%以上的水汽集中在对流层中，所以云、雾、雨、雪等天气现象都发生在对流层。

(3) 气象要素(如温度、湿度等)在水平方向上分布不均匀

由于纬度的不同，陆地、海洋的存在，各地区空气受热程度及水汽含量都不同，形成了气象要素的水平分布不均匀。

进一步研究对流层中大气运动的不同特征和天气变化特点，通常将对流层分为摩擦层和自由大气两个层次。摩擦层(Friction layer)是对流层底部贴近地表面的气层，空气运动

受地面摩擦的作用显著，其厚度大约为1～1.5 km。在摩擦层中，摩擦作用随着高度的增加而减小，通常风随高度的增加而增大。自由大气(Free atmosphere)在摩擦层以上，由于距离地表面较远，摩擦作用很小，通常摩擦力可以忽略不计。在自由大气中，大气的运动规律显得比较简单和清楚，尤其是处于对流层中部5.5 km(500 hPa等压面)的气流状况，可以代表整个对流层空气的基本运动趋势，因此是在天气预报中备受关注的气层。在中纬度对流层的中、上部，盛行西风，并且风速随高度的增加而增大。

2. 平流层

从对流层顶向上到大约55 km高度之间的气层称为平流层(Stratosphere)。平流层温度随高度的升高而显著增加，这是由于臭氧层直接吸收大量太阳紫外辐射所造成的。在平流层中没有强烈的对流运动，整层气流比较平稳，水汽和尘埃含量很小，天气晴朗，大气透明度好，适宜飞机飞行。

臭氧主要存在于大约20～40 km的气层中，这一气层通常称为臭氧层(Ozonosphere)。

3. 中间层

自平流层顶向上到大约85 km高度之间的气层称为中间层(Mesosphere)，亦称中层。在中间层再次出现明显的空气对流和湍流现象，故又有高空对流层之称。

4. 热层

自中间层顶向上到大约800 km高度之间的气层称为热层(Thermosphere)，亦称暖层。热层的特点是温度随高度增加而迅速升高，该层大气由于受强烈的太阳紫外辐射和宇宙射线的作用而处于高度电离状态，因此该层又称为电离层。它能反射短波无线电波，对实现远距离无线电通信具有重要意义。罗兰C等无线电导航仪就是靠电离层的反射作用来实现定位目的的。

5. 散逸层

距地面800 km以上的大气层称为散逸层(Exosphere)，这是整个大气的最外层，又称外层。在该层空气非常稀薄，一些高速运动的大气质点可以挣脱地球引力的束缚，克服周围其他大气质点的束缚，逃逸到宇宙空间中去，散逸层因此而得名。

拓展训练

1. 什么是大气，它由几部分组成？
2. 简述大气在垂直方向的分层，描述对流层的主要特征。
3. 简述自由大气和摩擦层的区别。

模块2　气温

学习目标

掌握温标和辐射的概念

掌握空气增温和冷却的方式

掌握气温的日、年变化

了解气温的水平分布

大气的温度简称气温(Air temperature),是地面气象观测规定高度(即1.25～2.00 m,我国为1.5 m)上的空气温度。空气温度记录可以表征一个地方的热状况特征,无论在理论研究上,还是在应用上都是不可缺少的。气温是天气预报的直接对象,气温的分布和变化还与大气稳定度、云、雾、降水等天气现象密切相关。因此,了解气温的变化规律,对天气预报是十分重要的。

一、气温的定义和温标

温度的数值表示方法,称为温标,常用的温标有三种,即摄氏温标(℃)、华氏温标(°F)和绝对温标(由英国物理学家Kelvin提出,亦称开尔文温标、开氏温标,K)。它们分别对纯水在标准大气压下的冰点和沸点见表1-1-1。

表1-1-1　三种温标的冰点、沸点

	冰点	沸点
摄氏温标	0 ℃	100 ℃
华氏温标	32 °F	212 °F
绝对温标	273 K	373 K

三种温标之间的换算关系为

$$t_C = \frac{5}{9}(t_F - 32)$$

$$t_K = t_C + 273$$

式中：t_C,t_F,t_K分别表示摄氏温标、华氏温标和绝对温标。

我国在日常生活中常采用摄氏温标;一些欧美国家常采用华氏温标,有时华氏温标还用来标绘航海气候图;在科学理论计算中常采用绝对温标。

绝对温标的零度相当于－273 ℃,称为“绝对零度(Absolute zero)”。它是理论上所能达到的最低温度,在此温度下物体没有内能。

二、太阳、地面、大气辐射

自然界中一切温度高于绝对零度物体,都在时刻不停地以电磁波的形式向外传递能量,这种传递能量的方式称为辐射(Radiation)。辐射不依赖任何介质,它以光速向外传播。这种方式传递的能量,称为辐射能。任何物体一方面因放射辐射能使本身温度降低,另一方面又因吸收其他物体放射的辐射能而使本身的温度升高。

理论和实践证明：物体的温度愈高,放射能力越强,则辐射波长愈短;物体的温度愈低,放射能力越弱,则辐射波长愈长。太阳表面的温度为6 000 K,它所辐射的电磁波的波长在0.15～4 μm之间,地面和大气表面的温度约为300 K,它所辐射的电磁波的波长在3～120 μm之间。因此,我们习惯上把太阳辐射(Solar radiation)称为短波辐射,而把地面辐射(Radiation of earth's surface)及大气辐射(Atmospheric radiation)称为长波辐射。

太阳辐射是地球表面和大气的唯一的能量来源。太阳的辐射只有极少部分被大气

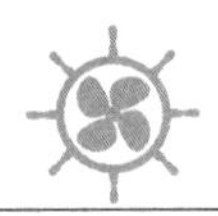

直接吸收，其余大部分穿过大气投射到地球表面。地面吸收了太阳的短波辐射而使地面温度升高，然后再以地面辐射的方式传给大气。同样，大气在获得辐射的同时，也依据自身温度不停地向外放出辐射。由此可见，大气受热的主要直接热源是地球表面的长波辐射。

地球上四季的变化、昼夜的变化都与辐射有关。地球表面接收到的太阳辐射随纬度是不均匀的，而地球表面放出的长波辐射随纬度变化不大，因此，全年平均而言，赤道热带地区得到热量，极地高纬地区失去热量。大气和海洋中热量的经向交换，使各纬度带的年平均气温变化保持恒定。

三、空气的增热和冷却

空气的增热和冷却有两种形式：一种是绝热变化；另一种是非绝热变化。绝热变化与外界有热量交换，而非绝热变化与外界没有热量交换。研究表明：空气增热和冷却的主要过程是非绝热的。空气不断地与外界交换热量，是引起气温变化的主要原因，当空气从外界得到的热量多于支出的热量时，空气增温；反之，空气降温。下垫面是对流层大气主要的直接热源，因此空气的增热和冷却主要受下垫面影响，这种影响是通过下垫面与空气之间的热量交换来实现的。下垫面与空气之间的热量交换途径主要有下列几种。

1. 热传导

热传导(Conduction)是介质内无宏观运动时的传热现象，其在固体、液体和气体中均可发生。空气与下垫面之间可以通过分子热传导来交换热量。但空气是热的不良导体。在大气中，热传导与其他传递方式相比，它的作用十分微小，通常不予考虑。

2. 对流、平流和乱流

在气象上，通常将空气微团的垂直运动称为对流(Convection)，如暖空气上升、冷空气下沉的热量交换方式属于对流的交换方式，通过大气对流一方面可以产生大气低层与高层之间的热量、动量和水汽的交换，另一方面对流引起的水汽凝结可能产生降水。

空气微团的水平运动称为平流(Advection)，农谚所说的“南风吹暖，北风送寒”就是人们熟知的温度平流变化规律之一，使气温上升的称为暖平流，使气温下降的称为冷平流。对流指空气在垂直方向上有规则的升降运动。对流运动占据的面积小，通常只有单个云块的尺度，但进行得相当剧烈和迅速。平流运动的范围要大得多，持续时间也长得多，随着空气的水平运动，各种气象属性或物理量都要做水平输送。从整个地球来看，平流是大气中最重要的热量传递方式，对局地温度变化影响很大。

当下垫面受热不均匀的范围和程度较小时，或当空气流经粗糙的下垫面时，可能造成空气的无规则运动，这种无规则运动，称为乱流或湍流(Turbulence)，如图 1－2－1 所示。湍流一般只发生在 1 km 以下的摩擦层中，因为湍流的产生比对流更经常和普遍，所以它是下垫面与空气之间热量交换的重要方式之一。湍流是一种气流运动，肉眼无法看见，而且经常不期而至。引发湍流的原因可能是气压变化、急流、冷锋、暖锋和雷暴，甚至在晴朗的天空中也可能出现湍流。湍流并非总能被预测出来，雷达也发现不了它。根据美国联邦航空局(FAA)的数据，湍流是导致机上非致命伤害的主要原因。

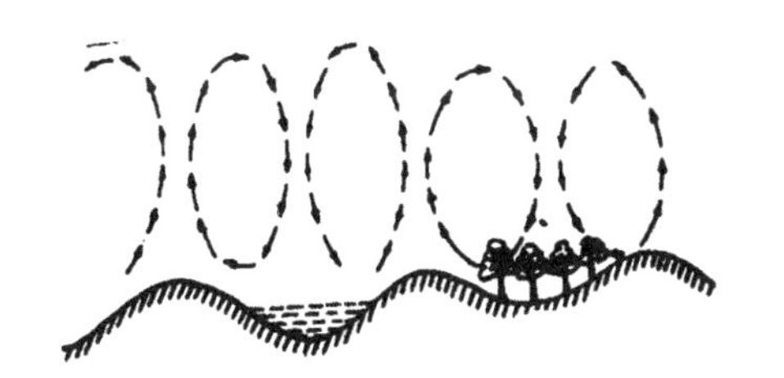
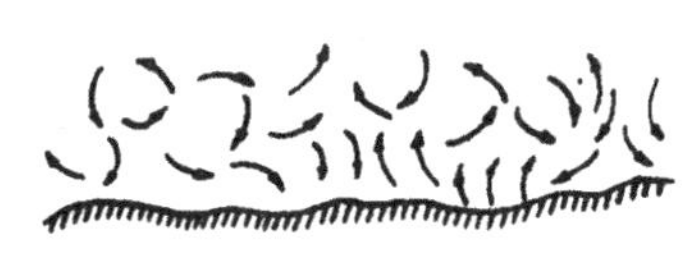

图 1-2-1　对流和乱流

3. 水相变化

在大气常温状态下，水有液态、气态和固态之间的变化，通过蒸发（升华）和凝结（凝华），促使地面和大气之间、空气团与空气团之间发生潜热交换。可见，水相变化也是空气与下垫面之间交换热量的方式。由于大气中的水汽主要集中在 5 km 以下的气层，所以这种热量交换主要发生在对流层中下层。

4. 辐射

辐射是地气系统热量交换的主要方式。大气主要靠吸收地面的长波辐射而增热，同时地面也吸收大气放出的长波辐射，这样他们之间就主要通过长波辐射的方式不停地交换着热量。

气温的局地变化是上述各种过程共同作用的结果，只是在不同的情况下其作用大小不同。通常，地面与大气之间的热量交换以辐射为主，各地空气之间的交换以平流为主，上下层空气之间的交换以对流和湍流为主。

四、气温的日、年变化

气温在一天和一年中的变化称为气温的日变化和年变化。午热晨凉、夏暑冬寒是近地面层气温变化的一般规律。

1. 气温的日变化

一天内气温出现一个最高值和一个最低值。陆地上最高气温，冬季出现在 13～14 时，夏季出现在 14～15 时左右；海洋上最高气温出现在 12 时 30 分左右，海洋上气温日变化的特点可以用空气直接吸收太阳辐射而增温的作用来解释。陆地和海洋上最低气温均出现在日出前。

一天中气温的最高值与最低值之差，称为气温日较差。气温日较差的大小受纬度、季节、地形、下垫面性质、天气状况、海拔高度及地形等因素的影响。

（1）纬度：一般是低纬地区气温日较差大于高纬地区；

（2）季节：中纬度的气温日较差有明显的季节变化，通常是夏季大、冬季小；

（3）下垫面性质：气温日较差海洋比陆地小，且自沿海向内陆逐渐增大，沙漠最大；

（4）海拔高度：高度越高，气温日较差越小，盆地气温日较差大于高原；

（5）天气状况：晴天气温日较差比阴天大。

2. 气温的年变化

气温年变化的特点是一年内月平均气温有一个最高值和一个最低值。在北半球陆地上月平均气温最高值出现在 7 月份，最低值出现在 1 月份；南半球陆地上月平均气温最高值出现在 1 月份，最低值出现在 7 月份。在北半球海洋上月平均气温值出现在 8 月份，最低值出现在 2 月份；南半球海洋上月平均气温最高值出现在 2 月份，最低值出现在

8 月份。

一年中月平均气温的最高值和最低值之差称为气温年较差。影响气温年较差的因素主要是纬度、地形、下垫面性质及海拔高度等。

(1) 纬度：一般是高纬地区气温年较差大于低纬地区；

(2) 下垫面性质：陆地大于海洋，沙漠最大；

(3) 海拔高度：海拔高度越高，气温年较差越小。

另外在赤道地区，气温年较差很小，但在一年中气温却出现了两个最高值和两个最低值，它们分别出现在春分、秋分和冬至、夏至。这是赤道地区在一年内吸收太阳辐射能量的年变化造成的。

五、海平面平均气温的分布

1. 海陆热力差异对气温变化的影响

海面和陆面是两种热力热属性很不相同的下垫面，海面变化平缓，陆面变化剧烈。海陆热力性质差异主要表现在三个方面：

(1) 海水的热容量大约为陆地热容量的两倍。在热量收支相同的情况下，海面海水温度变化比陆面土壤温度变化小很多。

(2) 太阳辐射穿透陆地仅限于地表一个薄层内，而太阳辐射在海洋上可以达到几十米深。因此，陆面上的温度远比海面上温度对太阳辐射敏感得多。

(3) 海水具有流动性。海水的流动性使热量向较大范围传播。

2. 冬、夏季海平面平均气温的分布特征

图 1-2-2 和图 1-2-3 分别为海平面上全球 1 月和 7 月月平均气温的地理分布。从图中可以看出气温的变化主要由纬度决定，但等温线并不完全与纬圈平行，这种不规则性是由海陆分布、地表不均匀或洋流等引起的，表现为如下几个主要特点：

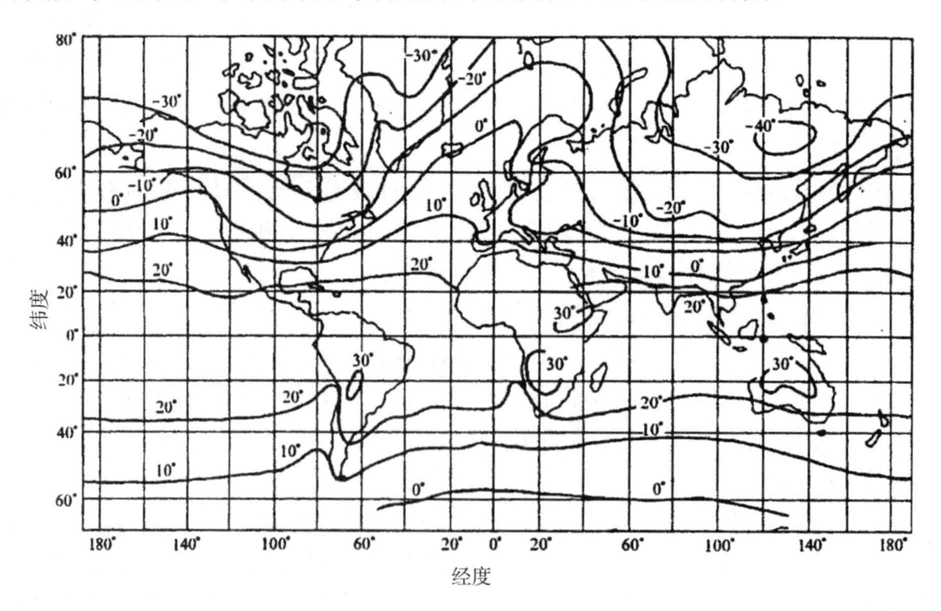

图 1-2-2　1 月海平面平均气温

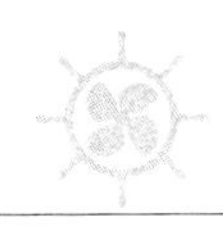

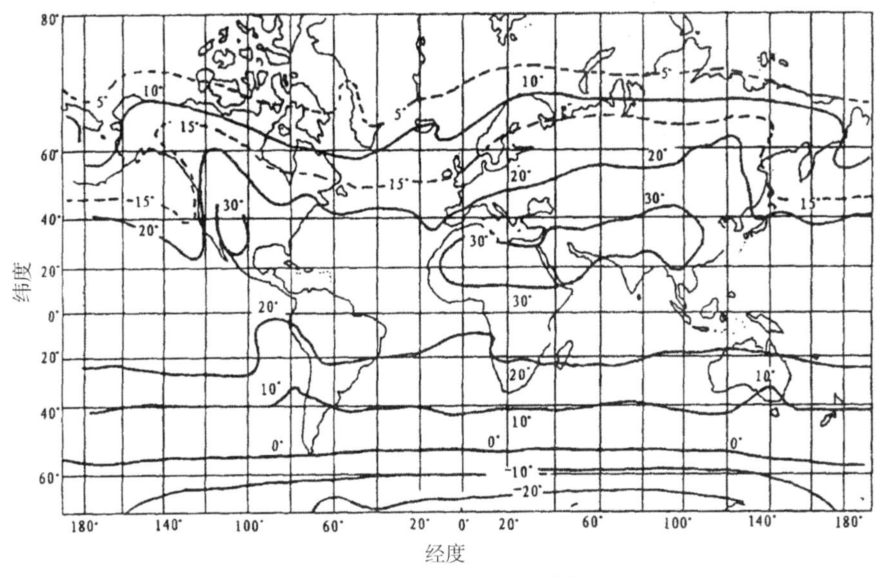

图 1-2-3 7月海平面平均气温

(1) 在北半球,等温线与纬线不平行现象比较明显。海陆热力性质差异对气温分布有一定的影响。夏半年大陆为热源,海洋为冷源;冬季则相反,大陆为冷源,海洋为热源。

(2) 夏半球的等温线较稀疏,冬半球的较密集。这与不同季节不同纬度之间地面所接受的太阳辐射差的不同有关。

(3) 冬季北大西洋的等温线向北突出十分显著。这是墨西哥湾暖流造成的,位于60°N以北的挪威、瑞典,1月平均气温比同纬度的亚洲及北美东海岸高 10～15 ℃。

(4) 在北半球只有夏季的最低气温出现在极地地区。冬季北半球有 2 个冷极：一个在西伯利亚,1 月平均气温在－48 ℃以下,另一个在格陵兰,1 月平均气温低于－40 ℃;而在南半球,不论冬夏最低气温都出现在南极地区。全球最冷的地方是南极,那里终年被厚厚的冰雪覆盖着,太阳辐射的能量有 3/4 被反射回空中,地面的温度很低,1967 年在南极极点附近测得－94.5 ℃的低温。

(5) 近赤道地区有一最高气温带,1 月和 7 月的平均气温均高于 25 ℃,这个高温带称为热赤道。热赤道有南北位移,移向夏半球,其平均位置约在 10°N 附近。极端最高气温出现在 15°N～40°N 范围内的沙漠地区,像非洲的撒哈拉大沙漠、我国的塔克拉玛干沙漠等,白天的最高温度都超过了 45 ℃。在索马里的黎波里境内,曾测得 63 ℃的高温记录。

(6) 赤道与极地的温差,无论南北半球,冬季约为夏季的 2 倍。北半球的年较差比南半球大,年较差由赤道向极地增大,在赤道附近只有 1 ℃左右,极地达 35～40 ℃。

六、气温对人体温的影响

在日常生活中,人们一般知道气温与人体有关系,那么,到底有什么样的关系呢? 气温对人体的影响主要表现在对体温的调节上。大气环境温度变化破坏了人体热量平衡,此时,人体通过中枢神经系统的一系列调节活动,使体温保持稳定。

当外界温度低于体温时,随着气温的升高,由温度传感器传入的信号到达体温调节中枢,使皮肤血管舒张,皮肤温度增高,增加了皮肤与气温的温差,从而增加了辐射、传导和对流方式的散热，使人体温度与外界温度保持热平衡。如外界气温继续上升，超过了人体温度时，则出汗蒸发逐渐成为主要散热方式。出汗与气温的关系为：在环境气温范围内，①低于 25 ℃，一般不会出汗；②25 ℃至 28 ℃，稍有出汗；③29 ℃至 30 ℃，明显出汗；④34 ℃至 38 ℃(相对湿度低于 30%)，大量出汗；⑤41 ℃以上，中暑、热衰竭。第 4 种情况，由于特别干燥，汗液的大量分泌引起体内水分、盐分的损失，长时间出汗使体温调节功能失调。因此，炎热的夏季在室外工作或活动时，要注意适量饮用淡盐水和休息，以保持旺盛的精力。人体耐受的极限高温为 44 ℃，当体温上升到 44 ℃时，人将失去意识。在人体感冒发高烧情况下，一定要注意及时采取特殊手段降温和迅速就医。在气温降低时，体热散失增大，皮肤的冷感感受器官受到刺激，通过体温调节中枢，引起代谢加快和寒颤等产热反应，皮肤血管开始收缩，使皮肤温度降低，以减少与环境的温差。温差减小可使辐射、传导和对流散热量减少，从而保持体温不致于下降太快。如气温继续下降，体温也继续下降。当气温降至－10 ℃至－20 ℃时，保暖不良的人体将开始出现冻伤和冻僵。因此，在低温严寒情况下要注意合理着装保暖，保证膳食并积极进行耐寒锻炼，可有效避免冻伤。

人体的感温还与风速有关，风速越大，感温越低。当气温是 5 ℃时，3 级风的感温在 0 ℃左右；6 级风对裸露肌肤的作用相当于－12 ℃时的温度。湿度也影响人体感温，湿度大感觉温度偏高、闷热。

拓展训练

1. 表示气温的单位有哪些？写出各单位之间的换算关系。
2. 简述气温日变化及年变化特征。
3. 分析控制气温变化的因素有哪些？

模块 3　气压

学习目标

掌握气压的定义及单位、单位气压高度差及船用压高公式
熟悉气压随高度变化的特点和气压梯度
掌握气压的日、年变化规律
掌握海平面气压场的基本形式

气压和天气之间存在着密切的关系。当气压升高时，天气往往转好；当气压降低时，天气往往变坏。高压控制下是晴朗、少云、微风的好天气，低压控制下是阴雨、大风低能见度等不良天气。因此，气压表又有“晴雨表”之称。

一、气压的定义和单位

大气是有重量的，气压(Atmospheric pressure)是作用在单位面积上的大气柱的总重量，即等于从该点起直至大气上界单位面积垂直空气柱的重量。气压常用的单位有“百帕(hPa)”“毫巴(mbar)”“毫米汞柱(mmHg)”等。

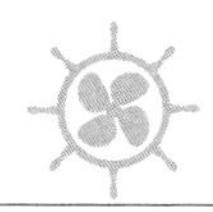

在标准情况(气温 0 ℃、纬度 45°)下,在海平面上,760 mmHg 高的大气压称为 1 个标准大气压,相当于 1 013.25 hPa。mmHg 和 hPa 之间换算关系为

$$1\ \text{mmHg}=\frac{4}{3}\text{hPa}$$

$$1\ \text{hPa}=\frac{3}{4}\text{mmHg}$$

现在国际上还有不少国家在使用“毫巴(mbar)”作为气压的单位。

$$1\ \text{mbar}=1\ \text{hPa}$$

二、气压随高度的变化

1. 变化规律

根据气压的定义可知,随着高度的增加,气柱变短,气压减小,大约在 5.5 km,气压值约为地面气压的 1/2。在地面上气压最大,到大气上界气压减小为零。气压随高度的变化如表 1-2-1 所示。

表 1-2-1　气压随高度的变化

高度/km	0	1.5	3	5.5	9	12	16	24	31	36	48
气压/hPa	1 000	850	700	500	300	200	100	30	10	5	1

2. 单位气压高度差及船用压高公式

(1) 单位气压高度差

在铅直气柱中,气压变化 1 hPa 时所对应的高度差称为单位气压高度差,以 h 表示,代入大气的静力学方程,得

$$h=\left|\frac{\Delta z}{\Delta p}\right|=\frac{1}{\rho g}$$

此式表明:单位气压高度差 h 与空气密度成反比。因此,在水平方向上,温度越高,则密度越小,单位气压高度差 h 值越大;温度越低,则密度越大,单位气压高度差 h 值越小。在垂直方向上,越往高处,则空气密度越小,单位气压高度差 h 值越大;越靠近地表,则空气密度越大,单位气压高度差 h 值越小。

(2) 船用压高公式

在近地面附近,当气层不太厚、要求的精度不高时,利用单位气压高度差 h 值,可以导出海平面气压订正公式

$$p_0=p'+\frac{H}{h}$$

式中:p_0 表示海平面气压;p' 表示船台高度上得到的本站气压;H 表示船台距海面的高度。

在近地面层空气中,当气压为 1 000 hPa,温度为 0 ℃,h 值为 8 m/hPa,即高度每升高 8 m,气压下降 1 hPa。进一步研究表明,在海面以上几百米高度范围内,在常温下,取 $h=$ 8 m/hPa作为高度订正,其误差在船舶条件下可以忽略,于是上式可简化为

$$p_0 = p' + \frac{H}{8}$$

用上式可将船台高度测出的气压订正为海平面气压。

例：某船放置空盒气压表的船台距海面高 24 m，测得本站气压为 1 000 hPa，利用上式可求出海平面气压为 1 003 hPa。

三、气压的日、年变化

气压随时间的变化有周期性和非周期性两种变化。

1. 气压的日变化

气压的日变化以 12 h 为周期，1 天有 2 个峰值和 2 个谷值，呈现 2 个大致对称的半日波，如图 1-3-1 所示。白天的谷值出现在 16 时，落后于近地面最高气温 2～3 h，夜间的谷值出现在 4 时；白天的峰值出现在 10 时左右，落后于近地面最低气温 3～4 h，夜间的峰值出现在 22 时。白天的谷值比夜间的谷值明显，上午的峰值比前半夜的峰值明显。一般认为下午的谷值是空气的增热作用造成的，上午的峰值是空气的冷却作用造成的。至于夜间的第二次谷值和峰值产生的原因，目前尚无定论。

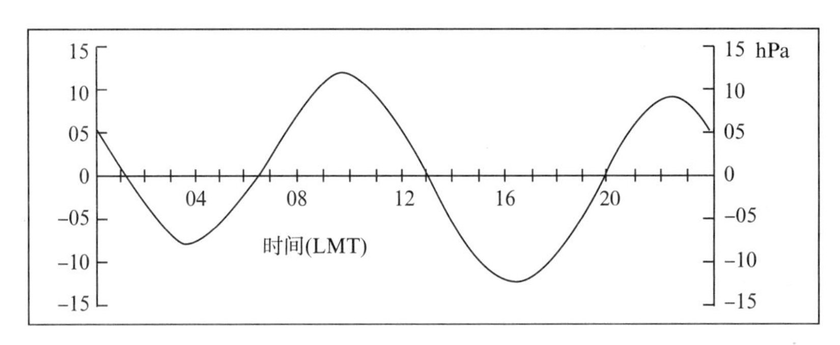

图 1-3-1　气压的日变化

一天中气压最高值与最低值之差称为气压日较差。气压日较差随纬度的增高而减小，在低纬地区最大，可达 3～5 hPa，到中纬度地区则小于 1 hPa，在中高纬地区只有在稳定的天气形势下，才能记录到较明显和完整的日变化。

2. 气压的年变化

月平均气压以一年为周期的变化称为气压的年变化。一年中月平均气压的最高值与最低值之差称为气压年较差。

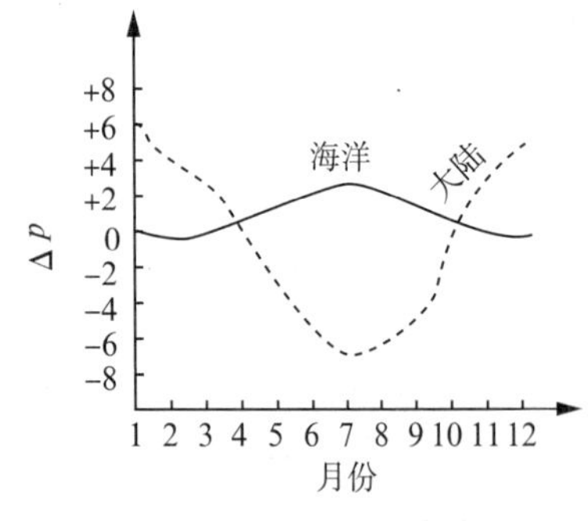

图 1-3-2　气压的年变化

大陆型，一年中气压最高值出现在冬季，最低值出现在夏季。海洋型与大陆型相反，一年中气压最高值出现在夏季，最低值出现在冬季，如图 1-3-2 所示。

由于太阳辐射的年变化在高纬地区比低纬地区大，因此气压年较差也随纬度的增高而增大。海洋上的气温年较差比大陆小，因此海上的气压年较差也比大陆小，越深入内陆年较差越大。

以上所述为气压的周期性变化规律。气压的非周期变化与天气变化密切相关，我们将逐步介绍这方

面知识。

3. 气压的非周期性变化

气压没有固定周期的变化称为气压的非周期性变化，这种变化是由气压系统的移动及演变而引起的。通常在中高纬度地区，由于气压系统活动频繁，因而非周期性变化明显。正是由于气压不规则变化反应了气压系统的移动和演变，所以在天气分析中有特别重要的意义。

实际的气压变化，总是周期性和非周期性共同影响的结果，它们的变化强度并不是均等的。

四、海平面气压场基本型式

气压的空间分布称为气压场(Pressure field)。了解气压场的基本形式和空间结构，对于进行天气预报是一个非常重要的依据。在天气图上气压相等的那些点的连线称为等压线。在地面天气图上通过绘制等压线表示的高、低压区域通常有以下 5 种基本形式，如图 1－3－3 所示。

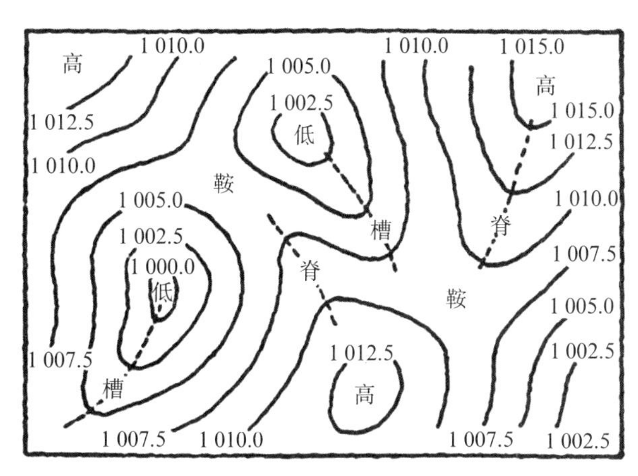

图 1－3－3　海平面气压场基本形式

(1) 低气压(Low pressure)(简称低压)，由闭合等压线构成，中心气压比四周低的气压系统。空间等压面向下凹，形如盆地。

(2) 高气压(High pressure)(简称高压)，由闭合等压线构成，中心气压比四周高的气压系统。空间等压面向上凸，形似山丘。

(3) 低压槽(Trough)(简称槽)，是低压向外伸出的狭长部分，或一组未闭合的等压线向气压较高的一方突出的部分。在低压槽中，各等压线弯曲最大处的连线叫槽线。气压沿槽线最低，向两边递增。槽的尖端，可以指向各个方向，但在北半球中纬度地区大多指向南方。因此，尖端指向北的称为倒槽，指向东西的称为横槽，低压槽附近的空间等压面类似山谷。

(4) 高压脊(Ridge)(简称脊)，是高压向外伸出的狭长部分，或一组未闭合的等压线向气压较低的一方突出的部分。在高压脊中，各等压线弯曲最大处的连线叫脊线。气压沿脊线最高，向两边递减。高压脊附近的空间等压面，类似山脊。

(5) 鞍形区(Col)(简称鞍)，是两个低压与两个高压交错组成的中间区域，其附近空间等压面形如马鞍。

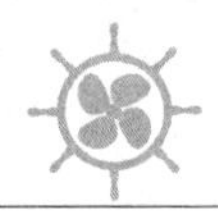

上述几种气压场的基本形式，统称为地面气压系统。在不同的气压系统中，天气情况是不同的。预报这些气压系统的移动与演变，是预报天气的重要内容。

另外，两个低压之间的狭长区域称为高压带；两个高压之间的狭长区域称为低压带。

五、水平气压梯度$\left(-\frac{\Delta p}{\Delta n}\right)$

气象学中规定，垂直于等压线，沿气压减小的方向，单位距离内的气压差称为水平气压梯度(Horizontal pressure gradient)，用符号$-\frac{\Delta p}{\Delta n}$表示，其中：$\Delta p$ 为两相邻等压线的气压差，一般国内天气图中两条相邻等压线的气压差为 2.5 hPa，国外天气图中两条相邻等压线的气压差为 4 hPa；Δn 为两相邻等压线之间的垂直距离；负号表示沿着水平气压梯度的方向气压是减小的，即水平气压梯度的方向垂直于等压线，由高压指向低压。显然，$-\frac{\Delta p}{\Delta n}$恒大于等于零。

水平气压梯度的单位是 hPa/km，实际工作中常用百帕/赤道度来表示，1 赤道度相当于 60 n mile 或约 111 km。

地面天气图中相邻等压线的气压差是一定的，因此，当他们之间的距离越大，则等压线越稀疏，水平气压梯度越小；反之，他们之间的距离越小，则等压线越密集，水平气压梯度越大。因此，从等压线分布的疏密情况，就可以直观判断水平气压梯度的大小。

实际大气中水平气压梯度的值是很小的，平均约为 1 hPa/100 km，但它是风的起动力，对大气的运动具有重要作用。

六、气压系统随高度的变化

根据气压系统中温度分布的特点，可以将气压系统分为温压场对称的结构和温压场不对称的结构两种形式，如图 1-3-4 所示。

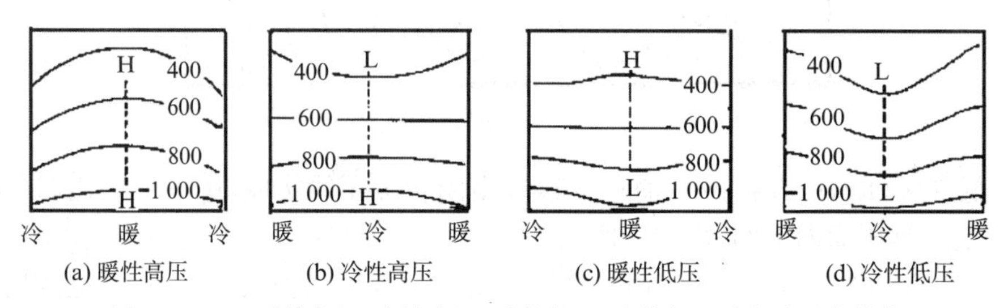

图 1-3-4　暖性高压、冷性高压、暖性低压、冷性低压系统的垂直结构

1. 温压场对称系统

气压系统存在于三度空间中，在静力平衡下，气压系统随高度的变化同温度分布密切相关。因此，气压系统的空间结构往往由于与温度场的不同配置状况而有差异。当温度场与气压场配置重合(温度场的高温、低温中心分别与气压场的高压、低压中心相重合)时，称气压系统是温压场对称。温压场对称系统包括暖高压、冷高压、暖低压和冷低压，不同的温压场结构会使地面的高、低压随高度的上升而加强或减弱，甚至转变为相反的系统。根据同一系统垂直发展的深厚程度，可分为深厚系统与浅薄系统两种。

(1) 深厚系统

地面是高压，到高空仍保持为高压者，或地面是低压，到高空仍保持为低压者，称为深

厚系统。暖高压、冷低压都属于深厚系统。

暖高压指高压中心区为暖区，四周为冷区，等压线和等温线基本平行，暖中心与高压中心基本重合的气压系统。由于暖区单位气压高度差大于周围冷区，因而高压的等压面凸起程度随高度增加不断增大，即高压的强度越向高空越增强。

冷低压指低压中心区为冷区，四周为暖区，等温线与等压线基本平行，冷中心与低压中心基本重合的气压系统。因为冷区单位气压高度差小于周围暖区，因而冷低压的等压面凹陷程度随高度增加而增大，即冷低压的强度越向高空越增强。

因此，一般情况下，暖高压和冷低压都是深厚系统。实际大气中，副热带高压和高空冷涡就属于这类系统。

（2）浅薄系统

地面的高压、低压随高度增加而强度减弱，甚至转变成低压、高压者称为浅薄系统。冷高压、热低压都属于浅薄系统。

冷高压指高压中心为冷区，冷中心与高压中心基本重合的气压系统。因为冷区单位气压高度差小于周围暖区，因而高压等压面的凸起程度随高度升高而不断减小，最后趋于消失。若温压场结构不变，随高度继续增加，冷高压会变成冷低压系统。

暖低压指低压中心为暖区，暖中心与低压中心基本重合的气压系统。由于暖区的单位气压高度差大于周围冷区，所以低压等压面凹陷程度随高度升高而逐渐减小，最后趋于消失。如果温压场结构不变，随高度继续增加暖低压就会变成暖高压系统。

因此，一般情况下，冷高压和暖低压都是浅薄系统。实际大气中，夏季大陆上的热低压和冬季较高纬度的寒潮冷高压就属于这类系统。

值得注意的是，热带气旋虽然也是暖性低压，但由于它在地面上的气压很低，等压面坡度很大，通常到 300 hPa 以上高度才转变为高压，所以一般认为热带气旋是深厚系统而不是浅薄系统。

2. 温压场不对称系统

温压场不对称的高低压系统如图1－3－5所示。地面图上冷暖中心与高低压中心不重合的系统称为温压场不对称系统。这类气压系统，气压中心轴线与地面不是垂直的，而是倾斜的。由于温压场不对称，暖区一侧的单位气压高度差要比冷区一侧大，因此，高压中心越到高空就越往暖中心靠近，即高压中心轴线向暖区倾斜。同理，低压中心轴线向冷区倾斜。在北半球中高纬地区，不对称的高压总是东暖西冷，不对称的高压总是东冷西暖，因此，高压中心轴线通常随高度向西南倾斜，低压中心轴线通常随高度向西北倾斜。在南半球中高纬地区，高压中心轴线通常随高度向西北方向倾斜，低压中心轴线通常随高度向西南倾斜。

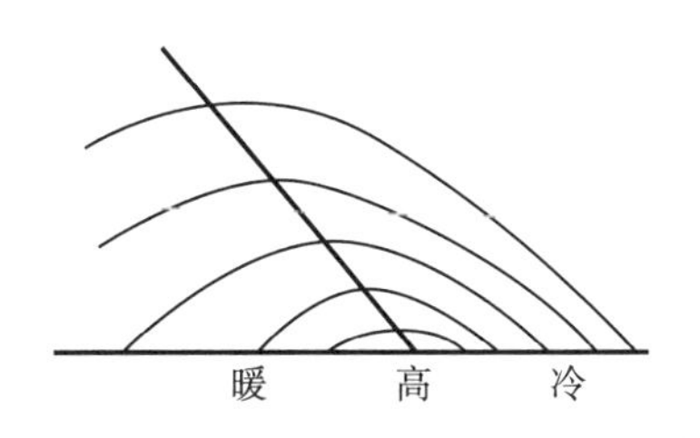

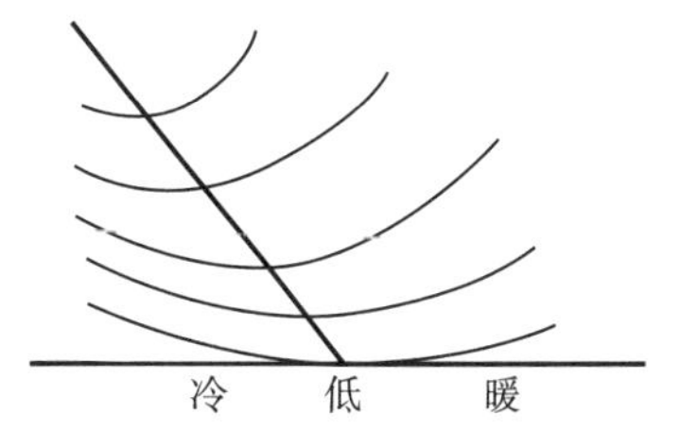

图1－3－5　温压场不对称的高低压系统

大气中气压系统温压场配置绝大多数都是不对称的，对称系统很少见，因而气压系统的中心轴线大多是倾斜的，系统的结构随高度变化而发生改变。

拓展训练

1. 简述表示气压的单位及其换算关系。
2. 讨论气压随高度的变化规律。
3. 何为单位气压高度差，它与哪些因素有关？
4. 简述气压的日年变化规律及其影响因素。

模块 4　空气的水平运动——风

学习目标

掌握风的基本概念

掌握作用在空气微团上的力

掌握地转风、梯度风、摩擦层中风的概念、特征及形成原理

船舶活动可以获得顺风的便利，也可能因狂风而蒙受损害，对船舶运动影响较大的海流和海浪也主要是由风引起的。风对地球上的热量和水分的输送起着重要的作用，它直接影响天气的变化。因此风是天气预报的重要项目之一，也是天气预报的重要依据之一。

一、风的定义及表示方法

空气相对地面或海底所作的水平运动，称为风(Wind)。风是矢量，既有大小(风速)，也有方向(风向)。

1. 风速

单位时间内空气在水平方向上移动的距离称为风速(Wind speed)。常用的单位有米/秒(m/s)、公里/小时(km/h)、节(kn)等。它们之间有如下关系为

1 m/s≈2 kn

1 kn≈0.5 m/s

1 m/s≈3.6 km/h

1 kn≈1.852 km/h。

2. 风向

风向(Wind direction)是指风的来向，常用 8 方位、16 方位或圆周法(0°～360°)表示，如图 1－4－1 和表 1－4－1 所示。

(1) 8 方位

以测站为中心，从北开始，把整个圆周分为 8 等分，风向用方位表示。8 方位多用于日常生活。

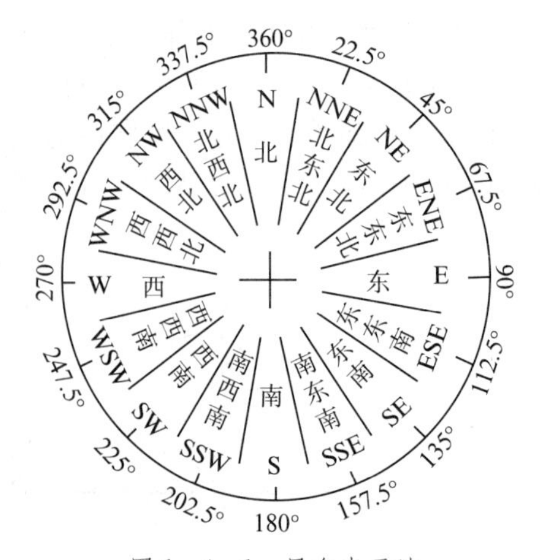

图 1－4－1　风向表示法

（2）16 方位

以测站为中心，从北开始，把整个圆周分为 16 等分，风向用方位表示。16 方位多用于天气图中。

（3）圆周法

以测站为中心，从正北 0°开始，顺时针分成 360 等分，风向以度表示，正东为 090°，正南为 180°，正西为 270°。圆周法多用于海上或高空。

3. 风力等级

在日常生活中和实际工作中，习惯用风力等级（Wind force scale）表示风的大小。目前国际上采用的风力等级是英国人蒲福于 1808 年拟定的，故称“蒲福风级”，根据风对地面物体或者海面的影响程度，将风级划分为 0～12 级共 13 个等级；风速越大，等级越高。我国自 1946 年以后，对风力等级进行了修改，并将风级增至 0～17 级共 18 个等级，见表 1-4-2，其中 13～17 级风力是用仪器测定的。

4. 风压

风压（Wind pressure）就是与风向垂直的平面上单位面积所受到的压力。风压与风速之间的关系可用下式表示

$$p=\frac{v^2}{16}$$

式中：p 表示风压，单位为 kg/m^2；v 表示风速，单位为 m/s，如当风速为 30 m/s（11 级）时，可以算出面积为 $5\times4\ m^2$ 的船舷上受到 1 t 多的压力。

表 1-4-1　风向

风向	8 方位	16 方位	圆周法
↓	北风（N）	北风（N）	000°
↓	—	北东北风（NNE）	022.5°
↙	东北风（NE）	东北风（NE）	045°
↙	—	东东北风（ENE）	067.5°
←	东风（E）	东风（E）	090°
←	—	东东南风（ESE）	112.5°
↖	东南风（SE）	东南风（SE）	135°
↑	—	南东南风（SSE）	157.5°
↑	南风（S）	南风（S）	180°
↑	—	南西南风（SSW）	202.5°
↗	西南风（SW）	西南风（SW）	225°
↗	—	西西南风（WSW）	247.5°
→	西风（W）	西风（W）	270°
→	—	西西北风（WNW）	292.5°
↘	西北风（NW）	西北风（NW）	315°
↓	—	北西北风（NNW）	337.5°

表 1-4-2　风力等级

风力等级	风名	海面状况	海面征象	相当风速/	
				kn	m/s
0	无风 Calm	平如镜子 Calm-glassy	海面像镜子一样平静	小于 1	0～0.2
1	软风 Light air	微波 Calm-rippled	如鱼鳞状，没有浪花	1～3	0.3～1.5
2	轻风 Light breeze	小波 Smooth wavelets	波长尚短，但波形显著，波峰光亮但不破裂	4～6	1.6～3.3
3	微风 Gentle breeze	小浪 Smooth wavelets	波峰开始破裂；浪沫光亮，有时可有散见的白浪花	7～10	3.4～5.4
4	和风 Moderate breeze	轻浪 Sight	波长变长；白浪成群出现	11～16	5.5～7.9
5	清风 Fresh breeze	中浪 Moderate	具有较显著的长波形状；许多白浪形成（偶有飞沫）	17～21	8.0～10.7
6	强风 Strong breeze	大浪 Rough	到处都有更大的白沫峰（有时有些飞沫）	22～27	10.8～13.8
7	疾风 Near gale	巨浪 Very rough	碎浪而成白沫沿风向呈条状	28～33	13.9～17.1
8	大风 Gale	狂浪 High	波长较长，波峰边缘开始破碎成飞沫片；白沫沿风向呈明显的条带	34～40	17.2～20.7
9	烈风 Strong gale	狂涛 Very high	沿风向白沫呈浓密的条带状，波峰开始翻滚，飞沫可影响能见度	41～47	20.8～24.4
10	狂风 Strong gale	狂涛 Very high	波峰长而翻卷；白沫成片出现，沿风向呈白色浓密条带；整个海面呈白色；海面颠簸加大有震动感，能见度受影响	48～55	24.5～28.4
11	暴风 Violent storm	非凡现象 Phenomenal	海面完全被沿风向吹的白沫片所掩盖；波浪到处破成泡沫；能见度受影响	56～63	28.5～32.6
12	飓风 Hurricane	非凡现象 Phenomenal	空中充满了白色的浪花和飞沫；海面完全变白，能见度严重受到影响	64～71	32.7～36.9
13				72～80	37.0～41.4
14				81～89	41.5～46.1

（续表）

风力等级	风名	海面状况	海面征象	相当风速/	
				kn	m/s
15				90～99	46.2～50.9
16				100～108	51.0～56.0
17				109～118	56.1～61.2

5. 风的脉动性

观测风时常常察觉到风向摇摆不定，风速一阵大一阵小，这种现象称为风的脉动(Wind velocity fluctuation)或风的阵性。

风的这种性质在摩擦层中表现最显著，随着高度的增加，脉动逐渐减弱，一般到 2～3 km以上就不明显了，风趋于稳定。一般一天之中，午后脉动性最明显，一年之中夏季较明显，陆地比海洋明显，山区最明显。

6. 风的日、年变化

风具有日、年变化规律，这是摩擦层中风的一个特点。通常在近地面层，白天的风速大，夜间风速小。风的日变化幅度，晴天比阴天大，夏天比冬天大，陆地比海洋大。

风的年变化因地而异。风向的年变化在季风地区有明显的规律，在非季风地区则很难看到规律性的变化。风速的年变化不存在普遍规律。

二、作用于大气微团的力

根据牛顿第二运动定律可知，物体的运动取决于它所受的外力。空气的运动同样受到外力的作用，为了揭示风产生的原因，首先分析作用于空气微团上的力。

由于空气环绕地球运动，它必然受到：地球引力$\vec{g}$的作用；气压分布不均匀而产生的水平气压梯度力$\vec{G}_n$ 的作用；由于地球旋转而产生的水平地转偏向力$\vec{A}_n$ 的作用；地球表面和大气之间相对运动时产生的摩擦力$\vec{R}$ 的作用；空气做圆周运动时产生的惯性离心力$\vec{C}$ 的作用。以上这些力既有水平方向的，也有垂直方向的，但是由于风是空气的水平运动，我们主要分析水平方向上的力。重力$\vec{g}$，方向向下，指向地心，重力(Gravity)对大气水平方向的运动不起作用。

1. 水平气压梯度力$\vec{G}_n$

前面讨论的水平气压梯度$-\dfrac{\Delta p}{\Delta n}$，它代表的是单位容积空气在气压场中所受的力，气象上习惯讨论单位质量空气微团的受力情况。在水平方向气压分布不均匀时，单位质量空气微团在气压场中所受到的水平方向的静压力称为水平气压梯度力(Horizontal pressure gradient force)，用符号$\vec{G}_n$ 来表示

$$\vec{G}_n=-\frac{1}{\rho}\cdot\frac{\Delta p}{\Delta n}$$

式中：ρ——空气密度。

此式表明，水平气压梯度力的大小与水平气压梯度成正比，与空气密度成反比；方向与

水平气压梯度的方向相同，垂直于等压线，由高压指向低压。

当 ρ 一定时，$-\frac{\Delta p}{\Delta n}$越大，即等压线越密集，水平气压梯度力$\vec{G}_n$ 越大；$-\frac{\Delta p}{\Delta n}$越小，即等压线越稀疏，水平气压梯度力$\vec{G}_n$ 越小。同一高度上，空气密度 ρ 变化不明显，因此水平气压梯度力$\vec{G}_n$ 主要取决于$-\frac{\Delta p}{\Delta n}$的大小。

2. 水平地转偏向力$\vec{A}_n$

研究地球上大范围流体运动发现，空气质点除受水平气压梯度力的作用，还受到使其偏离水平气压梯度方向的力的作用。科学家科里奥利研究发现，这个力是由于地球自转而引起的，称为地转偏向力(Horizontal deflection force of earth rotation)，又称科莱奥莱力(Coriolis force)，简称科氏力。在普通物理学中，我们已经知道，在地球上，如果空气运动速度为 v，则单位质量空气受到的水平地转偏向力$\vec{A}_n$ 为

$$\vec{A}_n = 2v\,\omega\sin\varphi$$

式中：v——风速；ω——地球自转角速度，是一个常量，大小为 0.000 073 rad/s，其方向与运动方向垂直，在北半球偏向运动方向的右方(在南半球偏向运动方向的左方)。

从水平地转偏向力大小和方向可以得到：①物体静止时，不受水平地转偏向力的作用，运动速度越大，水平地转偏向力越大；②水平地转偏向力的大小与纬度的正弦成正比，在风速相同的情况下，地转偏向力的大小随纬度的增高而增大，在两极水平地转偏向力两极达到最大，在赤道最小；③由于水平地转偏向力恒垂直于物体运动的方向，因此水平地转偏向力只能改变物体运动的方向，不能改变物体运动速度的大小。

3. 惯性离心力$\vec{C}$

当空气微团做曲线运动时，必然受到向心力的作用，方向沿曲率半径指向圆心。我们将作用于空气微团上与向心力大小相等而方向相反的力称为惯性离心力(Inertial centrifugal force)。其方向沿着曲率半径指向圆外。对单位质量空气而言，惯性离心力的大小可表示为

$$\vec{C} = \frac{v^2}{r}$$

式中：v——风速；r——空气微团运动曲线的曲率半径。

惯性离心力的方向始终与风向垂直，因此惯性离心力只能改变空气运动的方向，不能改变空气运动的速度。一般情况下惯性离心力很小，当空气静止或空气做直线运动时，惯性离心力为零。只有当风速很大且曲率半径很小时，例如台风中心附近或龙卷风内部，惯性离心力才能达到很大的值。

4. 摩擦力$\vec{R}$

空气流动时受到的摩擦力(Frictional force)包括外摩擦力和内摩擦力。一般在近地面层附近，摩擦力可近似表示为

$$\vec{R} = -k\vec{v}$$

式中：v——风速；k——摩擦系数，k 的大小与下垫面的粗糙程度有关。

从上式中可以看出，摩擦力的大小与风速和摩擦系数成正比，摩擦力的方向和空气运

动的方向相反。摩擦力以近地面层最为显著，随着高度的增加，摩擦力逐渐减小，到摩擦层顶时，其影响就可以忽略不计了。

由上述讨论可见，只有水平气压梯度力与初始风速有关，而地转偏向力、惯性离心力和摩擦力都是在空气运动后才出现的。因此，水平气压梯度力是使空气产生运动的直接原动力，是产生风的根本原因。

当水平气压梯度力、水平地转偏向力、惯性离心力、摩擦力这四个力的合力等于零时，空气静止或作匀速运动，即为平衡运动。在自由大气中，可以忽略摩擦力，简单的平衡运动表现为匀速直线运动（地转风）和匀速圆周运动（梯度风），下面讨论这两种运动。

三、地转风

在自由大气中，忽略摩擦力的作用，当空气质点做直线运动时，受水平气压梯度力和水平地转偏向力作用，当这两个力达到平衡时所吹的风，称为地转风（Geostrophic wind），用符号 $\vec{v}_g$ 表示。

空气质点受力表达式为

$$\vec{G}_n + \vec{A}_n = 0 \text{ 或 } |\vec{G}_n| = |\vec{A}_n|$$

1. 地转风的形成过程

如图 1-4-2 所示，在等压线平直且疏密均匀的气压场中，原来静止的空气微团因受水平气压梯度力 $\vec{G}_n$ 的作用，由高压流向低压，它一开始运动，水平地转偏向力 $\vec{A}_n$ 立即产生，在北半球地转偏向力迫使空气微团向右偏转（在南半球向左偏转）。在水平气压梯度力的作用下，空气运动的速度越来越大，水平地转偏向力也随着空气速度的增大而增大，并迫使空气微团向右偏离的程度也越来越大，最后水平地转偏向力增大到与水平气压梯度力大小相等、方向相反时，即达到平衡状态，这时地转风便形成。

2. 地转风的方向

如图 1-4-2 可见，地转风形成后，风向是由等压线的走向决定的。在地转平衡情况下，风沿着等压线吹。背风而立，在北半球，高压在右，低压在左；在南半球，高压在左，低压在右，这就是著名的风压定律，又称白贝罗定律（Buysballot's law）。显然风压定律很好地反映了气压场与风场之间的关系。

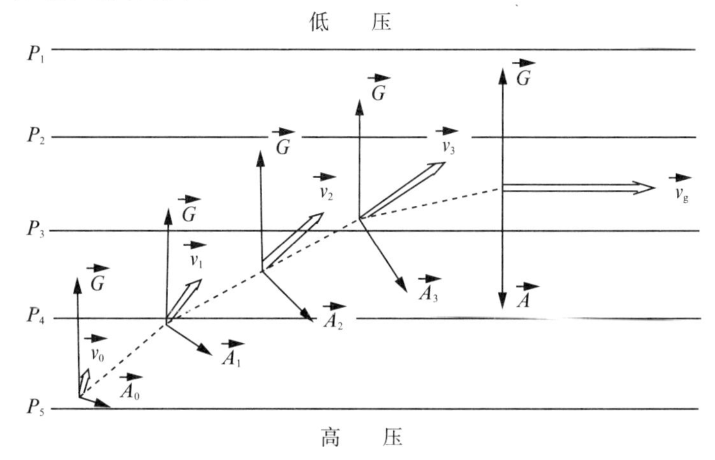

图 1-4-2 北半球地转风形成

在中高纬地区，高空的实际风与地转风接近，风压关系大体遵循上述地转风原理，这是中高纬地区在分析和预报天气中应遵循的原则。

3. 地转风的风速

根据地转风的定义，水平气压梯度力与水平地转偏向力大小相等，即

$$|\vec{G}_n| = |\vec{A}_n| \text{或} -\frac{1}{\rho}\cdot\frac{\Delta p}{\Delta n} = 2\omega v_g \sin\varphi$$

于是得到地转风风速的公式为

$$v_g = -\frac{1}{2\rho\,\omega\sin\varphi}\cdot\frac{\Delta p}{\Delta n}$$

由上式可以看出：

(1) 在空气密度和地理纬度一定时，地转风速与水平气压梯度成正比，即等压线密集的地方，地转风大；等压线稀疏的地方，地转风小。

(2) 在水平气压梯度和地理纬度一定时，地转风风速与空气密度成反比，越往高空风速越大。

(3) 在空气密度和水平气压梯度一定时，地转风速与纬度的正弦成反比，地转风速随纬度的减小而增大。然而在低纬度地区因水平地转偏向力很小，无法与气压梯度力平衡，因此，在赤道附近的低纬地区，地转风是不存在的。

4. 地转风速的计算方法

在近地面层中，不考虑摩擦力的影响，根据相邻等压线的距离，可以计算出海面的地转风大小。

取 $\Delta n=60$ n mile(相当于一个赤道度)，$\rho=1.293\ \text{kg/m}^3$ 代入地转风速公式

$$v_g = -\frac{1}{2\rho\,\omega\sin\varphi}\cdot\frac{\Delta p}{\Delta n}$$

计算后得到海面地转风速为

$$v_g = \frac{4.78}{\sin\varphi}\cdot\frac{\Delta p}{\Delta n}$$

式中：Δp，Δn，φ 都可以从地图上量取，Δp 的单位为 hPa，Δn 的单位为赤道度，v_g 的单位为 m/s。在地面天气图中，只要知道某点的地理纬度，同时量出该点附近相邻等压线之间的垂直距离(用纬距作单位)，利用上式即可求出该点附近的地转风速。

例：在日本传真地面图上，某点纬度 30°，相邻气压线间隔 1 度纬距，若不考虑摩擦，则该点相应地转风速为

$$v_g = \frac{4.78}{\sin 30^\circ}\times\frac{4}{1}\approx 38\ \text{m/s}$$

四、梯度风

自由大气中，当空气作曲线运动时，水平气压梯度力、地转偏向力、惯性离心力三个力达到平衡时所吹的风，称为梯度风(Gradient wind)。

由于作曲线运动的气压系统有高、低压之分，而且在高低压系统中，力的平衡关系不同，其梯度风也各不相同。梯度风的风向仍然遵循白贝罗风压定律。在北半球，低压中的梯度风平行于等压线，绕低压中心逆时针方向旋转；高压中梯度风平行于等压线绕高压中心顺时针方向旋转。南半球则相反，低压中的梯度风平行于等压线，绕低压中心顺时针方向旋转；高压中梯度风平行于等压线，绕高压中心逆时针方向旋转。

实际天气图中，等压线往往是无规则的曲线，为了典型起见，我们假定等压线是同心圆。在北半球低压和高压中的情形如图 1-4-3 所示。

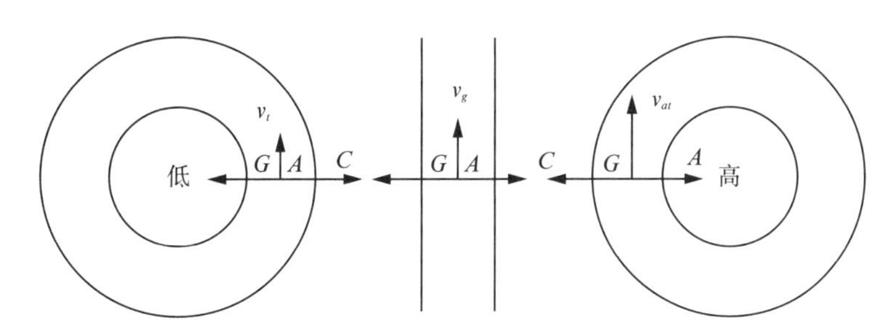

图 1-4-3　北半球梯度风

1. 低压区(气旋)

在低压(气旋)中，水平气压梯度力 $\vec{G}_n$ 总是沿着圆形等压线的半径方向自圆外指向低压中心，而惯性离心力 $\vec{C}$ 始终沿半径方向自中心指向外，水平地转偏向力 $\vec{A}_n$ 在北半球垂直于运动的方向指向右(南半球指向左)。三力平衡时，三个力的大小关系为

$$|\vec{G}_n| = |\vec{A}_n| + |\vec{C}|$$

即

$$-\frac{1}{\rho}\cdot\frac{\Delta p}{\Delta n} = 2\omega\, v_c \sin\varphi + \frac{v_c^2}{r}$$

式中：v_c——低压中的梯度风。

当 $r,\varphi,\rho,-\frac{\Delta p}{\Delta n}$ 一定时，梯度风速是唯一确定的。解这个以 v_c 为未知数的一元二次方程，去掉不合理的根，最后得到低压中的梯度风速公式为

$$v_c = -r\omega\sin\varphi + \sqrt{(r\omega\sin\varphi)^2 + \frac{r}{\rho}\left(-\frac{\Delta p}{\Delta n}\right)}$$

从上式可以看出，根号内的值总是大于等于零，因此低压中水平气压梯度 $\left(-\frac{\Delta p}{\Delta n}\right)$ 的大小不受限制，可以取任意值，因此低压中的风速可以任意大，这与实际情况是一

致的。

2. 高压区(反气旋)

在高压(反气旋)中,水平气压梯度力$\vec{G}_n$总是沿着圆形等压线的半径方向自高压中心指向外,惯性离心力$\vec{C}$方向与水平气压梯度力$\vec{G}_n$的方向一致,水平地转偏向力$\vec{A}_n$在北半球垂直于运动的方向指向右(南半球指向左)。三力平衡时,三个力的大小关系为

$$|\vec{A}_n| = |\vec{G}_n| + |\vec{C}|$$

即

$$2\omega v_a \sin\varphi = -\frac{1}{\rho} \cdot \frac{\Delta p}{\Delta n} + \frac{v_a^2}{r}$$

式中:v_a——高压中的梯度风。

当$r, \varphi, \rho, -\frac{\Delta p}{\Delta n}$一定时,梯度风速是唯一确定的。解这个以$v_a$为未知数的一元二次方程,去掉不合理的根,最后得到高压中的梯度风速公式为

$$v_a = r\omega\sin\varphi - \sqrt{(r\omega\sin\varphi)^2 - \frac{r}{\rho}\left(-\frac{\Delta p}{\Delta n}\right)}$$

从上式可以看出,由于根号内两项的正负号相反,要保证根号内有意义,要求高压区的水平气压梯度$\left(-\frac{\Delta p}{\Delta n}\right)$不能超越某一临界值,否则根号内将没有意义,则有

$$(r\omega\sin\varphi)^2 - \frac{r}{\rho}\left(-\frac{\Delta p}{\Delta n}\right) \geqslant 0$$

则

$$-\frac{\Delta p}{\Delta n} \leqslant r\rho\omega^2 \sin^2\varphi$$

这表明在高压区水平气压梯度具有限值,它不能大于$r\rho\omega^2 \sin^2\varphi$。因此,高压中风速的最大值为

$$(v_a)_{\max} = r\omega\sin\varphi$$

上式表明,高压中的水平气压梯度和风速具有限制。一般高压边缘风速较大,中心附近微风或者静风;当等压线曲率不均匀时,在曲率较小(曲率半径大)处,即等压线平直处,等压线密集,风速大;曲率较大(曲率半径小)处,即等压线弯曲较大处,等压线稀疏,风速小。

3. 梯度风与地转风比较

梯度风与地转风既有共同点,又有不同之处,两者都是自由大气中,作用于空气质点上的水平方向合力为零时形成的风。梯度风考虑了空气运动路径的曲率影响,它比地转风更接近于实际风。但由于空气运动的曲率半径难以确定,地转风计算公式简单、使用方便,所

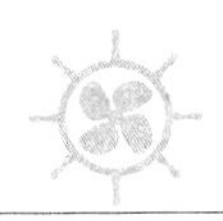

以广泛使用地转风作为实际风的近似。但对于热带气旋的运动，用梯度风近似比用地转风近似效果要好。

当风形成时，

高压区：

$$|\vec{A}_n| = |\vec{G}_n| + |\vec{C}|$$

低压区：

$$|\vec{A}_n| = |\vec{G}_n| - |\vec{C}|$$

地转风：

$$|\vec{A}_n| = |\vec{G}_n|$$

因此，在空气密度、水平气压梯度、曲率半径和纬度相同的条件下，高压中的$|\vec{A}_n|>$地转风中的$|\vec{A}_n|>$低压中的$|\vec{A}_n|$。由于水平地转偏向力与风速成正比，在空气密度、水平气压梯度、曲率半径和纬度相同时，高压中的梯度风最大，低压中的梯度风最小，即$v_a>v_g>v_c$。然而实际情况是，低压中的风速通常大于高压中的风速。这是由于低压中的气压梯度往往大于高压中的气压梯度，且低压的范围往往比高压小，空气运动曲率半径比高压小。

五、海面上的风

地转风和梯度风都没有考虑摩擦力的作用，风沿着等压线吹，而在地面图上可以看到，实际风并不完全沿着等压线吹，而是与等压线之间存在一个交角，这是由于在 1 km 以下的大气层中摩擦力的作用比较显著而引起的现象。由于摩擦力的作用，实际风与地转风相比较，其风向和风速都有变化。

1. 摩擦力对风速的影响

在摩擦层中，实际风速比相应的地转风速要小，通常陆面上的风速(取 10～12 m 高度的风速)约为相应地转风速的 1/3～1/2，海面上风速约为相应地转风速的 3/5～2/3。计算海面实际风速时，通常可采用下式

$$v_0 = v_g \times 65\%。$$

2. 摩擦力对风向的影响

在摩擦层中，因受摩擦力作用，风不再完全沿着等压线吹，而是斜穿等压线偏向低压一侧，风向与等压线之间存在一个交角。摩擦力($\vec{R}$)越大，交角越大。海面上，交角一般为 10°～20°，中纬度陆地上，交角一般为 35°～45°。

(1) 在平直等压线气压场(图 1-4-4)中，稳定的地面风形成后，水平气压梯度力$\vec{G}_n$、水平地转偏向力$\vec{A}_n$ 和地面摩擦力$\vec{R}$ 达到平衡，其受力关系表达式如下

$$\vec{G}_n + \vec{A}_n + \vec{R} = 0$$

在摩擦层中的风压定律为，在摩擦层中风斜穿等压线吹，背风而立，在北半球高压在右

后方，低压在左前方；在南半球高压在左后方，低压在右前方。

（2）在弯曲等压线气压场（图 1－4－5）中，稳定的地面风形成后，水平气压梯度力 $\vec{G}_n$、水平地转偏向力 $\vec{A}_n$、惯性离心力 $\vec{C}$ 和地面摩擦力 $\vec{R}$ 达到平衡，其受力关系表达式如下

$$\vec{G}_n + \vec{A}_n + \vec{C} + \vec{R} = 0$$

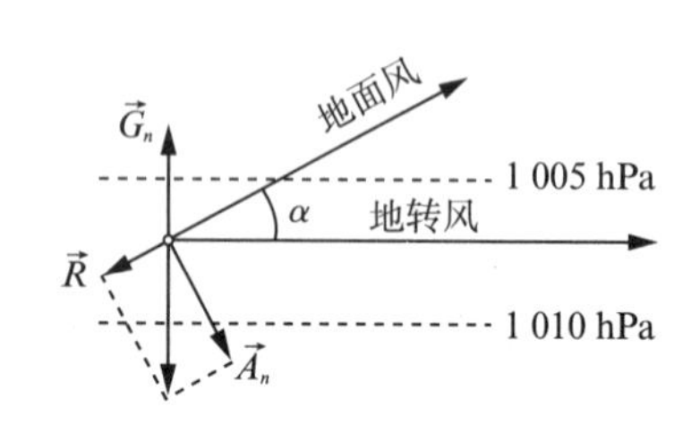

图 1－4－4　北半球摩擦力对风的影响
（平直等压线气压场）

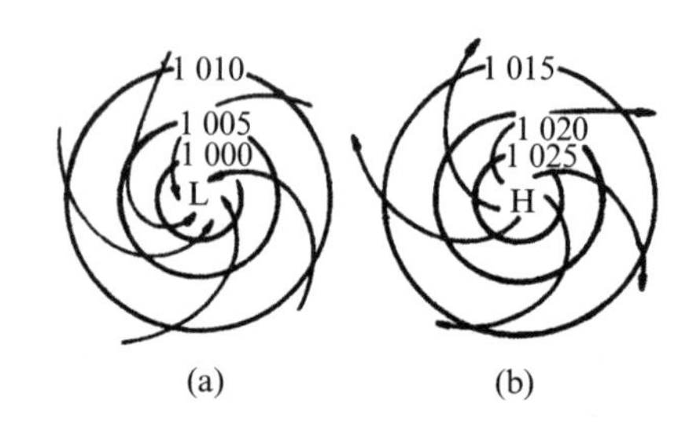

图 1－4－5　北半球摩擦力对风的影响
（弯曲等压线气压场）

在闭合的低压和高压中，由于摩擦力的作用，风不再与梯度风一致完全沿着等压线吹，而是在低压中呈现中心辐合流场，形成气旋；在高压中呈现中心辐散流场，形成反气旋。在北半球，低压中的气流绕中心逆时针方向向中心辐合，高压中的气流绕中心顺时针方向向外辐散；在南半球，低压中的气流绕中心顺时针方向向中心辐合，高压中的气流绕中心逆时针方向向外辐散。

3. 风随高度变化的影响

在摩擦层中风随高度变化的影响，既受气压梯度力随高度变化的影响，又受摩擦力随高度变化的影响。

摩擦层下部边界至 30～50 m（不超过 100 m）高的气层，称为近地面层。在这一层中风向随高度的改变不明显，风速随高度的改变主要与气层是否稳定有关。当气层不稳定时，有利于空气上下层的动量交换，使上下层风速差变小；如果气层稳定，则风速随高度变化要明显一些。在逆温层上下，往往可以观测到较大的风速差异。

从近地面层顶向上至摩擦层顶的气层称为上部摩擦层。在这一层中，风速一般随高度的增加而增大。在北半球风向随高度的增加逐渐向右偏转，如图 1－4－6 所示，南半球风向随高度的变化逐渐向左偏转。当高度达到摩擦层顶附近时，风向和风速则逐渐趋近于地转风。

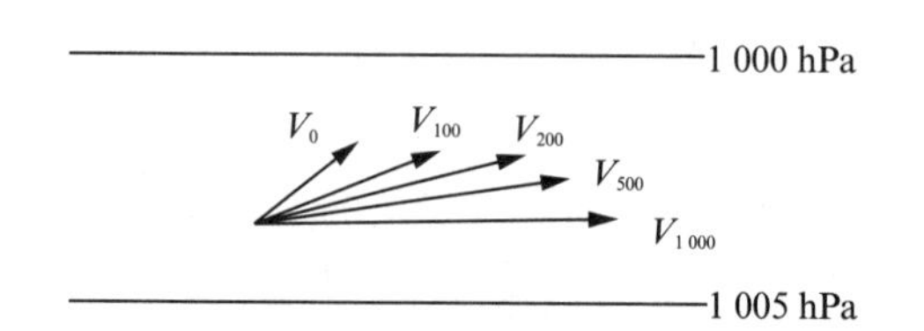

图 1－4－6　北半球摩擦层中风随高度的变化而变化

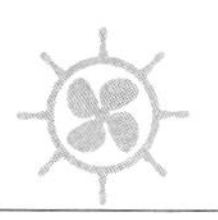

六、局地地形的动力作用对风的影响

1. 绕流和阻挡作用

当气流遇到孤立的山峰或岛屿时，有绕山峰或岛屿两侧而过的现象，一般在迎风面风速增加，在背风面风速减小，在背风面还会产生气旋式或反气旋式涡旋，如图 1－4－7 所示。绕流和山脉的阻挡作用，使实际风向与根据气压场确定的风向可能发生显著差值，此差值可达 90°甚至 180°，因此在背风面常产生低压或低压槽，出现阴雨天气。

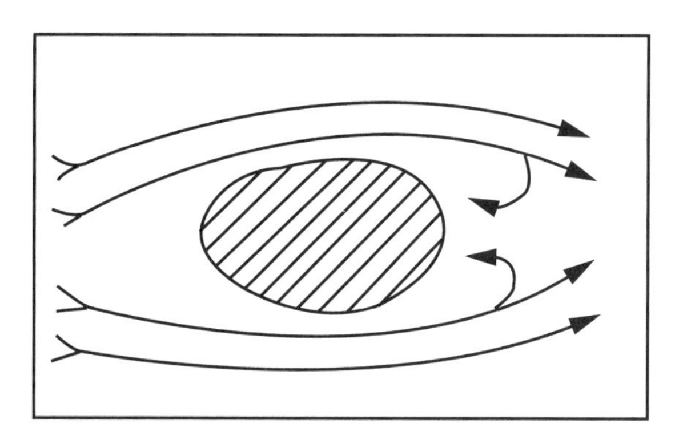

图 1－4－7　绕流和阻挡

2. 狭管效应

当气流从开阔地区进入喇叭口式地形时，风向被迫改变为沿峡谷走向，且在峡谷中风速加大，这种效应称为狭管效应，也叫峡管效应。因狭管效应增强的风，称为峡谷风。如图 1－4－8 所示，我国台湾海峡是一个狭管效应显著的地区，夏季多西南向大风，冬季多东北向大风。

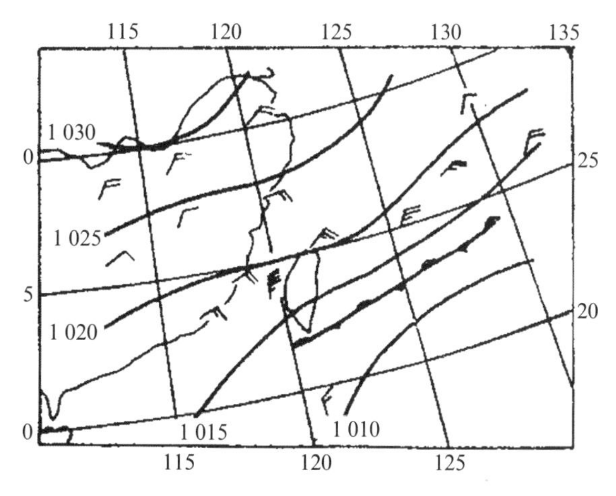

图 1－4－8　台湾海峡的狭管效应

3. 岬角效应

因陆地向海中突出，会造成气流辐合、流线密集，使风力大大加强的现象，称为岬角效应，如图 1－4－9 所示。例如，南非的好望角，是个令航海者生畏的地方，由于岬角效应而

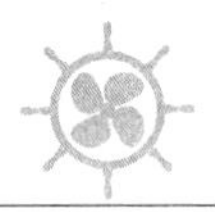

助长了那里的狂风恶浪。我国山东半岛的成山头附近海面，偏北风通常比周围要大 1～2 级，有中国的好望角之称。另外南美的合恩角、印度半岛也存在岬角效应。

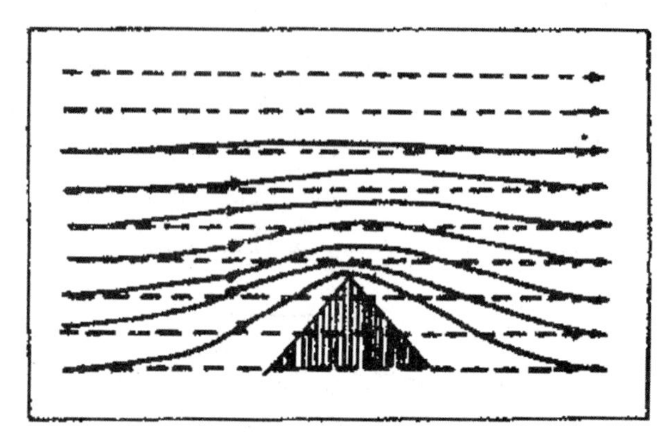

图 1－4－9　岬角效应

4. 海岸效应

海岸附近，因摩擦力的作用产生的风速增强或减弱的现象，称为海岸效应。在北半球，当气流沿海岸线方向吹时，如果陆地在气流方向的右侧，流线会变密，风力增强；反之，如果陆地在气流方向的左侧，流线会疏散开来，风力减弱。如图 1－4－10 所示。

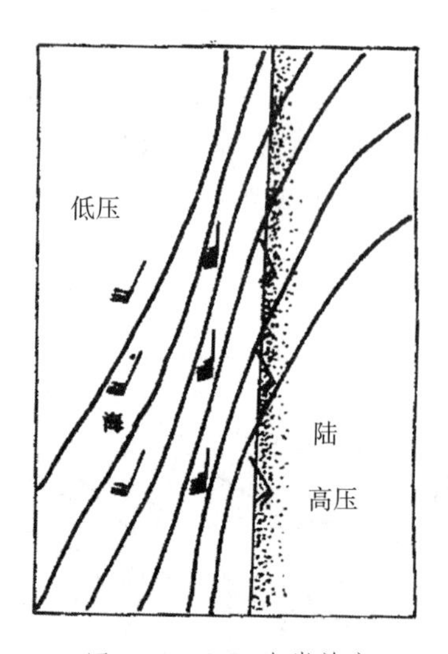

图 1－4－10　海岸效应

拓展训练

1. 简述风向、风速的表示方法。
2. 写出空气质点主要受哪些力的作用？写出它们的表达式，并说明其物理意义。
3. 简述地转风、梯度风的定义。
4. 绘图说明地转风的建立过程，推导地转风公式并讨论其物理意义。
5. 绘图说明南、北半球的高压和低压中风的分布规律。
6. 说明摩擦层中开阔海洋风速和风向与对应的地转风关系。

7. 说明摩擦层中风随高度的变化规律。

8. 若空气密度、水平气压梯度、曲率半径和纬度相同时，气旋和反气旋所对应的梯度风哪个大？实际情况如何？

9. 为什么高压中水平气压梯度具有限值，而在低压中却没有？

10. 为什么高压中部为微风或无风，而大风却集中出现在外围？

11. 什么是岬角效应和狭管效应？

模块5 大气环流

学习目标

掌握大气环流的概念及影响大气环流的因素
掌握单圈环流及三圈环流的成因
掌握行星风带、气压带的特征
掌握大气活动中心的概念及海平面平均气压场的冬夏特征
掌握季风的概念成因及分布
掌握局地环流的特征

大气环流（Atmospheric circulation）指全球范围的大尺度大气运行现象，既包括平均状况也包括瞬时状况，反映了大气运动的基本状态和基本特征，是各种不同尺度天气系统发生、发展和移动的背景条件。它不仅决定各地的天气类型，同时还决定各地气候的形成和特点。气候某一地区长时间大气变化过程的平均统计特征；天气则表示大气的瞬间状态。

一、大气环流的形成

大气环流是在热力因子和动力因子共同作用下形成的。这些因子包括太阳辐射不均匀、地球自转、海陆分布和地形差异等。其中太阳辐射不均匀是产生大气环流最主要的因子，也可以说是大气环流的原动力。

1. 单圈环流

先假定地球表面是均一的，即没有海陆之分和地形起伏等现象，同时假定地球不自转，只考虑太阳辐射随纬度的不均匀性。在这种条件下，地表温度的分布就仅与纬度有关。赤道及低纬地区比极地地区受热多，温度高，大气受热膨胀上升，在高空出现流向高纬和极地的流动。高纬大气冷却收缩下沉，在低空出现流向赤道的流动。于是就在赤道和极地之间构成了如图1-5-1所示的南北向的闭合热力环流，称为单圈环流。在赤道和极地地区分别形成了赤道低压带和极地高压带。这个环流圈是在地面受热不均匀的条件下产生的，又称为热力环流圈。

2. 三圈环流

我们再来考虑地球自转的情况，仍假定地表是均匀的，在太阳辐射随纬度的不均匀分布和地球自转两个因子的作用下，形成三圈环流，如图1-5-2所示。

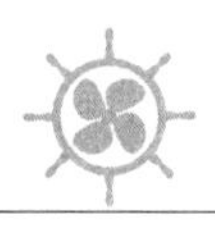

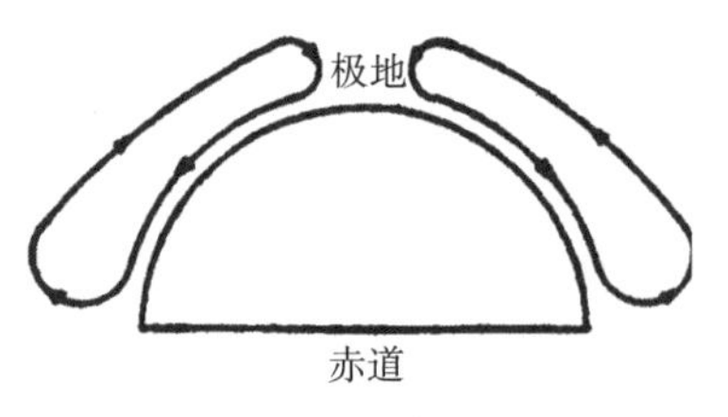

图 1-5-1 单圈环流

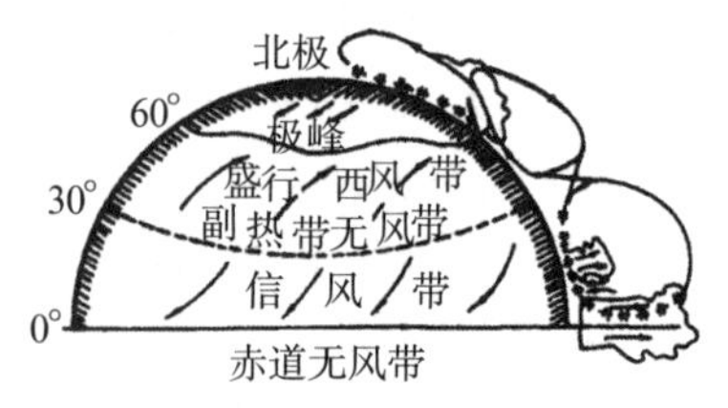

图 1-5-2 三圈环流

(1) 在地转偏向力的作用下，北半球赤道地区上升的暖气流，在高空由南向北流动的过程中不断向右偏转，气流的南风分量逐渐减小。到 30°N 附近，气流方向转为大致与纬圈平行，致使 30°N 附近上空空气质量堆积并产生下沉运动，形成了副热带高压。低空自副热带高压区流出的空气分别向南、北流去。向南的一支气流在地转偏向力的作用下变为东北风，称为东北信风，它补充了赤道附近的上升气流，构成了一个低纬闭合环流圈，称为赤道环流或哈德莱环流。

(2) 从副热带高压区向北的一支气流，在地转偏向力的作用下，方向不断右偏逐渐变成了西南风。同样在北极地区下沉的气流，在地面层向南流的过程中也要向右偏变为东北风，这支东北风与从中纬度来的西南风在 60°N 附近汇合，形成了锋面(极锋)。锋面上的气流到了高空又分为南北两支。锋面上的气流向南的一支气流逐渐转变为具有北风分量的西风气流，在副热带地区下沉，构成了中纬闭合环流(或中间环流、费雷尔环流)。

(3) 锋面上的气流向北的一支气流逐渐转变成偏西风，到极地变冷下沉，补偿了极地地面向南流的空气，这样在高纬地区也形成了一个环流圈，一般称为极地环流(或高纬环流)。

上述情况下便形成了赤道环流、中间环流和极地环流三个环流圈，称为三圈环流。一般把赤道环流和极地环流称为“正环流”，中间环流称为“反环流”。

二、气压带和行星风带

由上述讨论可知，在地表均匀的情况下，地转偏向力的作用，由赤道向极地依次出现了赤道低压带、副热带高压带、副极地低压带和极地高压四个气压带，与此同时形成了赤道无风带、信风带、副热带无风带、盛行西风带和极地东风带五个风带，如图 1-5-3 所示。

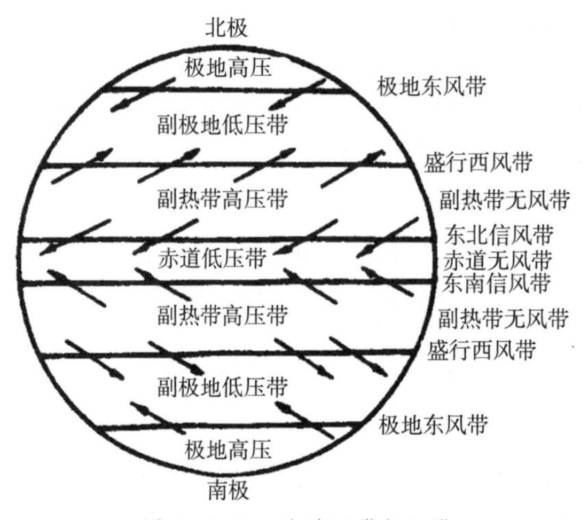

图 1-5-3 全球风带气压带

1. 气压带

(1) 赤道低压带

平均位于南北纬10°范围内,随季节南北移动,其气候特征是:温度高、不稳定、对流强、湿度大、风小、风向不稳定、常有阵雨或雷雨。

(2) 副热带高压带

平均位于南北纬信风带及天气特征30°附近,其气候特征是:温暖、微风、多下沉气流、天气晴朗少云、能见度良好、陆上干燥、海上潮湿。

(3) 副极地低压带

平均位于南北纬60°附近,其气候特征是:常出现锋面和气旋、风大、天气恶劣。

(4) 极地高压带

位于两极附近,其气候特征是:寒冷、干燥、稳定。

2. 行星风带

(1) 赤道无风带

在赤道附近区域,地面风力微弱、对流旺盛、云量多、常有雷雨,这个区域称为赤道无风带,或赤道辐合带。

(2) 信风带

自副热带高压带向赤道流动的气流,在地转偏向力的作用下,在北半球形成东北信风,在南半球形成东南信风。信风带控制地区,风向常年稳定少变,风力一般为3～4级,天气一般比较干燥晴朗,能见度良好。

(3) 副热带无风带

在纬度30°～35°副热带高压东西脊线两侧,地面时常无风或微风,气流下沉运动强,闷热少雨,称为副热带无风带,在国外又称为"马纬度"。

(4) 盛行西风带

副热带高压带的辐散气流流向副极地低压带,在地转偏向力的作用下变成偏西风,与高空的偏西风相连接,使中纬度地区西风盛行,故称为盛行西风带。在北半球,由于海陆分布和地形差异等因素影响,西风带内多锋面和气旋活动,风向、风力多变,经常有大风、云雨天气,冬季大洋西北部这种现象更为突出。在南半球,因海洋广大,西风带内风向稳定,风力强,故又称咆哮西风带。

(5) 极地东风带

自极地高压向副极地低压带辐散的气流,因地转偏向力的作用变成偏东风,称为极地东风带。

三、海平面平均气压场的基本特征

实际大气环流因海陆分布、地形起伏而变得非常复杂,理想的气压带和风带受到不同程度的干扰和破坏,如图1-5-4、图1-5-5所示。在南半球,因为陆地面积少,地球表面相对比较均匀,所以气压分布基本还呈带状;在北半球,由于陆地面积大,海陆热力性质差异显著,带状结构受到很大破坏,冬季和夏季的气压分布明显不同,相应的大气水平环流亦有较大差别。

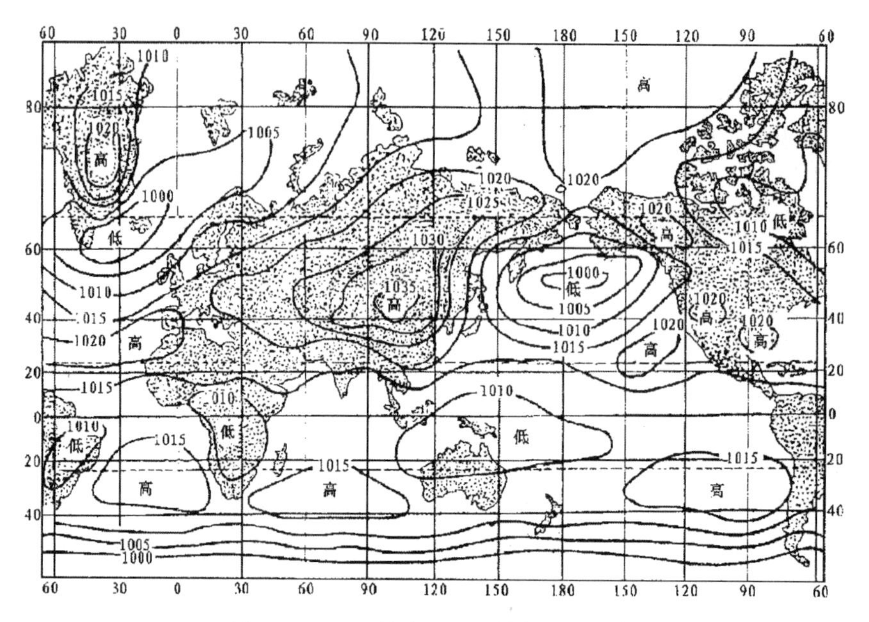

图 1-5-4 1月海平面平均气压场分布

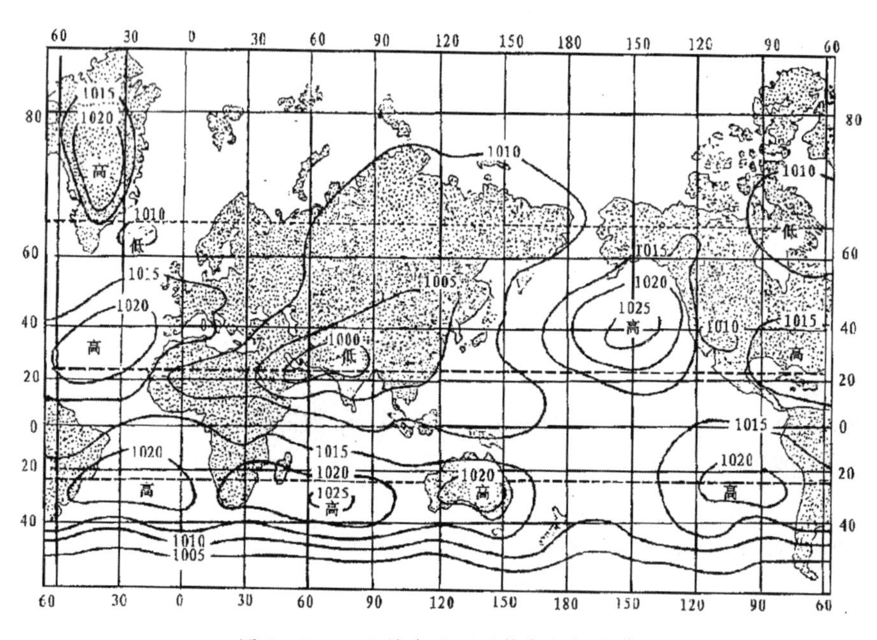

图 1-5-5 7月海平面平均气压场分布

分析月平均气压图可以看到，全年经常存在着 7～8 个巨大的高、低压区，通常称之为大气活动中心。

全年始终都存在的大气活动中心，称为永久性大气活动中心。随季节而发生变化的大气活动中心称为半永久性大气活动中心。

水久性大气活动中心有北大西洋副极地低压（冰岛低压）、北太平洋副极地低压（阿留申低压）、北大西洋副热带高压（亚速尔高压）、北太平洋副热带高压（夏威夷高压）、赤道低

压带、南大西洋副热带高压、南太平洋副热带、南印度洋副热带高压、高压南半球副极地低压、南极高压。这些永久性的大气活动中心，除了南极高压外，其余主要位于海上。

半永久性大气活动中心有，1 月份：亚洲高压、北美高压、澳大利亚低压、南美低压、南非低压等。7 月份：亚洲低压、北美低压、澳大利亚高压、南美高压、南非高压等。

从图 1－5－4、图 1－5－5 可以看出：①冬季，北半球阿留申低压和冰岛低压发展强盛；海上副高（夏威夷高压、亚速尔高压等）范围缩小，位置偏南，强度减弱；②夏季，北半球原在海上势力很强的阿留申低压和冰岛低压，强度大为减弱，位置偏北；海上副高（夏威夷高压、亚速尔高压等）范围扩大，位置偏北，强度增强。

大气活动中心中未提及北极地区，这是因为冬季北半球冷极出现在格陵兰岛和西伯利亚，北极低压一半为低压区，一半为高压区。低压区连结冰岛低压与阿留申低压，高压区连结北美高压和西伯利亚高压。夏季北极亦无闭合气压系统，主要与北美北部的低压区相连，所以北极地区没有单独的大气活动中心。

四、季风的概念、成因及分布

地球上不少地区的盛行风都是随季节而变化的。通常将大范围地区风向随季节有规律变化的盛行风称为季风（Monsoon）。季风的形成及分布主要与海陆分布、行星风带的季节性位移和大地形的影响等因素有关。

1. 季风的成因

（1）海陆季风

由海陆热力差异引起的风向随季节明显改变的风系，冬季陆上高压发展，海洋上低压发展，水平气压梯度由大陆指向海洋，形成了从陆地吹向海洋的风，称为冬季风；夏季陆上低压发展，海洋上高压发展，水平气压梯度由海洋指向大陆，形成了从海洋吹向大陆的风，称为夏季风。

一般，海陆热力差异大的地方，海陆季风强。全球海陆季风最强的区域多在热带和副热带地球上季风最强的区域在热带和副热带之间的范围内。这是因为在赤道附近海陆温度差异终年都很小，因此海陆季风较小；在中纬度以上地区，气旋活动频繁，风向变化复杂，季风现象不明显。海陆季风中，以东亚季风最著名。

（2）行星季风

行星风带随季节南北移动，由此而形成的季风称为行星季风。地球上存在的 5 个风带在北半球夏季向北移动，北半球冬季向南移动。行星风向变化的区域基本呈带状分布，可以发生在沿海、内陆以及大洋中部。就纬度来说，这种季风在赤道和热带地区最明显，常称之为赤道季风或热带季风。

7 月，气压带和行星风带北移，赤道辐合带全部到达北半球，一般位于 10°N～15°N 以北，南半球的东南信风越过赤道，在北半球的 10°N～15°N 以南地区转变称为西南季风。南亚地区，受大陆高温的影响，西南季风出现的范围更广。1 月，气压带和行星风带南移，除大西洋外，赤道辐合带移到赤道以南，到达 10°S～15°S，北半球的东北信风越过赤道，在大约 5°S～10°S 这一狭长区域，转向形成西北季风。

（3）青藏高原等大地形的作用

青藏高原的平均高度约为 4 km，东西宽约 3 000 km，南北长约 1 600 km。这样一个面积

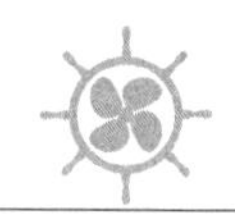

庞大的高原突出在自由大气层中，除引起动力作用外，它在夏季的热源作用和冬季的冷源作用都是不可忽视的。模拟实验表明，如果不存在青藏高原，南亚季风现象就会明显减弱。它的存在对维持和加强南亚夏季风起了重要作用，是西南季风较强的重要原因之一。冬季由于大地形的阻挡作用，冷空气进入南亚后强度明显减弱，因此南亚冬季风的强度亦较弱。

实际上，某一地区的季风往往是由特定的海陆分布、行星风带的季节性位移和地形等多种因素共同作用的结果。例如，温带和副热带季风的形成除海陆热力差异之外，往往还包含行星风带季节性位移的作用，而赤道和热带季风的形成除行星风带季节性位移之外，也包含海陆热力差异的作用。较大的地形常常是改变季风强度和方向的不可忽视的因素。此外，各地区由于所处纬度和地理条件的不同，季风的强度、特点也各有所异。

2. 季风的分布

世界上季风的范围很广，主要分布在南亚、东亚、东南亚和赤道非洲四个区域。此外，在澳大利亚北部、北美的东南沿岸和南美的巴西东部沿岸，也有一些季风，如图 1－5－6 所示。

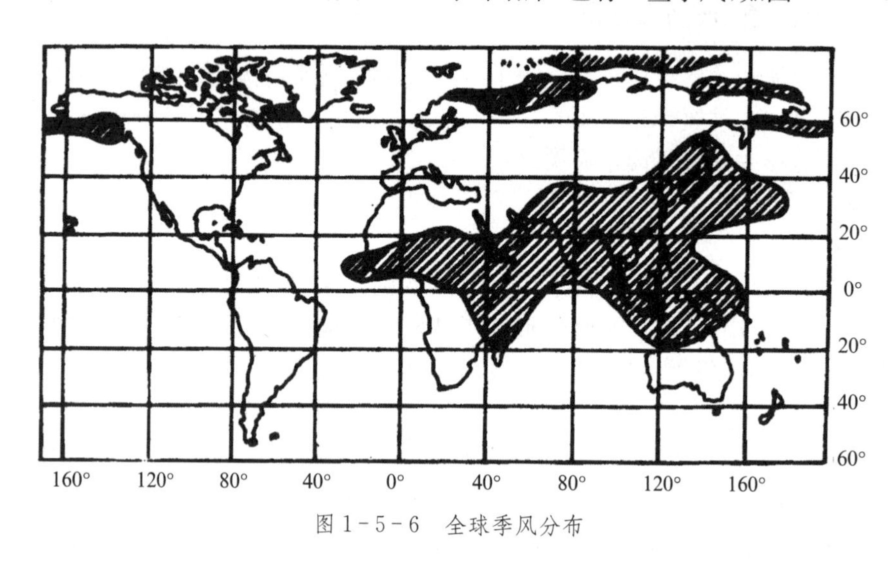

图 1－5－6　全球季风分布

五、亚洲的季风

亚洲大陆是地球上最大的大陆，向南伸展的纬度很低。亚洲季风是世界上范围最广、最强盛的季风。根据季风的成因和季风气候特征主要可分为东亚季风和南亚季风。

1. 东亚季风

东亚季风主要是由海陆热力差异而形成的。这里位于世界上最大的大陆——亚欧大陆的东南部和世界上最大的海洋——太平洋之间，气温和气压梯度的季节变化比其他任何地区都显著，因此这一地区发生的季风是海陆热力差异引起的季风中最强盛的。它的范围包括我国东部、朝鲜、日本和附近的广阔海域。

冬季，西伯利亚高压盘踞着亚洲大陆，寒潮或较强冷空气不断爆发南下，高压前缘的偏北风就成为亚洲东部的冬季风。由于所处高压部位的不同，通常各地冬季风的方向由北向南依次为西北风、北风和东北风。例如，渤海、黄海、东海北部和日本海附近海面多为西北风，东海南部和南海多为东北风。因冬季西伯利亚高压强盛，冬季风风力较强，风向稳定。

黄、渤海和东海的风力一般在5～6级左右，寒潮南下时，最大风力可达8～12级。

夏季，亚洲大陆为热低压，同时西太平洋副热带高压北上西伸。通常各地夏季风的方向由北向南依次为东南风、南风、西南风。我国东部和日本附近洋面东南风，在华南沿海、南海和菲律宾附近洋面多为西南风。因为夏季气压梯度比冬季小，所以夏季风强度比冬季风弱，海上风力一般在3～4级左右。

东亚季风对我国东部、朝鲜和日本等地的天气和气候影响很大。冬季风盛行时，这些地区具有低温、干燥和少雨的气候特征。当夏季风盛行时，则表现为高温、潮湿、多雾和多雨的特征。

2. 南亚季风

南亚季风是世界上最强盛、影响范围最广的季风，包括北印度洋及其周围的东非、西南亚、南亚、中印半岛一带，并与东亚季风区相连接。南亚季风以印度半岛和北印度洋表现最突出，因此又称为印度季风。南亚季风最主要是由于行星风带的季节性位移引起的，海陆热力差异和青藏高原大地形也是两个重要因素。

夏季，亚洲南部增温强烈，形成高温低压区，低压中心位于印度半岛北部，而此时南半球为冬季，澳大利亚高压发展，并与南印度洋副热带高压合并加强，位置偏北，使这一地区气压梯度加大，形成西南风。与此同时，南半球的东南信风越过赤道进入北半球之后，受地转偏向力作用逐渐转变为西南风。这样，西南季风与西南信风叠加在一起，造成了北印度洋夏季的西南风特别强大。另外印度半岛的岬角效应和青藏高原大地形的存在对维持和加强南亚的夏季风起到了重要的作用。以上几方面的原因，造成了夏季的西南季风特别强大，北印度洋夏季成为世界海洋上最著名的狂风恶浪区之一。一般从5月起，小型船只就停止在该海区航行，从7月初至8月末，西南季风的风力常达8～9级以上，并伴有暴雨，给船舶的安全航行造成一定困难。9—10月风力逐渐减小。

冬季，行星风带南移，赤道低压带移至南半球，亚洲大陆高压强大，其南部的东北风就成为亚洲南部的冬季风。因为亚洲南部远离大陆高压中心，并有青藏高原的阻挡，再加上印度半岛面积相对较小，纬度较低，海陆之间气压梯度较弱，所以冬季风不强。自11月至次年4月，北印度洋在东北季风控制下，风力一般为3～4级左右，被称为北印度洋航海的“黄金季节”。在最盛期，它可越过赤道转变为西北季风，约可影响10°S以北的海域。

综上所述可知，东亚季风与南亚季风的主要成因不同，性质也不相同。印度由于北面有喜马拉雅山脉和青藏高原的屏障，南亚季风冬季风不明显，夏季风强于冬季风，南亚夏季风来得很快，气象学上称为季风爆发，表明它迅速到来。东亚冬季受北方冷空气的影响强烈，冬季风强于夏季风，东亚冬季风来得很快，大约不用一个月，即能从渤海扩展到南海。

六、其他地区的季风

1. 北澳、印尼和伊里安的季风

这个区域的季风，远比上述两个地区弱。夏季北半球的东北信风越过赤道转变为西北季风，冬季(5—10月)吹东南风。

2. 西非的季风

从塞内加尔到塞拉利昂的西非沿岸一带，有西南季风与东北季风交替的现象。在塞内加尔约有4个月(5—8月)西南季风期，其余时间为东北季风。这里的西南季风与印度的

西南季风相似，潮湿多雨，在它控制下是雨季。东北季风来自大陆，干燥少雨，在它控制下是旱季。

3. 北美与南美的季风

在北美大陆东岸与南岸具有类似季风的风向转换现象。德克萨斯冬季(10 月—次年 4 月)吹北风，夏季吹南风。在北美东岸和西北大西洋，冬季具有类似季风的西北风，夏季转为盛行的西南风，冬、夏风向转变不明显。在南美洲，只有巴西东海岸有较明显的季风，从布立科角到南回归线，7 月份为东南风，1 月份为东北风或东风。

七、局地环流

由于局地的海陆热力环流差异或地形起伏等热力或动力因素而引起的一定地区的特殊环流，如海陆风、山谷风等，称为局地环流。

1、海陆风

白天近地面层由海洋吹向陆地的风称为海风(Sea breeze)，夜间近地面层由陆地吹向海洋的风称为陆风(Land breeze)。海陆风是由于海陆热力性质差异而形成的一种小范围的热力环流。白天陆面增温比海面快，根据热力环流原理，在低层形成由海洋指向陆地的水平气压梯度分量，出现海风；夜间陆面冷却比海面快，在低层形成由陆地指向海洋的水平气压梯度分量，出现陆风。与此同时，上层出现与低层方向相反的风，如图 1－5－7 所示。

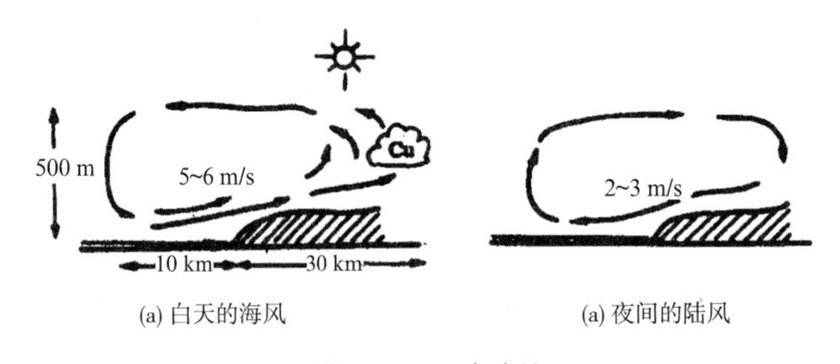

图 1－5－7 海陆风

海陆温差越大，海陆风发展越强。在低纬地区，气温日较差大，一年四季均可出现；在中纬地区，海陆风主要出现在夏季，冬季很弱；在高纬地区，只有夏季晴朗的日子里才能见到微弱的海陆风。海风比陆风强，海风可达 5～6 m/s，陆风只有 2～3 m/s；海风的水平范围和垂直厚度也比陆风大。在热带地区，海风可深入内陆 50～100 km，而陆风入海距离不超过 10 km。在热带地区，海风的垂直厚度可达 1 km 左右，而陆风一般不超过 500 m。

海风和陆风的转换时间随地区和天气条件而异。通常，海风始于 8—11 时，到 13—15 时最强，日落后明显减弱，20 时后转为陆风。在海风和陆风交替期间可暂时出现静风。在低纬地区，特别是傍晚无风时，使人有异常闷热之感。海风从海上带来大量水汽，使陆上空气湿度增大，有时会形成雾和降水。海风还可以使陆地气温降低，因此沿海地区夏季不十分炎热。

海陆风通常出现在大范围气压场比较均匀，即等压线比较稀疏的天气形势下。当大范围气压场的气压梯度较大时，海陆风往往被大范围的较强风场所掩没。

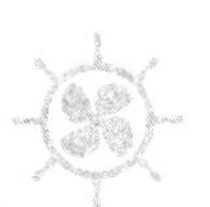

2. 山谷风

在山区，白天自谷底沿山坡向上吹向山顶的风称为谷风(Valley breeze)；夜间自山顶沿山坡吹向谷底的风称为山风(Mountain breeze)。与海陆风类似，它是由于山坡上的气温与同高度谷地上空气温之间的差异产生的局地热力环流，谷风一般在日出后9—10时开始，午后最强，如图1-5-8所示。日落后山风开始逐渐增强，到日出前最强。在背阴的峡谷中，谷风出现的时间会向后延迟，持续时间也会缩短。通常，谷风比山风强些。山谷风在夏季较明显，冬季较弱。除山地外，高原和盆地边缘也可能出现与山谷风类似的风。在我国沿海不少港口都能观测到明显的海陆风。有些港口受地形影响，海陆风与山谷风往往同时出现，两者叠加的结果使向岸风(海风+谷风)和离岸风(陆风+山风)都相当显著。例如，秦皇岛和连云港就是这种情况。

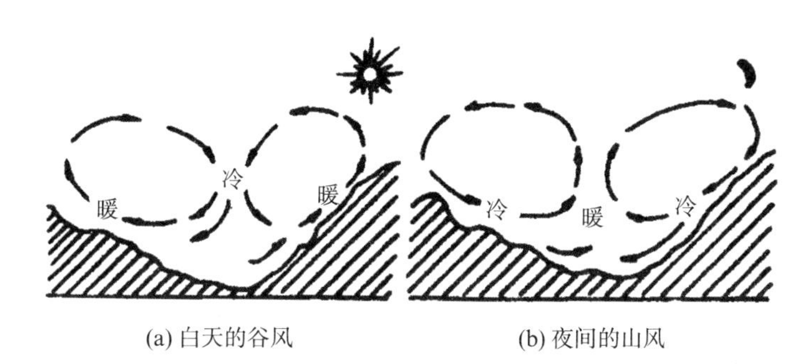

(a) 白天的谷风　　(b) 夜间的山风

图1-5-8　山谷风

拓展训练

1. 形成大气环流的基本因子有哪些？
2. 简述三圈环流模式并解释行星风带和气压带的成因。
3. 绘图说明三圈环流模式下，行星风带和气压带的分布。
4. 叙述全球永久性和半永久性大气活动中心。
5. 何为季风？比较东亚季风和南亚季风的成因和特点。
6. 说明海陆风和山谷风成因及其一般活动规律。

模块6　大气湿度

学习目标

掌握大气湿度的定义及表示方法
掌握大气湿度的日、年变化
了解大气中的水汽分布及水汽凝结条件

在人们实际生活中，冬春季会感到空气干燥，夏季出现天气闷热的现象，这都是由于大气中湿度在起作用。

一、湿度的定义和表示方法

大气湿度简称湿度(Humidity),是用来表示大气中水汽含量多少或空气潮湿程度的物理量。它是决定云、雾、雨、雪等天气现象的重要因子。通常表示湿度的物理量有很多,常用的有以下几种。

1. 绝对湿度(a)

单位体积空气中所含的水汽质量,称为绝对湿度(Absolute humidity),用符号 a 表示,单位是克/厘米^3(g/cm^3)或克/米^3(g/m^3)。它实际上就是大气中的水汽密度,直接表示空气中水汽的绝对含量,空气中的水汽含量越多,绝对湿度越大。绝对湿度物理意义非常清楚,但不容易直接测量,实际使用比较少。

2. 水汽压(e)

(1) 定义

大气中所含水汽引起的那部分压强,称为水汽压(Vapor pressure),用符号 e 表示。单位同气压,用百帕(hPa)或毫米汞柱(mmHg)表示。

当温度一定时,空气中实际水汽含量越多,水汽压值越大;实际水汽含量越少,水汽压值越小。水汽压的大小直接反映空气中水汽含量的多少。

(2) 饱和水汽压

空气中的水汽压不能无限制地增加,在一定的温度下,如果水汽压增大到某一个极限值,空气中水汽就达到饱和,如果超过这个极限值,将会有一部分水汽凝结成液体水,这一极限值称为该温度下的饱和水汽压(Saturation vapor pressure),用符号 E 表示。

因此,当 $E>e$ 时,空气未饱和;$E=e$ 时,空气饱和;$E<e$ 时,空气过饱和,多余的水汽就会出现凝结或凝华现象。

根据理论计算和实验证明,饱和水汽压与温度有关,随温度的升高而迅速增大,如表1-6-1所示。水汽含量不变的情况下,降低温度可使不饱和的空气达到饱和。

在水面上饱和水汽压 $E_{水}$ 随温度 t 变化的公式为

$$E_{水} = E_0 \times 10^{\frac{7.45t}{235+t}}$$

在冰面上饱和水汽压 $E_{冰}$ 随温度 t 变化的公式为

$$E_{冰} = E_0 \times 10^{\frac{9.5t}{265+t}}$$

式中:E_0——三相点(0 ℃)时的饱和水气压,$E_0=6.11$ hPa;t——摄氏温度。

表1-6-1 纯水面上饱和水汽压和气温的关系

温度/℃	0	5	10	15	20	30	40
饱和水汽压/hPa	6.1	8.7	12.3	17.1	23.4	42.5	74.1

对于不同的蒸发面,当温度相同时,饱和水汽压不一定相同。例如:当 $t<0$ ℃时,冰面上的饱和水汽压比过冷水面上的要小;海面上的饱和水汽压比纯水面上的要小。饱和水汽压的大小表示空气最大容纳水汽的能力,不能反映空气中水汽含量的多少。

(3) 水汽压和绝对湿度的关系

当绝对湿度单位为 g/m³，水汽压的单位为 mmHg 时，水汽压与绝对湿度的关系如下：

$$a = \frac{289}{T}e$$

因近地面气温的变化范围通常在+40～-40 ℃之间，因此

$$\frac{289}{T} \approx 1$$

此时

$$a \approx e$$

以上表明，当计算要求不高的条件下，当 e 以 mmHg 为单位，a 以 g/m³ 为单位时，数值上 $a \approx e$。当温度为 16 ℃时，绝对湿度与水汽压数值完全相等。应当注意，a 和 e 是两个物理意义不同的物理量。

3. 相对湿度(f)

同温度下，空气中的实际水气压与同温度下的饱和水气压的百分比，称为相对湿度(Relative humidity)用符号 f 表示，其表达式为

$$f = \frac{e}{E} \times 100\%$$

相对湿度的大小反映空气距离饱和的程度，当 $f<100\%$时，空气未饱和，f 值越小，空气距离饱和程度越远；$f=100\%$时，空气饱和；$f>100\%$时，空气过饱和。

4. 露点(t_d)

当空气中的水汽含量不变且气压一定时，降低气温，使未饱和空气刚好达到饱和时的温度称为露点温度，简称露点(Dew point)，用符号 t_d 表示，单位与气温相同。可见，露点时的饱和水汽压就是当时实际空气的水汽压。

露点是表示空气湿度，而不是空气冷热程度的物理量，它反映了空气中所含水汽的多少。在气压一定时，露点的高低只与空气中的水汽含量有关。水汽含量多，对应的露点就高；水汽含量少，对应的露点就低。

5. 气温露点差($t-t_d$)

气温露点差是温度与露点的差值。常用气温与露点之差 $\Delta t=t-t_d$ 的大小大致判断空气距离饱和的程度，若 $\Delta t>0$，空气未饱和，Δt 越大，距离饱和越远；$\Delta t=0$，即气温与露点相等，空气饱和；$\Delta t<0$，空气过饱和。

上述湿度表示方法虽然各不相同，但是本质是一样的，它们从不同角度反映了空气中含有水汽量的多少(如绝对湿度、水气压、露点温度)或距离饱和的程度(如相对湿度、气温露点差)。饱和水汽压则表示空气容纳水汽的能力。

二、湿度的日、年变化

1. 大气中水汽的凝结

大气中水汽凝结或凝华的一般条件是：空气达到饱和或过饱和，并且要有凝结核。使空气达到饱和主要有两种途径：一是降低温度，二是增加水汽。显然，若降低温度和增加水汽同时进行，也能够凝结。

2. 增加大气中水汽的途径

空气中水汽含量和气温有密切的关系，通常白天大于夜间，夏季大于冬季，低纬大于高纬。通常离下垫面越高，水汽含量越少。

大气中的水汽主要来自下垫面的蒸发。不同性质下垫面的蒸发情况不同，通常海洋大于陆地，森林大于沙漠。海面蒸发量的大小主要取决于海面上空气的饱和差($E-e$)和风速的大小，饱和差和风速越大时，蒸发量越大；反之，饱和差和风速越小时，蒸发量越小。

3. 大气中的冷却过程

大气中存在着多种冷却过程，主要有接触冷却、辐射冷却、平流冷却、乱流冷却和绝热冷等。云、雨主要是空气上升中绝热冷却而产生的，平流雾则主要由平流冷却而形成的，辐射雾主要由辐射冷却形成的。

4. 绝对湿度的日、年变化

这里主要讨论近地面层空气湿度的日变化和年变化规律。

空气绝对湿度大小主要取决于温度，因此它与温度的日变化同步。温度高时，蒸发快，绝对湿度就大；反之，温度低，蒸发慢，绝对湿度小。这种情况下，绝对湿度的高值出现在中午或午后气温最高的时候，低值出现在清晨。这种类型主要出现在海洋、沿海和岛屿上。绝对湿度的大小还取决于乱流交换的强度。这种情况下，温度和乱流两种因素对近地面层空气湿度的影响相互制约，产生不同的结果，一日之中绝对湿度出现 2 个极大值和 2 个极小值。这种类型出现在大陆上乱流较强的季节里。

绝对湿度的年变化与气温的年变化趋势一致。因为夏季下垫面蒸发的水分比冬季多，所以极大值出现在蒸发强的 7、8 月(南半球为 1、2 月)，最低值则出现在蒸发弱的 1、2 月(南半球为 7、8 月)。

5. 相对湿度的日、年变化

相对湿度的日变化取决于温度，这是因为相对湿度的大小是由空气的水汽压 e 与在当时温度下所对应的饱和水汽压 E 两者之比决定的。一日之中相对湿度有一个极大值和一个极小值。最大值出现在日出前，最小值出现在午后，其分布与温度的日变化呈反位相。这是因为日出后，温度逐渐升高，下垫面蒸发出来的水汽增多，实际水汽压增大，但随着温度的升高，实际水汽压增加不如饱和水汽压增加的快，因此，这一比值相应减小；日落后，温度逐渐下降，实际水汽压和饱和水汽压都随之减小，但饱和水汽压的比实际水汽压减小的更快。

相对湿度的年变化可分为两种类型：一种是在季风区，其年变化与温度年变化一致，极大值出现在夏季，极小值出现在冬季。我国大部分地处季风区域，相对湿度的年变化多属于此种类型。另一种是在内陆、干燥且全年水汽压 e 变化不大的地区，相对湿度年变化与温度的年变化相反，高值出现在冬季，低值出现在夏季。

三、湿度与货运

海上运输某些货物时因受潮而造成货损。货损的原因是货舱“出汗”和货物“出汗”，前者水滴凝结于舱顶、舱壁上，而后者水滴凝结于货物上。一般而言，若舱内温度小于舱外露点时，不能开舱通风；若舱内温度大于舱外露点时，可以开舱通风。

拓展训练

1. 简述常用的湿度表示方法。
2. 简述饱和水汽压和空气温度的关系。
3. 在什么情况下可以用水汽压的值代替绝对湿度的值。
4. 简述大气中水汽的一般分布情况，说明水汽压和相对湿度的日年变化规律。
5. 使未饱和空气达到饱和的途径有哪些？大气中的冷却过程主要有哪些类型？

模块 7　大气垂直运动和稳定度

学习目标

掌握空气的垂直运动的分类
掌握稳定度的定义
掌握稳定度的判定方法
掌握逆温的分类方法

空气的垂直运动(Vertical motion)包括上升运动和下沉运动。空气在垂直运动过程中，体积会发生很大变化，从而引起气温改变、水汽凝结和水汽蒸发，可使空气的水分、热量、尘埃等在垂直方向上发生交换。因此，研究空气的垂直运动在气象学上有重要的意义。

一、垂直运动

大气中的任何一个气块，在垂直方向上主要受到两个力的作用，一个是重力，方向向下，另一个是垂直气压梯度力，方向向上，当这两个力相等时，大气处于静力平衡状态。当重力与气压梯度力不平衡时，气块就会受到向上或向下的力而产生垂直运动。

由于引起重力和垂直气压梯度力不平衡的原因不同，垂直运动的速度和范围等情况也不同。主要可归纳为以下几种类型。

1. 对流

对流是热力运动作用下引起的垂直运动。通过大气对流一方面可以产生大气低层与高层之间的热量、动量和水汽的交换，另一方面对流引起的水汽凝结可能产生降水。空气可以在热力或动力作用下的产生垂直运动。热力作用下的大气对流主要是指在层结不稳定的大气中，一团空气的密度小于环境空气的密度，因而它所受的浮力大于重力，则在阿基米德浮力作用下形成的上升运动。这类垂直运动的范围较小，只有几公里到几十公里，持续时间较短，只有几十分钟到几小时，但垂直速度大，可达 1～30 m/s。它可形成雷暴云，

产生阵性降水、雷雨大风或冰雹等不稳定性天气。动力作用下大气对流主要是指在气流水平辐合或存在地形的条件下所形成的上升运动。在大气中大范围的降水常是锋面及相伴的气流水平辐合抬升作用形成的，而在山脉附近的固定区域产生的降水常是地形强迫抬升所致。一些特殊的地形（如喇叭口状的地形）所形成的大气对流既有地形抬升的作用，也有地形使气流水平辐合的作用。

大气中的湍流也能产生垂直运动，可形成云或雾。

一方面热力和动力作用可以形成大气对流，另一方面大气对流又可以影响大气的热力和动力结构，这就是大气对流的反馈作用。在大气所处的热带地区，这种反馈作用尤为重要，大气对流形成的水汽凝结加热常是该地区大范围大气运动的重要能源。

2. 水平辐散、辐合现象引起的垂直运动

水平辐散、辐合现象引起的垂直运动主要是地面摩擦作用和局地气压变化引起的。水平辐合是指由于水平运动使空气质量发生疏散的现象，水平辐合指由于水平运动使空气质量发生堆积的现象。通常，在地面高气压控制区，水平气流辐散，有下沉运动；在地面低气压控制区，水平气流辐合有上升运动。

3. 锋面上的垂直运动

锋面上的垂直运动是大规模暖空气沿锋面爬升而产生的，锋面上的上升运动由冷、暖空气中垂直于锋面的风速大小及锋面坡度决定。暖锋的坡度较小，可以造成大范围的层状云和稳定性降水；冷锋坡度较大，上升速度快，云雨区较狭窄。详细内容将在本书气团和锋面一节中介绍。

4. 地形引起的垂直运动

宽广而深厚的气流遇到独立的山脉阻挡时，它会分成两部分：一部分越山而过；另一部分绕山而行。当气流遇到横向长条山脉时，大部分气流将越山而过，在山脉的迎风坡上，由于地形机械抬升作用而产生的上升运动，在背风坡则产生下沉运动。山脉坡度越陡则上升运动越强；气流方向与山脉走向的交角接近 90°，上升运动也越强。当气流绕山而行，则在山峰的迎风坡两侧气流辐合，产生上升运动，在背风坡气流辐散，产生下沉运动。在山峰的迎风坡及两侧，上升气流通常形成地形云和降水。

海面摩擦力比陆面小，当吹向岸风时，摩擦力增大，风速减小，同时风向偏转，海岸线附近有气流辐合，可产生系统性上升运动；反之，吹离岸风时，则因摩擦力减小，风速增加，风向偏转，在海岸线附近造成气流辐散，产生下沉运动。

二、稳定度定义

大气中的对流有时发展强烈，有时非常微弱。为了判断对流运动能否发生和发展，引进大气稳定度的概念。大气稳定度（Atmospheric stability）又称大气静力稳定度或大气层结稳定度，是表示周围大气使气块返回或远离起始位置的趋势和程度。在力学中有，处于图 1-7-1(a)(b)(c)3 个位置的小球，分别处于稳定平衡、不稳定平衡和随遇平衡 3 种状态中，当小球受到一个短暂的外界干扰时，分别有回到原来平衡位置、离开原来平衡位置和处于平衡三种情况。同理，在静止大气中，当某一气块受到外力作用在垂直方向上产生扰动后，若周围大气有使它返回起始位置的趋势时，这种大气层结是稳定的；若周围大气有使该气块更加远离起始位置的趋势时，这种大气层结是不稳定的；若气块随时都能够与周围

大气取得平衡，这种大气层结称为中性。

三、稳定度判定

大气层结是否稳定，最简单的鉴别方法是“气块法”，大气稳定度与气温和湿度的分布有直接关系，依据气层与气块气温直减率之间的关系可以判定大气是否稳定。

大气稳定度是针对大气中任意气块而言的，任意气块都可能是干空气块、未饱和湿空气块和湿空气块三种情况之一，下面首先分别针对这三种情况做出大气稳定度的判定，然后综合在一起，就可以得到针对任意空气块的大气稳定度判定依据。

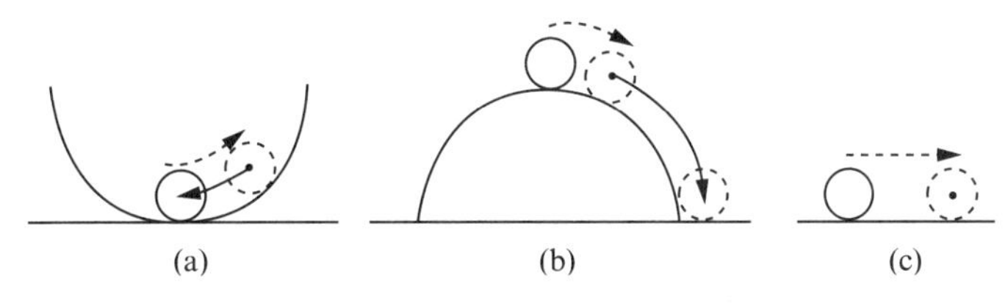

图 1-7-1　小球的三种平衡状态

1. 对干空气或未饱和湿空气块判定大气稳定度

设周围环境气层的气温直减率为 γ，而气块的气温直减率为 γ_d。图 1-7-2 表示 3 个不同地点(或同一地点三个不同的时间)干空气或未饱和空气的大气层结。设在 200 m 高度处，并且位于该高度上的 3 个气块 A、B、C 的温度与环境温度相同，都是 12 ℃，处于平衡状态。当在一外力作用下，气块上升或下降时。在 A 处，气块不论上升还是下降均有回到原来平衡位置趋势，即当 $\gamma<\gamma_d$ 时，气块升降过程中，气块的温度比周围大气的温度变化快。气块上升，气块的温度低于周围大气的温度，从而造成气块的密度大于周围大气的密度，气块有下降返回原来起始位置的趋势；气块下降，气块为温度高于周围大气的温度，从而造成气块的密度小于周围大气的密度，气块上升返回原来位置。可见针对干空气或未饱和湿空气 $\gamma<\gamma_d$ 时，大气层结是稳定的。

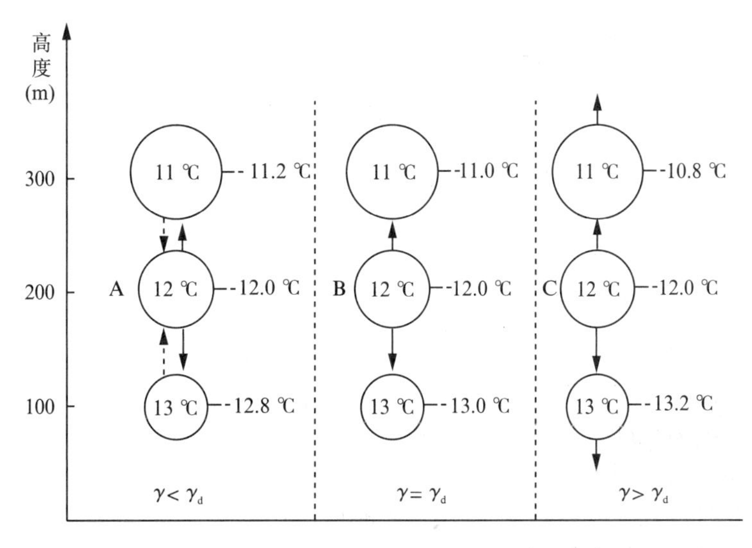

图 1-7-2　干空气或未饱和空气层结稳定度

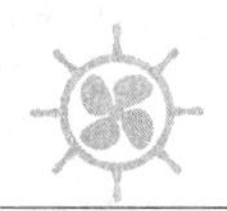

同理可判定，在B处，气块处处与周围环境温度保持一致，气块随时都能与周围大气取得平衡，因此当$\gamma=\gamma_d$时，大气层结是中性的。

在C处，气块不论上升还是下降均有离开原来平衡位置的趋势，即当$\gamma>\gamma_d$时，大气层结是不稳定的。

2. 对饱和湿空气块判定大气稳定度

设饱和湿空气块的气温直减率为γ_m。当$\gamma<\gamma_m$时，为稳定大气；当$\gamma=\gamma_m$时，为中性大气；当$\gamma>\gamma_m$时，为不稳定大气。

3. 对任意空气块判定大气稳定度

当$\gamma > \gamma_d$时，大气绝对不稳定。当大气处于不稳定状态时，有利于对流发展，产生积状云，出现不稳定性天气，如阵雨、雷阵、阵性大风，甚至产生冰雹、龙卷风等。绝对不稳定的情形多发生于夏季的局部地区，陆上热雷雨多产生于午后；海上热雷雨往往发生于后半夜甚至凌晨前后。

当$\gamma_m<\gamma<\gamma_d$时，大气条件性不稳定，即针对干空气或未饱和湿空气块大气是稳定的，针对饱和湿空气块大气是不稳定的；条件性不稳定是较常见的，在这种情况下，气层稳定与否主要取决于空气湿度，条件性不稳定情况下对流发展的重要条件之一就是要适当足够大。夏季气温高、湿度大容易形成条件性不稳定的大气层结，因此经常出现局部雷雨大风天气。

当$\gamma<\gamma_m$时，大气绝对稳定。当大气处于稳定状态时，能有效地抑制对流的发展，产生稳定性天气现象，如层云、雾、毛毛雨等。绝对稳定的情形多发生于逆温层附近，逆温层好像一个盖子，能有效地抑制对流的发展，阻挡水汽和尘埃向上传送。

四、大气中的逆温

在对流层大气中，一般情况下温度随高度的升高而降低，但也经常在某些层次出现气温随高度的升高不变或反而降低的现象。气象上把气温不随高度变化的大气称为等温层，而把温度随高度的升高而升高的大气层称为逆温层。根据形成逆温的不同过程，可将逆温分为以下五种主要类型。

1. 辐射逆温(Radiation inversion)

晴朗平静的夜晚，地面因辐射而失去热量，近地气层冷却强烈，较高气层冷却较慢，形成从地面开始向上气温递增，称为辐射逆温。随着夜深，地面失热愈多，逆温层愈厚，日出后，地面增热，逆温逐渐消失。辐射逆温在大陆上常年均可出现，以冬季最强、夏季较弱。近地面层的逆温辐射，一般是在日落前后由地面形成，夜晚伴随辐射冷却的加强，逆温层逐渐加厚，黎明前达到最大厚度，日落后从地面开始逐渐消失。它的垂直厚度可以从几十米到数百米。山谷和盆地因冷空气沿斜坡流入，常使辐射逆温加强。云顶因夜间辐射冷却，也可形成空中辐射逆温层。海面上一般无辐射逆温，逆温层的上下温差一般在10 ℃以下，逆温层下部的气温露点差很小，常伴有露、霜、雾或轻雾出现。大工业城市附近可出现严重的烟尘污染并影响能见度。

形成辐射逆温的有利条件是晴朗或少云伴有微风的夜晚。这是因为云能减弱地面的有效辐射，不利于近地面气层的冷却。风太大时大气中的垂直混合作用太强，不利于近地面气层的冷却；无风时，冷却作用又不能扩展到较高的气层中去，也不利于逆温的加厚；只

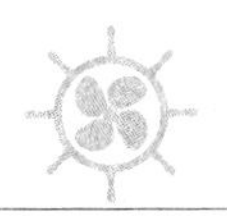

有在风速适当时，才能使逆温层既有相当的厚度而又不至于因湍流混合作用过程而遭到破坏。

2. 平流逆温(Advection inversion)

平流逆温是由暖空气平流到冷地面上，贴近地面的空气层受冷地面的冷却作用，比上层空气有较大的降温而形成的。平流逆温的形成也是由地面开始逐渐向上扩展的。其强弱由暖空气和冷地面间温差的大小决定，温差越大，逆温越强。它可以在一天中的任何时刻出现，有的还可以持续好几个昼夜。单纯的平流逆温没有明显的日变化。

冬季，在中纬度的沿海地区，因海陆温差甚大，当海上暖湿空气流到大陆上时，常出现较强的平流逆温。这种逆温常伴随着平流雾的形成。与辐射逆温不同，出现平流雾时，不但不要求晴朗少云，而且风速也可以较大。暖空气流经冰、雪表面产生融冰、融雪现象，吸收一部分热量，使得平流逆温得到加强，这种逆温称为“雪面逆温”。

3. 湍流逆温(Turbulence inversion)

湍流逆温是由于底层空气的湍流混合而形成的逆温。当气层的气温直减率小于干绝热直减率时，经湍流混合后，气层的温度分布逐渐接近干绝热直减率。因湍流上升的空气按干绝热直减率降低温度。空气上升到混合层顶部时，它的温度比周围的气温低，混合的结果，使上层气温降低；空气下沉时，情况相反，致使下层气温升高。这样就在湍流减弱层，出现逆温。这种逆温强度弱、厚度薄，多为近地层的等温现象。逆温离地面的高度依赖于湍流混合层的厚度，通常在 1 500 m 以下，其厚度一般为数十米。在逆温层的底部，由于下层的水汽和杂质向上输送和温度的下降，容易产生层云和层积层云。

4. 下沉逆温(Subsidence inversion)

下沉逆温是由于空气下沉压缩增温而形成的。多出现在离地面 1 000 m 以上的高空，厚度可达数百米。在逆温层中湿度随高度减少。

下沉逆温形成的有力天气条件是基地冷高压或副热带高压控制下的晴好天气，高压中心附近有持久而强盛的下沉运动。由于下沉空气来自高空，水汽含量少，下沉以后温度升高，相对湿度显著减小，空气干燥，不利于云雾生成。因此在下沉逆温中，天气总是晴好的。

5. 锋面逆温(Frontal inversion)

冷暖空气团相遇时，较轻的暖空气爬到冷空气上方，在界面附近也会出现逆温，称之为锋面逆温。锋面是冷暖空气的交界面，暖空气因密度小而位于冷空气之上，温度的垂直分布表现出同一数值的等温线位置在暖空气中要比冷空气中高，当等温线穿过锋面时，便发生转折。当冷暖空气的温差较大时，就可形成锋面逆温。这种逆温层是随锋面的倾斜而成倾斜状态又由于锋是从地面向冷空气方向倾斜的，所以，锋面逆温只能在冷气团所控制的地区内测到。

拓展训练

1. 什么是大气稳定度，如何判别？
2. 比较不稳定天气和稳定天气的主要特征。
3. 什么是逆温？空气中的逆温有哪几种？它对天气有什么影响？

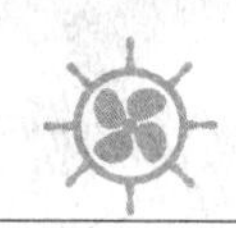

模块 8　云和降水

学习目标

掌握云的定义及形成条件
掌握云的分类及特征
掌握降水的种类、性质及分类

云的形态千变万化，种类繁多。云不仅可以反映当时天气状况，同时可以预示未来的天气变化，对制作短期天气预报具有重要作用。云，尤其是低云对航海有很大影响，因此了解云的形成原因、基本类型、演变规律和伴随的典型天气等方面的知识对航海具有重要意义。

一、云的形成及消散

云(Cloud)是由大量小水滴、小冰晶或两者的混合物组成的悬浮在空中的可见聚合体。空气中水汽达到饱和是形成云的基本条件。研究表明，单纯依靠蒸发作用在多数情况下不足以产生较大厚度内的饱和现象，只有水汽流入的同时伴有空气冷却过程才有利于云的形成。在自由大气中发生冷却过程主要有绝热冷却、辐射冷却和乱流冷却等。云是上述三种冷却过程单独作用或共同作用的结果。在大多说情况下，特别是较高较厚的云层，绝热运动起着主要的作用。因此

云的形成条件为：上升运动＋水汽

云的消散条件为：下沉运动

二、云的分类

天空中千姿百态的云，主要是由于空气上升冷却，使水汽达到饱和凝结而成。由于空气温度和上升运动等的不同，云就有了多种多样的组成和外形，云的宏观特征千姿百态，形成的物理过程略有差异。世界气象组织 1956 年公布的国际云图分类体系将云分为十属。

1. 云的物理分类

从云形成的物理条件着眼，考虑上升气流的不同特点，将云分为积状云、层状云和波状云三大类(表 1-8-1)。

表 1-8-1　云的物理分类

云型	低云	中云	高云	大气稳定度
层状云	雨层云(Ns)、层云(St)	高层云(As)	卷层云(Cs)	稳定$r<r_m<r_d$
波状云	层积云(Cs)	高积云(Ac)	卷积云(Cc)	
积状云（对流云）	淡积云(Cu hum)、浓积云(Cu cong)、积雨云(Cb)		卷云(Ci)	不稳定$r_m<r_d<r$

（1）积状云(Cumuliform cloud)

积状云形成于不稳定对流大气中，故又称对流云。积状云多形成于夏季午后，具孤立分散、云底平坦和顶部凸起的外貌形态。热力对流、冷锋面对流、地形抬升等，均可形成积状云。积状云主要包括淡积云、浓积云、积雨云、卷云。

当对流刚开始时，上升气流达到的高度仅稍高于凝结高度，形成淡积云。淡积云内上升气流速度不大，云中乱流较弱。对流进一步发展，上升气流高度远远超过凝结高度，形成浓积云，上升速度较大，云中乱流较强。对流进一步发展，浓积云愈益壮大，当云顶伸展到温度很低的高空时，云顶水滴冻结为冰晶，发展为积雨云。一个积雨云的生命史可以分为形成、成熟和消亡三个阶段，其主要特点是出现阵性降水、阵性大风、雷暴、冰雹和龙卷风等剧烈天气现象。

热力对流形成的积状云具有明显的日变化。通常，上午多为淡积云。随着对流的增强，逐渐发展为浓积云。下午对流最旺盛，往往可发展为积雨云。傍晚对流减弱，积雨云逐渐消散，有时可以演变为伪卷云、积云性高积云和积云性层积云。如果到了下午，天空还只是淡积云，这表明空气比较稳定，积云不能再发展长大，天气较好，所以淡积云又叫晴天积云，是连续晴天的预兆。如果夏天早上很早就出现了浓积云，则表示空气已很不稳定，就可能发展为积雨云。因此，早上有浓积云是有雷雨的预兆。傍晚层积云是积状云消散后演变成的，说明空气层结稳定，一到夜间云就散去，这是连续晴天的预兆。由此可知，利用热力对流形成的积云的日变化特点，有助于直接判断短期天气的变化。

（2）层状云(Stratiform cloud)

层状云是由于空气大规模的系统性上升运动而产生的，主要是锋面上的上升运动引起的。此外，在气旋和低压槽的气流辐合区或迎风坡上也能形成。低层空气湍流和辐射冷却也能形成层状云。层状云包括卷层云、高层云、雨层云和层云。

层状云是大气层结稳定的标志，其特点是均匀成层，水平范围广，云顶较为平坦、形如海面起伏、均匀成层。

（3）波状云(Wave cloud)

在稳定大气层结中，由大波动作用所产生的云，称为波状云。波状云包括卷积云、高积云、层积云。

当空气存在波动时，波峰处空气上升，波谷处空气下沉。空气上升处由于绝热冷却而形成云，空气下沉处则无云形成。如果在波动形成之前该处已有厚度均匀的层状云存在，则在波峰处云加厚，波谷处云变薄以至消失，从而形成厚度不大、保持一定间距的平行云条，呈一列列或一行行的波状云。

波动气层甚高时形成卷积云，较高时形成高积云，低时形成层积云。波状云的厚度不大，一般为几十米到几百米，有时可达 1 000～2 000 m。在它出现时，常表明气层比较稳定，天气少变化。谚语“瓦块云，晒死人”“天上鲤鱼斑，晒谷不用翻”，就是指透光高积云或透光层积云出现后，天气晴好而少变。但是系统性波状云，像卷积云是在卷云或卷层云上产生波动后演变成的，所以它和大片层状云连在一起，表示将有风雨来临。“鱼鳞天，不雨也风颠”就是指此种预兆。

2. 按云底高度划分

根据云底的高度，云可分成高云、中云、低云三大云族(表1－8－2)。

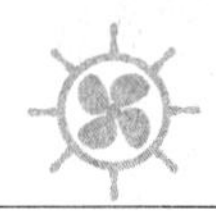

表 1-8-2　云的高度分类

云族	云底高度/m	云属			降水特点
		中文名	国际名	国际缩写	
高云	>5 000	卷云	Cirrus	Ci	
		卷层云	Cirro - Stratus	Cs	
		卷积云	Cirro - Cumulus	Cc	
中云	2 500～5 000	高层云	Alto - Stratus	As	连续性或间歇性的雨、雪
		高积云	Alto - Cumulus	Ac	
低云	<2 500	层积云	Stratus - Cumulus	Sc	间歇性微弱的雨、雪
		层云	Stratus	St	毛毛雨
		雨层云	Nimbo - Stratus	Ns	连续性中到大的雨、雪
		碎雨云	Fracto - Nimbus	Fn	（附属云）
		积云	Cumulus	Cu	
		积雨云	Cumulo - Nimbus	Cb	阵性降水

（1）高云全部由细小的冰晶组成。云底高度通常在 5 000 m 以上，高云一般不产生降水。高云有卷云(Ci)、卷层云(Cs)、卷积云(Cc)。

（2）中云是由微小水滴、过冷水滴或者冰晶、雪晶混合而组成，中云的云底高度一般在 2 500～5 000 m 之间。中云有高积云(Ac)和高层云(As)。

（3）低云多由水滴组成，厚的或垂直发展旺盛的低云则是由水滴、过冷水滴、冰晶混合组成，低云云底高度一般在 2 500 m 以下，但又随季节、天气条件及不同的地理纬度而有所变化。大部分低云都可能产生降水。低云有积云(Cu)、积雨云(Cb)、层积云(Sc)、层云(St)和雨层云(Ns)。

三、降水

大气中水汽的凝结物（或凝华物），从空中降到地面的现象称为降水(Precipitation)。降水的类型有液态的，也有固态的。

1. 降水形态

降水根据其不同的物理特征可分为液态降水、固态降水和混合降水三种类型。

（1）液态降水

液态降水包括雨(Rain)、阵雨(Showers)、毛毛雨(Drizzle)、雷阵雨(Thunderstorm)、冻雨(Freezing rain)等。

雨，是一种自然现象，表示从天空降落的水滴。雨是强度变化缓慢的滴状液态降水，下降时隐约可变，落在水面上会激起波纹或水花，落在甲板上可留下湿斑。

阵雨，就是雨时短促、开始和终止都很突然、降水强度变化很大的雨。有时伴有闪电和雷鸣，多发生在夏季，一日内降水时间不超过 3 h。

毛毛雨，是指水滴随空气微弱运动漂浮下降，肉眼几乎不能分辨其下降情况，迎面有潮

湿感，落在水面上午波纹，落在甲板上只是均匀的湿润甲板而无湿斑。

雷阵雨是一种天气现象，表现为大规模的云层运动，比阵雨要剧烈的多，还伴有放电现象，常见于夏季。

冻雨，过冷却水滴与物体碰撞后立即冻结的液态降水，是初冬或冬末春初时节见到的一种灾害性天气。当雨滴从空中落下来时，由于近地面的气温很低，在电线杆、树木、植被及道路表面都会冻结上一层晶莹透亮的薄冰，气象上把这种天气现象称为“冻雨”。

(2) 固态降水

固态降水包括雪(Snow)、冰雹(Hail)、霰(Graupel)等。

雪，由冰晶聚合而形成的固态降水。

冰雹，从对流云中降落的由透明和不透明冰粒相间组成的固态降水。

霰，又称雪丸或软雹，由白色不透明的近似球状(有时呈圆锥形)的、有雪状结构的冰相粒子组成的固态降水，直径 2～5 mm，着硬地常反跳，松脆易碎。

(3) 混合降水

混合降水主要指雨夹雪。

2. 降水量和降水强度

降水量指降水未经蒸发、渗透、流失，在水平面上所积聚的水层深度，以 mm 为单位。单位时间内的降水量指降水强度见表 1－8－3 和表 1－8－4。常用 mm/h，mm/d 等单位表示。我国气象部门规定的常用降水量分级情况。在气象上用降水量来区分降水的强度，可分为：小雨、中雨、大雨、暴雨、大暴雨、特大暴雨，小雪、中雪、大雪和暴雪等。

表 1－8－3　降雨量等级表　　mm

等级 降雨量	零星小雨	小雨	中雨	大雨	暴雨	大暴雨	特大暴雨
12 h 总降雨量	<0.1	0.1～5.0	5.1～15.0	15.1～30.0	30.1～70.0	70.1～140.0	>140.0
24 h 总降雨量	<0.1	0.1～10.0	10.1～25.0	25.1～50.0	50.1～100.0	100.1～200.0	>200.0

表 1－8－4　降雪量等级表　　mm

等级 降雨量	零星小雪	小雪	中雪	大雪
12 h 总降雪量	<0.1	0.1～1.0	1.1～3.0	>3.0
24 h 总降雪量	<0.1	1.1～2.5	2.6～5.0	>5.0

3. 降水性质

按降水的性质划分，降水可分为连续性降水(Continuous precipitation)、间歇性降水(Intermittent precipitation)、阵性降水(Showery precipitation)三种类型。

(1) 连续性降水，雨或雪连续不断的下，而且比较均匀，强度变化不大，时间长，范围广，降水量往往也比较大。一般来自雨层云 Ns 和厚的高层云 As。

(2) 间歇性降水，雨或雪时下时停，或强度有明显变化，降水强度时大时小，变化比较缓慢，降水的时间时长时短。一般来自层积云 Sc 和厚薄不均匀的高层云 As。

(3) 阵性降水，特点是骤降骤停或强度变化很突然，下降速度快，强度大，时间短，范围小。如为液态的，则时大时小，或雨水下降和停止都有很突然，一日内降水时间不超过 3 h，如为固态的，则为大块雪花、霰或冰雹。一般来自积雨云 Cb、浓积云 Cu 和不稳定的层积云 Sc。

拓展训练

1. 云形成和消散的基本条件是什么？

2. 简述积状云、层状云和波状云的基础特征和成因。3 组 10 属云中哪些属于积状云？哪些属于层状云？哪些属于波状云？

3. 简述高云、中云和低云的基本特征。3 组 10 属云中哪些属于高云？哪些属于中云？哪些属于低云？

4. 试列出十条以上看云识天气的谚语。

5. 说明降水的主要种类、降水性质和我国常用的降水强度标准。

模块 9　雾与能见度

学习目标

掌握各种雾的定义、形成及特征
掌握雾的分布
了解船舶测算海雾的方法
熟悉能见度的概念、分级及其影响的主要因素

雾是千变万化，纷繁复杂的。有雾时能见度大大降低，很多交通工具都无法使用或使用效率降低，雾是对交通活动影响最大的天气之一。雾与未来天气的变化有着密切的关系，本节我们讨论雾的分类、成因及分布。

一、雾的概念及对航海的影响

雾(Fog)是大量的小水滴、小冰晶或两者混合物悬浮在贴近地面的气层中，使水平能见度小于 1 km(或 0.5 n mile)的现象。能见度在 1～10 km 时，称为轻雾(Mist)。

雾是影响海面能见度的首要因素，当发生浓雾时能见度十分恶劣，给航行带来很大的困难，会导致船舶偏航、搁浅、触礁或碰撞等恶性事故发生。

雾与云在本质上是相同的，都是发生在大气中的水汽凝结现象。只不过存在的高度不同而已，云悬浮在空中，雾贴近地表。

二、雾的分类及特征

根据雾的成因和特点，海洋及沿海常见的雾可分为辐射雾、平流雾、锋面雾、蒸汽雾四类。

1. 辐射雾

在晴朗、微风而又潮湿的夜间，由于地面辐射冷却，近地面层气温降至露点或露点以下，使水汽在贴近地面的空气达到饱和凝结而形成的雾，称为辐射雾(Radiation fog)。辐

射雾是一种典型的陆雾。

晴夜、微风、近地面水汽充沛和大气层结稳定是形成辐射雾的四个主要条件。

辐射雾主要有以下特点：

(1) 辐射雾一年四季均能发生，秋冬季居多，冬季入海易消散，夏季入海消散慢。

(2) 辐射雾具有明显的日变化，夜间形成，日出前最浓，日出后随气温升高而消散。

(3) 辐射雾范围不大，它只占局部地区，多见于峡谷、潮湿洼地、沿海港湾。如遇到风向适宜，风力轻和，在沿海地区形成的辐射雾也可能移到海面，但离岸很少超过 10 n mile，会给沿岸航行带来一定影响。在近海和港口经常出现时，影响船舶进出港和装卸货物。

(4) 辐射雾厚度较小，在海上来自于沿海地区的辐射雾中往往可以见到大船的桅杆。微风有利于雾形成，强风和静风均不利于雾形成。

2. 平流雾

暖湿空气流经冷的下垫面(水面或陆面)，低层空气冷却，使空气达到饱和凝结而形成的雾称为平流雾(Advection fog)。因此平流雾常出现在冷、暖海流交汇的冷流一侧。平流雾又称为海雾，它是对航海威胁最大的一种雾。

平流雾主要有以下特点：

(1) 浓度大，厚度大、水平范围广、持续时间长

平流雾的浓度往往很大，能见度恶劣，甚至出现能见度小于 50 m 的现象。雾的厚度常可达几十米至几百米，遮天蔽日，眼中影响天文和地文定位。平流雾通常可达数百至数千公里，维持五六小时不消散很常见，有时可维持几天甚至一周以上。

(2) 日变化和年变化

平流雾一天中任意时刻都有可能产生，在大洋中没有明显日变化特点，平流雾在沿海或岛屿等浅海中却有明显的日变化。平流雾出现的频率有明显的年变化，春夏多，秋冬少。

(3) 随风飘移，伴有层云

出现平流雾时常伴有层云、碎雨云和毛毛雨等天气现象，一般天气较稳定。平流雾来临时，往往先看到大片破碎的层云，随后就是贴近海面的大雾涌上岸来。

3. 锋面雾(雨雾或降水雾)

锋面上的暖气团里产生的降水，在穿越冷气团时，水滴蒸发，使锋面下冷气团中水汽含量增加，冷气团中空气达到饱和凝结而形成的雾，称为锋面雾(Frontal fog)。因这种雾常伴随降水同时出现，所以又称为降水雾或雨雾。

锋面雾对航海的影响仅次于平流雾。浓度较大、范围较广的锋面雾多出现在锢囚锋两侧、暖锋前和冷锋后。锋面雾随锋面和降水区的移动而移动，因此在局地持续时间一般较短。当锋面和降水区移动缓慢或停滞不前时，持续时间就会延长。锋面雾出现的时间和强度均不受气温日变化的影响。

4. 蒸汽雾

寒冷而稳定的空气覆盖在暖水面上，水面蒸发出来的水汽进入近地面冷空气中，空气达到饱和状态而凝结形成的雾，其现象犹如水面冒白汽，称为蒸汽雾(Steam fog)。

蒸汽雾浓度不大，范围不广，较高的桅杆一般不会被它遮蔽。多产生于深秋和冬季清晨，多出现于高纬沿海、边缘和冰间较狭窄的水带。如有来自陆面，特别是冰原上的寒冷空气流到较暖的水面上，通常当气温低于水面温度 15 ℃以上，并且空气层结稳定时，就会产

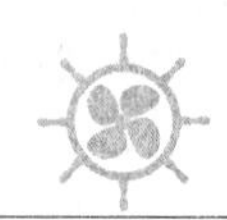

生蒸汽雾。在晚秋和冬季的早晨，蒸汽雾可见于温带地区的湖泊或河流上。陆地水面上的蒸汽雾多产生于清晨，日出后随气温上升而慢慢消散。海上蒸汽雾无明显日变化。蒸汽雾的发生与风速无关，在5～40 m/s的风速中均可观测到蒸汽雾的出现。

从以上四种雾的分析中可以得到以下结论：平流雾和辐射雾都是由于空气冷却降温形成的，属于冷却雾；锋面雾和蒸汽雾都是由于蒸发过程使空气中水汽含量增加，属于蒸发雾。

辐射雾主要出现在陆地上，在海洋上离岸很少超过10 n mile；平流雾主要出现在冷暖海流交汇处冷海流的上方，是海上出现最多的雾；蒸汽雾主要发生在中高纬的海面。

三、平流雾的生消

海上平流雾是低层大气与海洋之间相互作用的产物，是在特定的海洋水文气象条件下产生和消散的。研究结果表明，下列条件有利于雾的形成和消散：

1. 平流雾的形成条件

(1) 冷的海面

观测表明，水平温度梯度较大的海陆交界区域和冷暖海流交汇的水域是平流雾发生最多的地方，并且平流雾大都出现在冷暖海流交汇区的冷海面上。当表层海水温度低于某个临界值时可能发生海雾，而高于此值时则不能发生海雾。在北太平洋(黄海北部除外)海雾发生的区域大致限于表层水温低于20 ℃的冷海面上。黄海北部水温低于24 ℃。

(2) 适当的海气温差

适当的海气温差也是平流雾形成的必备条件之一。大量的观测表明，长江口外海域和北海道以东洋面，海雾主要集中发生在海气温差为0～6 ℃的范围内，其中为2～3 ℃左右时雾出现的概率最大。在日本海和北太平洋，气温高于海面水温1 ℃左右时，雾出现的最多。当海气温差大于8 ℃时，雾很少发生。

(3) 适宜的风场

据统计，有平流雾时风力多在2～4级之间，这是因为风力太大时乱流强，容易将上层空气的热量向下传递，从而削弱低层空气的冷却作用，不易生成雾；风力太小暖平流很弱，暖湿空气的输送量不足，不利于海雾的形成。就风向而言，要求它大致与表层海水等温线垂直或有较大的交角，并且从高温吹向低温。例如，我国近海产生平流雾的有利风向通常为S—SE—E(在黄海北部还包括NE风)，而在英吉利海峡则为SW风。

(4) 充沛的水汽

空气湿度大是形成雾的关键因子。因此，源源不断的暖湿空气长期稳定地存在，对海雾的生成、发展与维持都是十分重要的。

(5) 低层逆温层结

据统计，在能见度小于500 m的平流雾中，90%以上在大气低层都有明显的逆温层结存在。逆温层厚度通常为200～600 m。低层逆温能有效地抑制大气中对流的发展，好像一个无形的盖子，阻挡水汽向高空扩散，使水汽和凝结核大量聚集在底层大气中，对雾的形成和维持都极为有利。

2. 平流雾的消散条件

由以上分析可知，平流雾的生成和维持是以一定条件为依托的，一旦这些条件发生逆转或遭到破坏时，海雾即趋于消散。主要是流场改变，暖湿平流中断，如冷锋过境或风向有

较大角度的转变，以及低层空气增温或风速过大、近地(海)面层大气稳定状态遭到破坏时，雾就会消失或抬升为低云。

四、世界海洋雾的分布

从雾的成因和特点分析，世界海洋上雾的分布特点是：春夏多，秋冬少；中纬度多于低纬度；大洋西海岸多于东海岸；大洋中央和赤道附近的热带海面上几乎没有雾；北大洋多于南大洋。世界海洋主要雾区分布如下图1-9-1、图1-9-2所示。

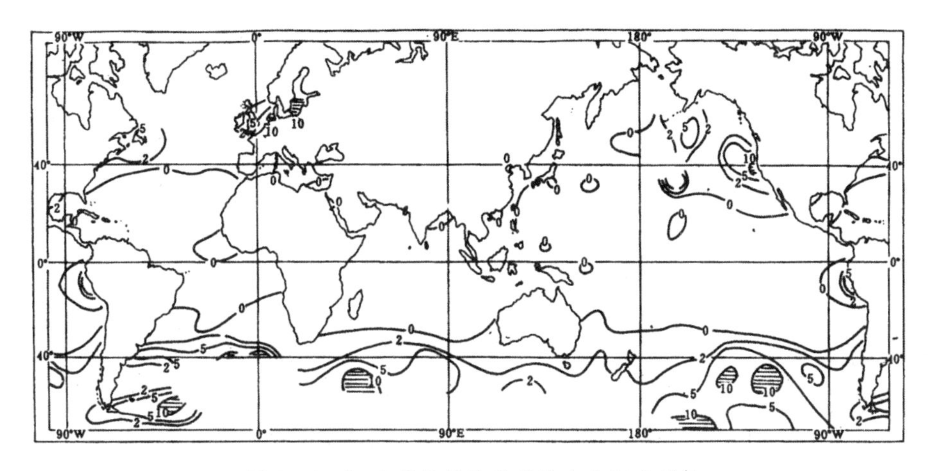

图1-9-1　1月世界海洋雾的分布频率(%)

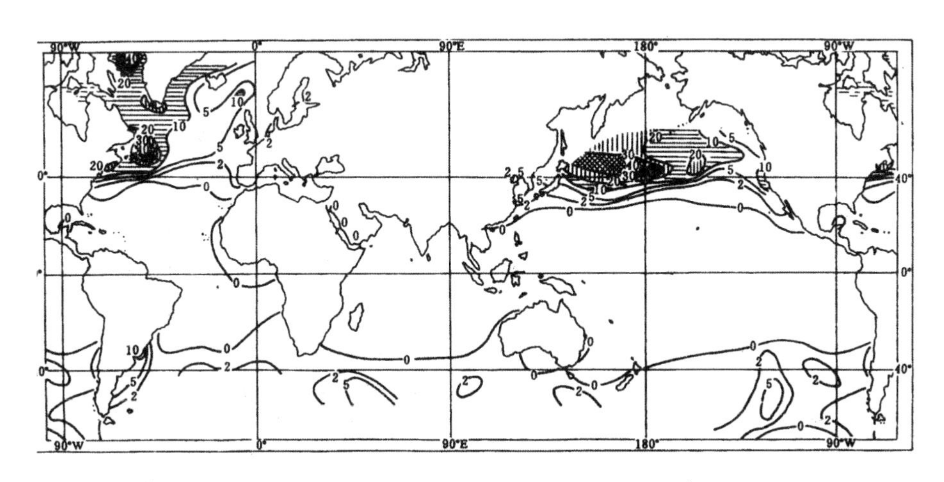

图1-9-2　7月世界海洋雾的分布频率(%)

1. 日本北海道东部至阿留申群岛一带洋面

这一区域常年有雾，是世界上最著名的雾区之一。这里是黑潮暖流与亲潮冷流的汇合处，夏季北太平洋副高强大，日本以东盛行暖湿的偏南风，从而在冷水面上经常出现平流雾。平流雾多出现在夏季6—8月份，7月最盛。冬季这一区域锋面气旋活动频繁，多锋面雾。

远东和北美间的大圆航线正经过这个雾区，因终年多雾，冬季多有大风浪，对航海极为不利。

2. 北美圣劳伦斯湾至纽芬兰附近海域

这一区域常年多雾，也是世界上最著名的雾区之一。这里是墨西哥湾暖流与拉布拉多

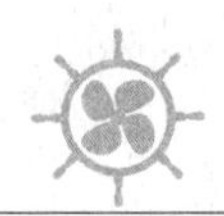

冷流的汇合处，春夏季多平流雾。雾区范围很广，向东延伸，可达冰岛附近海面，南北跨越20多个纬度，覆盖整个北大西洋北部的欧美航线。冬季这个区域锋面气旋活动频繁，多锋面雾。此外，冬季有来自高纬的强冷空气吹向海面，有蒸汽雾出现。

3. 挪威、西欧沿岸与冰岛之间洋面

这一海域也是常年有雾。这是北大西洋暖流与冰岛冷流的交汇处，夏季平流雾很频繁。冬季，挪威和西欧沿海的锋面雾也特别多。挪威沿岸多峡谷和港湾，秋冬季节多辐射雾和蒸汽雾。

这一雾区的范围和频率虽比不上北海道以东和纽芬兰附近的海雾，但他对欧美、西欧和北欧航道影响很大。

另外，加利福尼亚沿海、北非加那利海面春夏季也会形成平流雾(信风带翻腾冷流上)。

4. 南半球大洋上几个主要平流雾区

阿根廷东部海面、塔斯马利亚与新西兰之间海面以及马达加斯加南部海面三个海域是南半球的三个平流雾区，分别位于巴西暖流、东奥暖流和厄加勒斯暖流与西风漂流的汇合处。雾区不广，多发生在南半球的夏季。

5. 信风带海洋的东岸

加利福尼亚沿海、秘鲁与智利沿海、北非加那利海面和南非西岸海面等信风带海洋的东岸，这里流经沿岸的冷流受常年盛行的离岸风的吹刮作用，使下面的海水上翻，偶尔有暖湿气流经过冷海面时也会形成平流雾。每年春夏雾较多，浓度和厚度都不大。

6. 北冰洋和南极洲沿岸冰缘、冰间水域以及中高纬大陆东海岸附近海面

冬季来自高纬大陆上的冷空气吹刮到海面上，多蒸汽雾。

五、中国近海雾的分布

我国近海是太平洋多雾区之一。主要以平流雾为主，锋面雾和辐射雾次之。雾区的时间和空间分布有很强的季节性和区域性。

1. 季节性

我国沿海的雾主要发生在2—7月。从冬到夏，雾区逐渐由南向北推移，呈现出南早北晚的特点。南海的雾出现在12月至次年5月，2—3月最多，8—11月基本无雾；东海的雾始于3月，3—7月为雾季，其中浙江沿海至长江口4—6月最盛；黄海的雾始于4月，4—8月为雾季，6—7月最盛；8月除朝鲜半岛西南面偶尔发生雾外，大部分海域雾已很少见。

2. 区域性

自渤海至北部湾基本呈带状分布。雾区的带状分布有南窄北宽的特点，南部宽约100～200 km，舟山一带约400 km，北部更宽。

雾区的另一个特点是南少北多。琼州海峡和北部湾西北部年雾日20～30天；台湾海峡西部和福建沿海年雾日20～35天；闽浙沿岸至长江口一带，年雾日50～60天以上；山东半岛南部成山头和石岛一带海雾最频，年雾日超过80天，有“雾窟”之称。

我国近海有3个相对多雾中心：黄海中、南部，闽浙沿岸和北部湾，3个相对少雾中心：渤海、台湾海峡和台湾以东洋面及南海南部。渤海是我国内海，暖流不易到达，因而雾相对较少，仅在渤海海峡附近多些，年雾日为20～40天。台湾海峡风较大，不利于雾的形成。台湾以东洋面、海南岛榆林港以南终年受暖流控制，缺乏冷却条件，基本无雾。

六、船舶测算海雾的方法

1. 干湿球温度表法

根据干湿球读数差值的变化，可以估算估计海上雾生消趋势。若干球温度高于湿球温度，并且两者的差值向增大的趋势发展时，则可以断定不会出现雾；反之，如果两者的差值越来越小，则表明向成雾的趋势发展，有出现雾的可能。当读数达到或接近一致时就会出现雾。雾形成后，若干湿球温差又开始增大时，雾就会趋于消散。这种方法简便、易行，但与实际有出入，如下雨前干湿温度也会趋于一致而海上没有雾。因此，需要与天气形势分析和其他方法结合起来应用。另外，海上大气中含有盐粒子，盐粒子是吸湿性凝结核，当相对湿度在 80%～90%就有可能出现海雾。

2. 露点水温图解法

船舶将沿途不同时刻观测的空气露点温度和海水表层温度的资料点绘成两条曲线，如图 1-9-3 所示，图中 t_d 是露点温度，t_w 是海水表层水温。根据这两条曲线判断海上平流雾生消趋势。

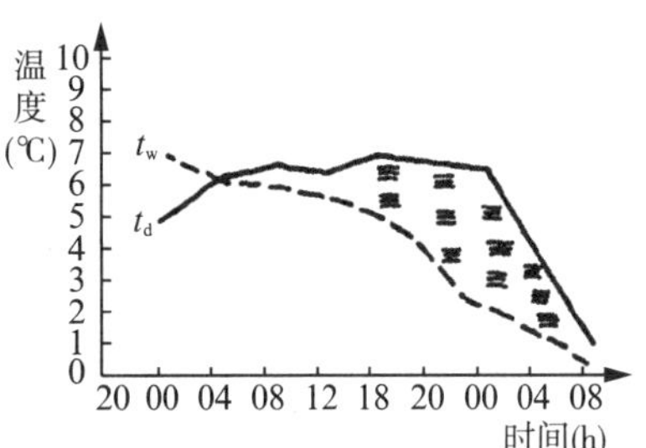

图 1-9-3　露点水温图解曲线

(1) $t_w>t_d$，即水温高于露点温度时不会生成雾；若此时两条曲线之间的间距越来越小，说明生成雾的可能性增大。

(2) 当两条曲线相交并且 $t_w<t_d$，即露点温度高于海水温度时，雾就快生成了。

(3) 有雾时，如果 $t_w>t_d$ 即水温高于露点温度并且两条曲线的间距越来越大，说明雾正在消散。

3. 利用天气形势判断雾

海雾的出现常与相应天气形势有关，适宜的天气系统产生的风将源源不断的暖湿空气输送到冷的海面上，大气层稳定时，便最容易生成雾。例如，在我国沿海出现海雾最常见的有利天气形势为气旋和低槽东部，西北太平洋副热带高压西伸脊西部、入海变性冷高压西部和冷锋或静止锋前部等四种天气形势。

(1) 入海变性冷高压西部的平流雾，如图 1-9-4 所示。

(2) 气旋或低槽东部的平流雾，如图 1-9-5 所示。

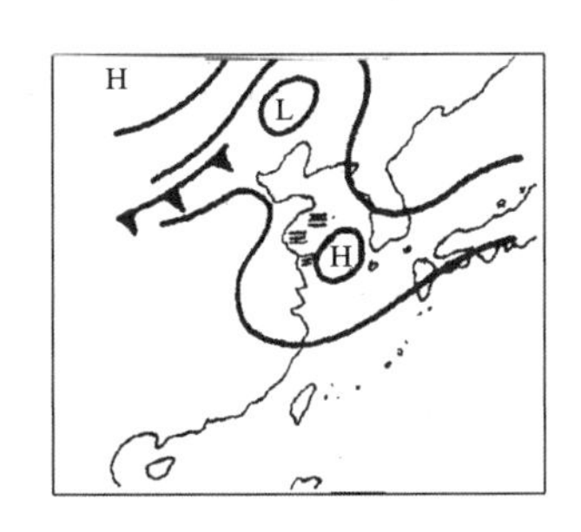

图 1-9-4　入海冷高压西部平流雾

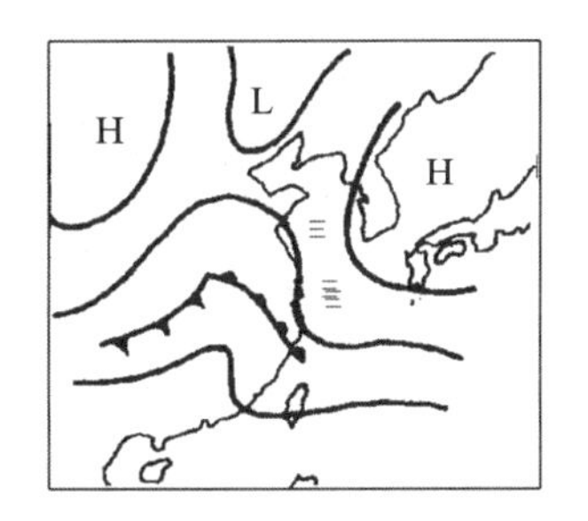

图 1-9-5　气旋或低槽东部平流雾

(3) 西北太平洋副热带高压西伸脊西部的平流雾，如图 1-9-6 所示。

(4) 冷前锋和气旋暖区的平流雾，如图 1-9-7 所示。

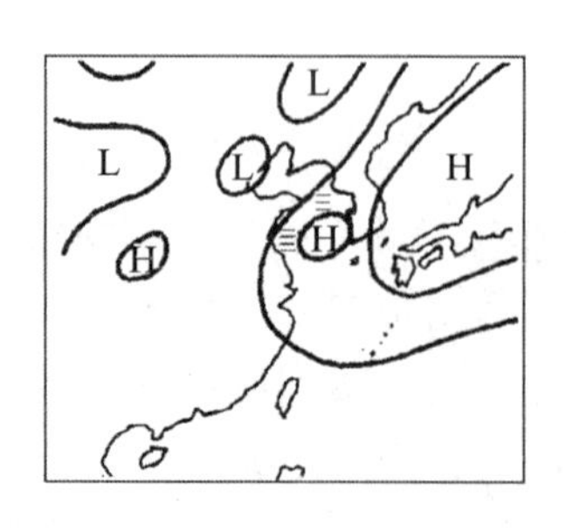

图 1-9-6　西北太平洋副热带高压西伸脊西部的平流雾

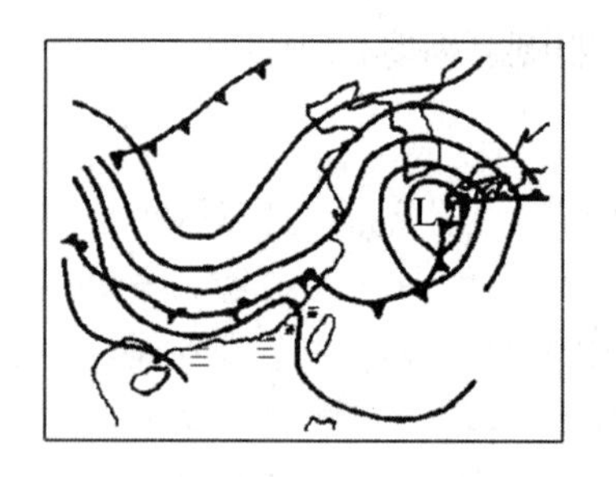

图 1-9-7　冷锋前和锋面气旋暖区的平流雾

七、海面能见度

1. 海面能见度的概念

视力正常的人能从天空(或地面)背景中识别出具有一定大小的目标物的最大距离,称为能见度(Visibility),以千米(km)或海里(n mile)为单位表示。所谓"能见",在白天指目力能辨认出目标物的形体和轮廓,在夜间指能清楚地看见目标灯的发光点;"不能见"是指在白天看不清目标物的轮廓,分不清其形体,或者在夜间,所见目标灯的发光点模糊,灯光散乱。

气象上所说的能见度一般指水平能见度,即水平方向上的有效能见度。所谓有效能见度是指四周视野中一半以上范围都能看到的最大水平距离。

能见度的好坏取决于观测这与目标物之间的大气透明度、目标物和它所投影的背景面上的视亮度对比以及观测者的视觉感应能力。大气透明度是影响能见度的直接因子,其次是目标物和背景的亮度以及人的视觉感应能力。

雾是影响海面能见度最主要的因子,其他如沙尘暴、烟、雨、雪、低云等也使能见度恶劣。例如,在索马里、埃及和几内亚等地的沿海航行常见因沙尘暴而使海面能见度变化的情况。

2. 海面能见度的等级

根据能见度的大小,将能见度分成 0～9 共 10 个等级(如表 1-9-1 所示)。能见度好等级大,能见度差等级小。在气候资料和世界各国发布的天气报告中,通常能见度不用等级,而以能见度恶劣(Visibility Bad)、能见度不良(Visibility Poor)、能见度中等(Visibility Moderate)、能见度良好(Visibility Good)、能见度很好(Visibility Very Good)和能见度极好(Visibility Excellent)等用语来表示。

表 1-9-1　能见度等级表

等级	能见距离/		能见度鉴定	海上可能出现的天气现象
	n mile	km		
0	＜0.03	＜0.05	能见度低劣	浓雾
1	0.03～0.10	0.05～0.20		浓雾或雪暴
2	0.10～0.25	0.20～0.50		大雾或大雪

（续表）

等级	能见距离/		能见度鉴定	海上可能出现的天气现象
	n mile	km		
3	0.25～0.50	0.50～0.10	能见度不良	雾或中雪
4	0.50～1.00	1～2		轻雾或暴雨
5	1～2	2～4	能见度中等	小雪、大雨、轻雾
6	2～5	4～10		中雨、小雪、轻雾
7	5～11	10～20	能见度良好	小雨、毛毛雨
8	11～27	20～50	能见度很好	无降水
9	≥27	≥50	能见度极好	空气透明

拓展训练

1. 简述雾对航海的危害。
2. 说明辐射雾、平流雾、锋面雾、蒸汽雾的成因、特点及其活动规律。
3. 说明平流雾的主要形成及其消散条件。
4. 简述世界海洋的主要雾区及其成因。
5. 简述中国沿海雾的地理分布特征、季节活动规律及其成因。
6. 说明怎么用干湿球温度表法预测雾的生消趋势。
7. 什么是能见度，其影响因子有哪些？

技能模块

模块 10　船舶海洋气象要素观测与记录

核心概念

干湿球温度表、空盒气压表、本站气压、风向风速仪、云量、云状、云高、天气现象、海面有效能见度

学习目标

知识目标

掌握船舶海洋水文气象要素观测的意义、项目、程序等

掌握各类观测项目的观测设备的使用方法及注意事项

了解各类观测项目的观测原理

能力目标

会正确操作船用气象仪器

能准确进行气象要素的观测和记录

工作任务

1. 气温、湿度观测和记录
2. 气压观测和记录
3. 风观测和记录
4. 云观测和记录
5. 天气现象观测和记录
6. 海面有效能见度观测和记录

任务1　气温和湿度观测

知识准备

一、观测的意义

船舶海洋水文气象辅助测报(简称船舶测报)是全球天气监视网的重要组成部分,是认识、研究、掌握海洋环境变化规律和为海洋天气预报提供实时资料的有效手段。此外,根据1976年国际海上人命安全公约中关于"危险通报"的有关规定,也要求船舶能够掌握正确观测海上危险天气及海况和及时进行国际通报的方法。

船舶测报是组织部分生产船只进行海上水文气象观测和发报。此项工作对提供可靠的海洋气象情报资料,提高海上天气预报准确率,保障船舶航行安全具有重要的意义。据世界气象组织1982年统计,约有7 500余艘测报船舶参加国际海洋水文气象测报工作。

二、观测项目

气象项目:海面有效能见度、云、天气现象、风、气压、空气温度和湿度等。

水文项目:海浪、表层海水温度、表层海水盐度、海发光和海水温度深度等。

三、观测时次

观测时间一律使用世界时(Z),每天按00,06,12,18时4次观测。但表层海水盐度每天06时采样一次,海发光每天在天黑后进行观测,海水温度深度观测在每天00时、12时进行。如遇海上天气、海况恶劣的情况,风、气压、海浪等项目要求加密到每小时观测一次。

船舶测报船只离港后,按规范进行测报。每次观测应从正点前30 min开始至正点结束。但气象项目观测应安排在正点前15 min内进行,其中气压的观测应在接近正点时进行。遇有船只避让等特殊情况不能准时观测时,可在正点后30 min内补测完毕。并在记录表中有关栏内注明,困故无法补测时应注明原因。

四、基本要求

船舶海洋水文气象要素观测的基本要求如下：

1. 船舶测报所获得的资料应能反映出测报船只所在海域的水文气象基本状况。

2. 船舶测报包括海洋水文、气象要素的观测、编报和以后的资料处理。

3. 船舶测报船只(以下简称测船)的测报项目及测量的准确度一经确定后不得随意变动。

4. 测报人员每日定时校对观测钟表，使之 24 h 内误差不大于 1 min。观测使用的仪器设备，必须是经国家批准生产的或经国家有关机构鉴定确认质量合格，且在仪器检定的有效期内。定期对仪器设备进行维护保养，发生故障应及时排除或更换，并在记录表备注栏内注明。

5. 观测资料的传送。

观测资料的实时传送：每次观测记录工作完毕，应立即按规定进行编码后发报，观测资料的实时传送由船上报务人员负责并按时次实施；测船应将观测报文发给国内免费接收天气报告的海岸电台或接收岸站；参加船舶测报资料国际交换的测船，应将观测报文发给航行中较近的指定免费接收天气报告的海岸电台或接收岸站。

非实时资料的报送：测船测报后的每一次观测记录均应妥善保管，到达国内港口后应主动报送或通知就近的船舶测报管理部门收取。

观测要素记录格式见附录五“船舶海洋水文气象辅助测报记录表”。

五、温度和湿度的观测

1. 观测仪器

船上通常用干湿球温度表(Dry-and-wet-bulb hygrometer)或船舶数字气象仪观测空气温度和湿度。

将两支构造完全相同的温度表，放在同一环境中(如百叶箱，图1－10－1)，其中一支用来测定空气温度，称为干球温度表；另一支球部缠上润湿的纱布(湿润纱布须用雨水或蒸馏水)，称为湿球温度表。

图 1－10－1　百叶箱

干湿球温度表应安装在百叶箱内，干球在左，湿球在右，球部距离甲板 1.5 m 高。包扎湿球温度表球部的纱布下部浸到一个带盖的水杯内，杯中盛有蒸馏水或雨水。船上因条件限制，百叶箱一般水平固定在空气流通、远离热源的驾驶台两侧，箱门方向不得与船头相同。

当空气中水汽含量未达到饱和时，湿球表面的水分不断蒸发，消耗湿球的热量而使湿球温度计读数下降，同时又从流经湿球的空气中吸取热量。当湿球因蒸发而消耗的热量和从周围空气中获得的热量相平衡时，湿球温度就不再继续下降，这样就维持了相对稳定的干、湿球温度差。当空气未饱和时，空气越干燥，干、湿球温差就越大；空气越潮湿，干湿球温差就越小。当空气饱和(或过饱和)时，干、湿球温度表的读数应接近一致。

2. 观测要求

观测干、湿球温度表时，视线应与温度表水银柱顶端保持水平，屏住呼吸，遮住阳光，迅速读数，先读小数，后读整数。干球和湿球温度通常以摄氏度(℃)为单位，读到小数一位，

温度在 0 ℃以下时，记录数值前加“—”号。温度读数按所附检定证进行器差订正。当湿球纱布冻结时，停止湿球温度的观测。使用器测传感器观测应按照仪器使用说明观测干球温度、湿球温度和相对湿度。

有了干湿球温度，即可利用湿度查算表(表 1 - 10 - 1)，迅速查出各种湿度因子，如水汽压、相对湿度、露点温度等。例，利用干湿球温度表得到干球和湿球温度分别为 26 ℃和 22 ℃，查表可求得：水汽压为 23.3 hPa，相对湿度为 69%，露点温度为 20 ℃。

表 1 - 10 - 1　湿度查算表

t	$t-t'$																					
	0		1		2		3		4		5		6		7		8		9		10	
	e	f	e	f	e	f	e	f	e	f	e	f	e	f	e	f	e	f	e	f	e	f
—10	2.6	92	1.6	56	0.6	21																
—9	2.9	93	1.8	59	0.8	26																
—8	3.1	93	2.1	62	1.0	31																
—7	3.4	94	2.3	65	1.3	35	0.2	7														
—6	3.7	95	2.6	67	1.5	39	0.5	12			湿球已结冰											
—5	4.0	96	2.9	69	1.8	43	0.7	18														
—4	4.4	97	3.2	71	2.1	46	1.0	22														
—3	4.8	97	3.6	73	2.4	50	1.3	27	0.2	4												
—2	5.2	98	4.0	76	2.8	53	1.6	31	0.5	10												
—1	5.6	99	4.4	77	3.2	56	2.0	35	0.8	15												
0	6.1	100	4.9	80	3.7	60	2.5	41	1.4	22	0.2	4										
1	6.6	100	5.3	81	4.1	62	2.9	44	1.7	28	0.6	9										
2	7.0	100	5.8	82	4.5	64	3.3	47	2.1	30	0.9	13										
3	7.6	100	6.3	83	5.0	66	3.7	49	2.5	33	1.3	17										
4	8.1	100	6.8	84	5.5	67	4.2	51	2.9	36	1.7	21	0.5	6								
5	8.7	100	7.3	84	6.0	68	4.7	54	3.4	39	2.1	25	0.9	10								
6	9.4	100	7.9	85	6.5	70	5.2	56	3.9	41	2.6	28	1.3	14								
7	10.0	100	8.6	85	7.1	71	5.8	57	4.4	44	3.1	33	1.8	18	0.6	5						
8	10.7	100	9.2	86	7.8	72	6.3	59	4.9	46	3.6	34	2.3	21	1.0	9						
9	11.5	100	9.9	87	8.4	73	7.0	61	5.5	48	4.2	36	2.8	24	1.5	13						
10	12.3	100	10.7	87	9.1	74	7.6	62	6.2	50	4.8	39	3.4	27	2.0	16	0.7	8				
11	13.1	100	11.5	88	9.9	75	8.3	64	6.8	52	5.4	41	4.0	30	2.6	20	1.2	9				
12	14.0	100	12.3	88	10.7	76	9.1	65	7.5	54	6.0	43	4.6	33	3.2	23	1.8	13	0.4	3		
13	15.0	100	13.2	88	11.5	77	9.9	66	8.3	55	6.8	45	5.2	35	3.8	25	2.4	16	1.0	7		
14	16.0	100	14.2	89	12.4	78	10.8	67	9.1	57	7.5	47	6.0	37	4.5	28	3.0	19	1.5	10		
15	17.1	100	15.2	89	13.4	78	11.6	68	10.0	58	8.3	49	6.7	39	5.2	30	3.7	21	2.2	13	0.8	5
16	18.2	100	16.3	89	14.4	79	12.6	69	10.8	60	9.2	50	7.5	41	5.9	33	4.4	24	2.9	16	1.4	8
17	19.4	100	17.4	90	15.5	80	13.6	70	11.8	61	10.1	52	8.4	43	6.7	35	5.1	26	3.6	18	2.1	11
18	20.6	100	18.6	90	16.6	80	14.7	71	12.8	62	11.0	53	9.3	45	7.6	37	5.9	29	4.3	21	2.8	13
19	22.0	100	19.9	90	17.8	81	15.8	72	13.9	63	12.0	55	10.2	46	8.5	39	6.8	31	5.1	23	3.5	16
20	23.4	100	21.2	91	19.1	81	17.0	73	15.0	64	13.1	56	11.2	48	9.4	40	7.7	33	6.0	26	4.3	19

（续表）

t	$t-t'$																					
	0		1		2		3		4		5		6		7		8		9		10	
	e	f	e	f	e	f	e	f	e	f	e	f	e	f	e	f	e	f	e	f	e	f
21	24.9	100	22.6	91	20.4	82	18.3	73	16.2	65	14.2	57	12.3	50	10.4	42	8.6	35	6.9	28	5.2	21
22	26.5	100	24.1	91	21.8	82	19.6	74	17.5	66	15.4	58	13.4	51	11.5	43	9.6	36	7.8	30	6.1	23
23	28.1	100	25.7	91	23.3	83	21.0	75	18.8	67	16.7	59	14.6	52	12.6	45	10.7	38	8.8	31	7.0	25
24	29.9	100	27.3	91	24.9	83	22.5	75	20.2	68	18.0	60	15.9	53	13.8	46	11.8	40	9.9	33	8.0	27
25	31.7	100	29.1	92	26.5	84	24.1	76	21.7	68	19.4	61	17.2	54	15.1	48	13.0	41	11.0	35	9.1	29
26	33.6	100	30.9	92	28.3	84	25.7	76	23.3	69	20.9	62	18.6	55	16.4	49	14.3	42	12.2	36	10.2	30
27	35.7	100	32.8	92	30.1	84	27.5	77	24.9	70	22.5	63	20.1	56	17.8	50	15.6	44	13.5	38	11.4	32
28	37.8	100	34.9	92	32.1	84	29.3	77	26.7	71	24.1	64	21.7	57	19.3	51	17.0	45	14.8	39	12.7	34
29	40.1	100	37.1	92	34.1	85	31.3	77	28.5	71	25.9	65	23.3	58	20.9	52	18.5	46	16.2	40	14.0	35
30	42.5	100	39.3	93	36.3	85	33.3	78	30.5	72	27.7	65	25.1	59	22.6	53	20.1	47	17.7	42	15.4	36
31	44.9	100	41.7	93	38.5	86	35.5	79	32.5	72	29.7	66	26.9	60	24.3	54	21.8	48	19.3	43	16.9	38
32	47.6	100	44.2	93	14.1	86	37.7	79	34.7	73	31.7	67	28.9	61	36.1	55	23.5	49	21.0	44	18.5	39
33	50.4	100	46.9	93	43.6	87	40.4	80	36.9	73	33.9	67	30.9	61	28.1	56	25.3	50	22.7	45	20.2	40
34	53.3	100	49.7	93	42.2	87	42.9	81	39.8	75	36.1	68	33.1	62	30.1	57	27.3	51	24.5	46	21.9	41
35	56.3	100	52.8	93	18.9	87	45.4	81	42.2	75	38.5	68	35.3	63	32.3	57	29.3	52	26.5	47	23.8	42
36	59.5	100											37.7	63	34.5	58	31.5	53	28.5	48	25.7	43
37	62.8	100													36.9	59	33.7	54	30.7	49	27.7	44
注：表中 t ——干球温度(℃)；t'——湿球温度(℃)；e——水汽压(hPa)；f——相对湿度(%)。																						

表 1-10-2　露点查算表

水汽压 e/hPa	露点 t_d/℃	水汽压 e/hPa	露点 t_d/℃	水汽压 e/hPa	露点 t_d/℃	水汽压 e/hPa	露点 t_d/℃
1.4	−19	3.5～3.7	−7	7.9～8.4	4	17.7～18.7	16
1.5	−18	3.8～4.0	−6	8.5～9.0	5	18.8～20.0	17
1.6	−17	4.1～4,3	−5	9.1～9.6	6	20.1～21.3	18
1.7～1.8	−16	4.4～4.7	−4	9.7～10.3	7	21.4～22.6	19
1.9	−17	4.8～5.0	−3	10.4～11.1	8	22.7～24.1	20
2.0～2.1	−18	5.15.4	−2	11.2～11.8	9	24.2～25.6	21
2.2～2.3	−19	5.5～5.8	−1	11.9～12.7	10	25.7～27.2	22
2.4～2.5	−20	5.9～6.1	0	12.8～13.5	11	27.3～28.9	23
2.6～2.7	−21	6.2～6.3	0	13.6～14.5	12	29.0～30.7	24
2.8～2.9	−22	6.4～6.7	1	14.6～15.4	13	30.8～32.6	25
3.0～3.2	−23	6.8～7.3	2	15.5～16.5	14	32.7～34.6	26
3.3～3.4	−24	7.4～7.8	3	16.6～17.6	15	34.7～36.7	27

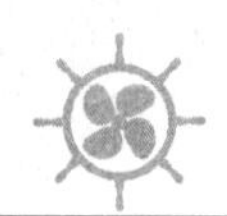

任务实施

1. 教师讲解各类干湿球温度计的构造、原理、观测方法和注意事项。

2. 要求学生按照干湿球温度计的操作步骤进行试验，先读出干球温度和湿球温度的读数，查表得出其他湿度因子（如水汽压、相对湿度、露点温度等），教师作为实施顾问身份参与任务中。

3. 将观测数据填写在观测记录表中。

任务拓展

1. 测得一组干湿球温度数据如下：干球 22.0 ℃，湿球温度 15.0 ℃。求水汽压、绝对湿度、相对湿度、露点和饱和水汽压。

2. 试述干湿球温度计表的安装要求、观测方法和注意事项。

任务 2　气压观测

知识准备

一、观测仪器

气象台测量气压的标准仪器是水银气压表(Mercury barometer)，船上观测气压通常使用空盒气压表(Aneroid barometer)（在国外称晴雨计），国产空盒气压表的表面如图 1－10－2 所示。国产空盒气压表通常平放在驾驶室的海图桌上，国外空盒气压表通常悬挂于墙壁上使用。空盒气压表是一种轻便的测定大气压力的仪器，不如水银气压表精确，但它的测压范围比水银气压表广，多用于船上和野外观测。

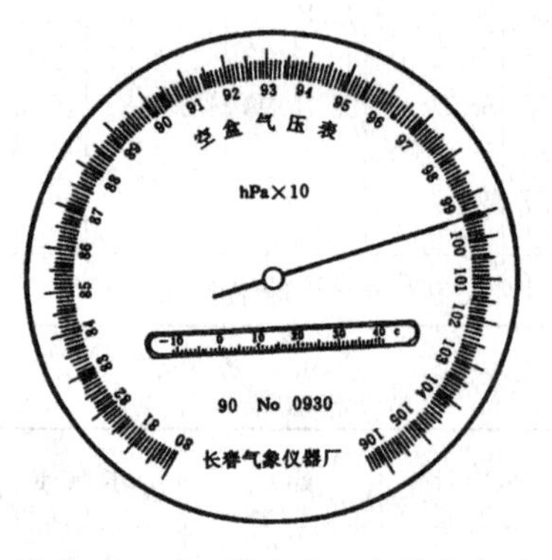

图 1－10－2　国产空盒气压表表面

二、观测要求

气压表应水平放置，并固定在温度少变、没有热源、不直接通风的房间里，最好有减振装置，应避免阳光直接照射。

观测时，打开盒盖，先读附温，精确到 0.1 ℃。用手轻敲一下气压表玻璃面，待指针静止时，读指针指示的气压值，精确到 0.1 hPa。读数时视线要通过指针并与刻度面垂直，将读数记在记录纸气压读数栏内。

三、读数订正

海上观测的气压读数，需要依据其附带的检定证，经过订正才能得到海平面气压。

(1) 刻度订正($\Delta p_{\text{刻}}$)

依据观测的气压从仪器检定证上查取相应订正值。

(2) 温度订正($\Delta p_{\text{温}}$)

温度订正是为了订正由于温度变化引起的空盒弹性改变而造成的误差，空盒气压表是在 0 ℃时与水银气压表校对的，只有该温度时才有正确的读数。

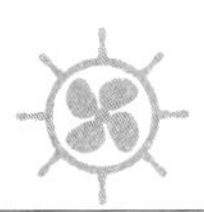

订正值

$$\Delta p_{温} = \alpha \cdot t$$

式中：α——温度系数，即温度改变 1 ℃时，空盒气压表读数改变值，可从检定证书上可查到；t——观测时的附温。

(3) 补充订正($\Delta p_{补}$)

补充订正是由于空盒的残余形变引起的误差，订正值从检定证书上可查到。这种残余形变随时间而变化。一般地，空盒气压表必须定期与标准水银气压表进行比较，求出空盒气压表的补充订正值。

经过这三项订正得到的气压即为驾驶台上的现场气压，也称本站气压或本船气压。即：

$$p_{本} = p + \Delta p_{刻} + \Delta p_{温} + \Delta p_{补}$$

式中：$p_{本}$——本站气压；p——空盒气压表的读数；$\Delta p_{刻}$——刻度订正值；$\Delta p_{温}$——温度订正值；$\Delta p_{补}$——补充订正值。

(4) 高度订正($\Delta p_{高}$)

在实际工作中近似认为高度每升高 8 m，气压下降 1 hPa。以上四项订正的代数和为综合订正值。高度订正时，应在本站气压的基础上加上高度订正，才能得到海平面气压。即：

$$p_{海} = p_{本} + \Delta p_{高}$$

或

$$p_{海} = p + \Delta p_{刻} + \Delta p_{温} + \Delta p_{补} + \Delta p_{高}$$

式中：$p_{海}$——海平面气压；$\Delta p_{高}$——高度订正值，通常取高度订正值等于船舶平均吃水线至船上气压表安置的高度差除以 8。

例：用 0930 号空盒气压表读得附温为 30 ℃，气压读数为 1 001.5 hPa，气压表离船舶平均吃水线高度为 20 m，求本站气压和海平面气压。

(1) 刻度订正：从检定证查得为＋0.1 hPa；

(2) 温度订正：－0.01×30＝－0.3 hPa；

(3) 补充订正：从检定证上得为＋0.3 hPa；

(4) 高度订正：20/8＝2.5 hPa。

本站气压＝1 001.5＋0.1＋(－0.3)＋0.3＝1001.6 hPa

海平面气压＝1 001.5＋0.1＋(－0.3)＋0.3＋2.5＝100 4.1 hPa

附：0930 号空盒气压表检定证

仪器名称：空盒气压表

仪器号码：0903 号

①刻度订正如下表：

气压	订正值	气压/hPa	订正值	气压/hPa	订正值	气压/hPa	订正值
1 060	−1.0	990	+0.2	920	+0.1	850	−0.4
1 050	−0.8	980	+0.2	910	0.0	840	−0.4
1 040	−0.6	970	+0.2	900	−0.1	830	−0.5
1 030	−0.4	960	+0.2	890	−0.3	820	−0.6
1 020	−0.2	950	+0.2	880	−0.3	810	−0.8
1 010	0.0	940	+0.2	870	−0.4	800	−0.9
1 000	+0.1	930	+0.1	860	−0.4		

②温度订正：−0.01 hPa/℃；③补充订正：+0.3 hPa

任务实施

1. 教师讲解空盒气压表的构造、原理、观测方法和注意事项。

2. 要求学生按空盒气压表的操作步骤进行试验，先读出空盒气压表的气压读数，教师作为实施顾问身份参与任务中。

3. 计算本站气压和海平面气压，将相应数据填写在观测记录表中。

任务拓展

1. 何为本站气压和海平面气压？在船上利用空盒气压表测气压时，应进行哪几项修正才能得到本站气压和海平面气压？

2. 某轮驾驶台上空盒气压表距离海平面 20 m，气压表读数为 1 020.0 hPa，附温为 20 ℃，温度订正为−0.01 hPa/℃，补充订正为+0.2 hPa，刻度订正为−0.3 hPa，求本站气压和海平面气压。

任务 3　风观测

知识准备

风的观测包括风向和风速。世界气象组织(WMO)规定海面风的观测应采用正点观测前 10 min 内的平均风速及相应的最多风向。我国目前沿用观测时间为 2 min(或 100 s)的规定。据悉，不久也将采用 WMO 的统一规定。风向以度为单位，记整数，正北记为 0°；风速以 m/s 为单位，记到小数一位。静风时，风速记 0.0，风向记 C。

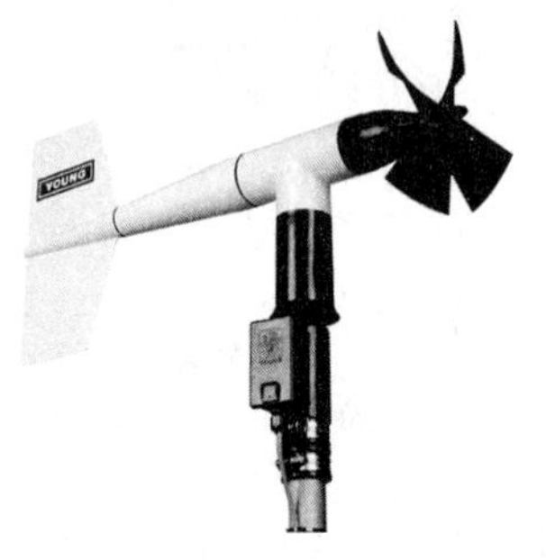

图 1-10-3　风向风速仪

图 1-10-3 为气象风向风速仪示意图。风向、风速传感器的外形是类似于一个没有机翼的螺旋桨机体，螺旋桨和尾翼分别是风速和风向的感应部分。当有风时，由于尾翼的作用，传感器头部始终迎着风的来向，此时其方向就表示当时的风向，螺旋桨的转数大小则表示当时风速的大小。

风的传感器应安装于船舶大桅顶部，四周无障碍、不挡风的地方。安装时应调整风向传感器的 0°与船首方向

一致。

船舶在航行时，会产生一种风向与船舶运动方向相反、风速与船速相等的风称为船(行)风(Ship wind)。这种风的出现使我们在船上用仪器测得的风不是真风(True wind)，而是真风和船行风二者的合成风，又称为视风(Apparent wind)，即

$$\vec{V}_T+\vec{V}_S=\vec{V}_A \text{ 或 } \vec{V}_T=\vec{V}_A-\vec{V}_S$$

式中：$\vec{V}_T$——真风；$\vec{V}_S$——船风；$\vec{V}_A$——视风。

真风的求取方法，真风的计算可以由仪器自动进行，输入航向、航速后即可显示出真风向和真风速。也可用图解法，其原理如下，如图 1－10－4 所示。

观测时应记下船舶当时的航向和航速，按照各测风仪器的使用说明，对在航时测得的风向、风速进行记录。船在航行时所测风向和风速为合成风向、合成风速，分别记录在相应栏内，然后再根据矢量合成的原理，换算成真风向、真风速，记录在相应栏内。

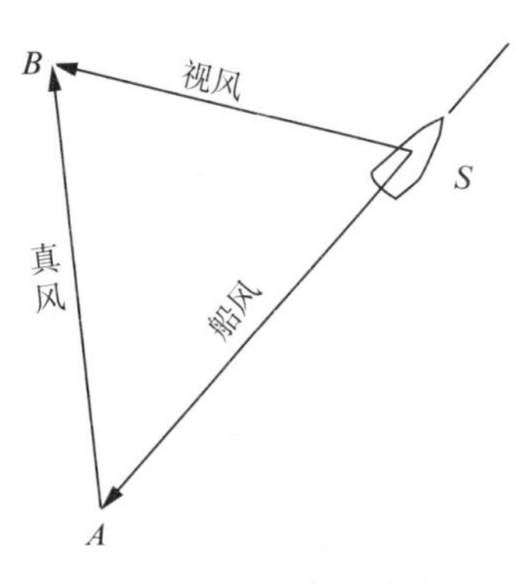

图 1－10－4　图解法求真风

当船舶气象仪失灵也无法用其他仪器观测时，必须根据海面状况进行目力测风。测定的风向、风速分别记录在真风向和真风速栏内。在离岸较远的海洋上，风浪的来向与风向一致，可用罗经测定风浪的来向作为真风向。参照风力等级表中海面征象估计风力等级，以该风级所列应的风速中数值记录。

任务实施

1. 教师讲解风向风速仪的构造、原理、观测方法和注意事项。
2. 按照风向风速仪的操作步骤进行试验，教师作为实施顾问身份参与任务中。
3. 将观测数据填写在观测记录表中。
4. 利用原理计算真风，并填写在观测记录表中。

任务拓展

1. 说明船用测风仪的使用方法和注意事项？在缺乏仪器时，怎样目力测风速和风向？

2. 某轮航向 SE，航速 20 kn，测得视风向为正南，风速为 14 m/s，其真风向和风速分别是什么？

任务 4　云观测

知识准备

云的观测主要是判定云状，估计云量和目测最低云的云底高度。云的观测应尽量选择在能看到全部天空和海天线的位置上进行。观测云时，如阳光较强，需戴黑色、或暗色眼镜，夜间观测时应避开较强灯光。

1. 云状的观测和记录方法

观测时，应注意当时云的外形特征、结构、色泽、高度和伴随的天气现象。根据不同地

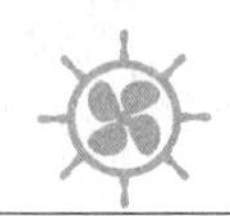

理纬度，不同季节，结合云的发展演变过程，参照标准云图进行综合判断。

云状按国际简写字母，分高、中、低三族记入记录表相应栏内。同族云出现多属时，云量多的云状记在前，云量相同时，记录的先后次序自定。无云时（包括某一族）相应云状栏空白，无法判断云状时，相应栏记“—”。

2. 云量的观测和记录方法

云量的观测包括总云量和低云量的观测，总云量是指观测时天空被云遮蔽的总成数；低云量是指天空被低云所遮蔽的成数。将全部天空分成10等份，云占全天1/10，总云量记1，云占全天2/10，总云量记2，其余依此类推；全天无云记0；天空有少许云，云量不足0.5时，总云量也记0；天空完全为云所遮蔽时记10；天空为云所遮蔽，但从云隙中可见蓝天，则记10^-。低云量记录方法同总云量。总云量和低云量以分数形式记入记录表相应栏内，总云量为分子，低云量为分母，如记录为6/5，则表示总云量为6，低云量为5。

3. 最低云云底高度的观测和记录方法

云高指云底距离海面的垂直高度，船上一般用目力估计低云的云底高度，观测时结合当时的季节，天气条件及不同地理纬度进行目测，以米(m)为单位记入相应栏内。

4. 几种特殊情况的云量、云状的观测和记录

(1) 因雾使天空的云量、云状无法辨明时，总、低云量记10，低云状栏内记“—”。因雾使天空的云量、云状不能完全辨明时，总、低云量记10，低云状栏内记“—”，可见的云状记相应栏内。

(2) 因霾使天空的云量、云状全部或部分不明时，总、低云量记“—”，低云状栏记“∞”，相应记录可辨明部分的云状；若透过这些现象能完全辨明云量、云状时，则按正常情况记录。

(3) 夜间估计云量时应站在没有灯光或者灯光比较暗的地方进行观测，视星光的能见与否及清晰程度来确定，看不见星光的那部分天空为总云量。若不能判断云状，则估计天空被遮蔽而看不到星光的那一部分作为总云量，云状和低云量栏记“—”。夜间也可根据星光的有无和模糊程度来判断是什么云。例如：高云一般都可见星光，卷层云使星光模糊而均匀，卷云使星光有的地方模糊，有的地方明亮。

任务实施

1. 教师讲解云的观测方法和注意事项。
2. 要求学生按照云的观测方法进行观测，教师作为实施顾问身份参与任务。
3. 将观测数据填写在观测记录表中。

任务拓展

1. 云的观测包括什么？什么是云量、云状和云高？
2. 天空中出现雾、霾时如何记录云？夜间如何进行云的观测和记录？

任务5　天气现象观测

知识准备

天气现象(Weather phenomenon)指在大气中、海面上或船体(或其他建筑物)上产生

或出现的降水、水汽凝结物(除云外)、冻结物、干悬浮物和声、光、电等现象,也包括一些风的特征。

现在天气(Current weather)是在定时观测时或观测前 1 h 内出现的天气现象,过去天气(Past weather)是在定时观测前 6 h 内所观测到的天气现象。

船舶观测的天气现象有多种,除前面介绍过的,还包括下列现象:

1. 霾(Haze)

大量极细微的尘粒、烟粒、盐粒等均匀地浮游在空中,使海面能见度小于 10 km 的空气普遍混浊现象。霾使远处光亮物体微带黄、红色,使黑暗物体微带蓝色。

2. 轻雾(Mist)

微小水滴所构成的灰白色的稀薄雾幕,出现时海面能见度在 1～10 km 之间。

3. 雷暴(Thunderstorms)

是伴有雷击和闪电的局地对流性天气,产生于积雨云中属强对流天气系统。表现为闪电兼有雷声,有时只闻雷声不见闪电。

4. 龙卷(Tornado)

一种小范围内的强烈旋风,从外观看,是从积雨云(或发展很盛的浓积云)底盘下垂的一个漏斗状云体。

5. 雷雨(Thunder rain)

雷暴和降水同时出现。

任务实施

1. 教师讲解各种天气现象的特征。

2. 要求学生按照天气现象的观测方法进行目测天气,教师作为实施顾问身份参与任务中。

3. 将观测结果填写在观测记录表中。

任务拓展

1. 什么是现在天气现象和过去天气现象?

2. 雾和霾的区别是什么?

任务 6　海面有效能见度观测

知识准备

视力正常的人在四周海面 1/2 以上视野范围内都能见到的最大水平距离,称为海面有效能见度,能见度以千米为单位。

观测时参照表 1-10-3,选择船上较高、视野开阔的地方(夜间应站在不受灯光影响处)。白天观测应根据海天交界线的清晰程度判定海面有效能见度,当海天交界线完全看不清楚时,则按经验判定。夜间观测时,应在黑暗处停留至少 5 min,待眼睛适应后,结合实际经验进行估测。海面有效能见度的记录精确到一位小数,能见度不足 0.1 km 时记 0.0。当夜间无星光、无月光无法进行观测时,相应栏记“—”。

表 1-10-3 海面有效能见度参照

水天线清晰程度	海面有效能见度/km	
	眼高出海面的高度≤7 m	眼高出海面的高度>7 m
十分清楚	>50.0	
清楚	20.0～50.0	>50.0
勉强可以看清	10.0～20.0	20.0～50.0
隐约可辨	20.0～50.0	10.0～20.0
完全看不清	<4.0	<10.0

任务实施

1. 教师讲解海面有效能见度的观测方法和注意事项。
2. 要求按照能见度的观测方法进行观测，教师作为实施顾问身份参与任务中。
3. 将观测数据填写在观测记录表中。

任务拓展

1. 说明夜间观测能见度的方法和注意事项。
2. 什么是海面有效能见度？

任务评价

评价内容		评价标准	权重	分项得分
任务完成情况	气温观测	能使用干湿球温度计准确的进行气温、湿度的观测和记录	20%	
	气压观测	能使用空盒气压表准确的进行气压的观测和记录	20%	
	风观测	能使用风向风速仪准确的进行风的观测和记录	20%	
	云观测	能准确对云状、云量、云高进行观测和记录	10%	
	天气现象观测	能准确对现在天气现象和过去天气现象进行观测和记录	10%	
	海面有效能见度观测	能准确对观测点的有效能见度进行观测和记录	10%	
职业素养		敬业、诚信、守时遵规、团队合作意识、解决问题、自我学习、自我发展	10%	
总分			评价者签名：	

项目二　海洋学基础知识观测与分析

学习与训练总目标

了解海洋的基础知识
掌握海流、海浪、海冰的特征及分类
掌握世界主要的大风浪区、世界海洋及中国近海表层海浪分别概况
掌握世界大洋主要冰况
掌握海洋要素观测的基本方法
根据所学知识避开狂风恶浪海域，有效预防船体结冰、防避冰山

项目导学

海洋即“海”和“洋”的总称。地球的71%的面积被海洋覆盖。总面积大约为3亿5 525万5千km^2。一般人们将这些占地球很大面积的咸水水域称为“洋”，大陆边缘的水域被称为“海”。

地球表面被陆地分隔为彼此相通的广大水域称为海洋，其总面积约为3.6亿km^2，约占地球表面积的71%，因为海洋面积远远大于陆地面积，故有人将地球称为“水球”。根据海洋的水文以及形态特征，可将海洋划分为主要部分和附属部分，其主要部分是洋，附属部分是洋的边缘部分，称为海、海湾和海峡。

海洋的中间部分称为洋，约占海洋总面积的89%，它的深度大，一般在二、三千米以上，海水的温度、盐度、颜色等不受大陆影响，有独立的潮汐和洋流系统。全球分四个大洋即太平洋、大西洋、印度洋和北冰洋。

海洋的边缘部分称为海，深度较浅，一般在二、三千米之内，约占海洋总面积的11%。海没有独立的潮汐和海流系统，水温因受大陆影响而有显著的季节变化，盐度受附近大陆河流和气候的影响也较明显。海可以分为边缘海、内陆海和地中海。边缘海既是海洋的边缘，又是临近大陆前沿；这类海与大洋联系广泛，一般由一群海岛把它与大洋分开。我国的东海、南海就是太平洋的边缘海。内陆海，即位于大陆内部的海，如欧洲的波罗的海等。地中海是几个大陆之间的海，水深一般比内陆海深些。

洋或海的一部分延伸入大陆，其宽度、深度逐渐减小的水域称为湾，如比斯开湾、孟加拉湾、北部湾等。在海湾中常出现大潮差。

海洋中相邻海区之间宽度较窄的水道称为海峡。海峡的特点是流急，潮流流速大，多旋涡，如马六甲海峡、台湾海峡、京津海峡等。

海洋是地球上决定气候发展的最主要的因素之一。海洋本身是地球表面最大的储热

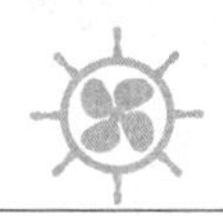

体。海流是地球表面最大的热能传送带。海洋与空气之间的气体交换(其中最主要的有水汽、二氧化碳和甲烷)对气候的变化和发展有极大的影响。

对于航海者来说,要想达到安全经济的航行,必须了解海洋的水文状况,特别是对船舶运动影响较大的海流、海浪和海冰的有关知识。

核心概念

风海流、地转流、密度流、补偿流、冷流、暖流、中性流、表层海流模式、风浪、涌浪、近岸浪、有效波高、流波效应、冰山、船体结冰

项目描述

该项目主要描述水文象要素的特征,以及海上各水文要素的观测和记录方法。

知识准备模块

模块1 海流

学习目标

掌握海流的定义及分类

掌握表层风海流成因、冷暖海流的相关知识

熟悉全球风带及大洋环流系统

熟悉世界大洋和中国近海的海流分布概况

一、海流基本知识

海流(Ocean current)指海洋中大规模的海水以相对稳定的速度所作的定向流动。它是海水运动的形式之一。流速的单位常用kn(节,海里/小时)或n mile/d(海里/日)表示。海流的方向指海水流去的方向,常用8方位或以度为单位表示。例如,由西向东的流,流向为90°,称为东流。海流的运动形态是三维的,既有水平方向的,也有垂直方向的,通常把水平方向的流动称为海流,垂直方向的称为上升流和下降流。

表层海流对船舶航行有影响,顺流增速,逆流减速,横流使航迹发生漂移。海流还能带动海冰,海雾的形成与冷、暖海流的分布关系密切,十分强大的海流对气候有显著影响。

海流的主轴指海流流动方向上流速最大点的连线。海流的规模常用流幅来表示,流幅指垂直于主轴的海流的水平宽度和上下厚度。海流的强弱常用平均流速或平均流量表示,平均流速大或平均流量大,则海流强;反之则弱。

二、海流的分类

不同海流在成因、热力性质以及流向与海岸的相对关系等方面有较大的区别,下面将从这几个方面对海流进行分类。

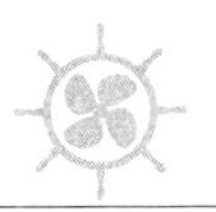

1. 按海流成因分类

形成海流的原因是多方面的，其中最主要的原因是大气环流引起的海面风的水平分布不同，其次是海水密度的水平分别不均匀。海流按成因可分为风海流、地转流和补偿流和潮流。

(1) 风海流

风海流(Wind current)是海洋上最主要的海流，其强度通常比其他海流强很多。风海流是在海面风的作用下形成的海水流动。当风向不变的风持续吹过海面时，会对海面产生切应力，在这个力的作用下，表层海水开始沿风的去向流动，流动一开始，海水便受到地转偏向力和下层海水对上层运动海水的黏滞作用(海水摩擦力)。当风的切应力、海水摩擦力和地转偏向力达到平衡时形成的海流，称为风海流。

由于海面风的不同，将海流分为定海流和风生流。通常将大范围盛行风所引起的流向、流速常年都比较稳定的风海流称为定海流，亦称为漂流或吹流，而将某一短期天气过程或阵性风形成的海流称为风生流。

在远离海岸的深海中，海底对运动没有影响，称为无限深海的漂流，在近岸水域中，海底产生一定的影响，称为有限深海(浅海)的漂流。在深海中，表层风海流的流向在北半球偏于风的去向之右约 45°；南半球偏于风的去向之左约 45°。在浅海中，当水深很浅时，流向与风向几乎一致。

海流流向随着深度的增加而逐渐向右偏转(南半球向左)，到某一深度时，流向与表层海流相反，如图 2-1-1 所示。

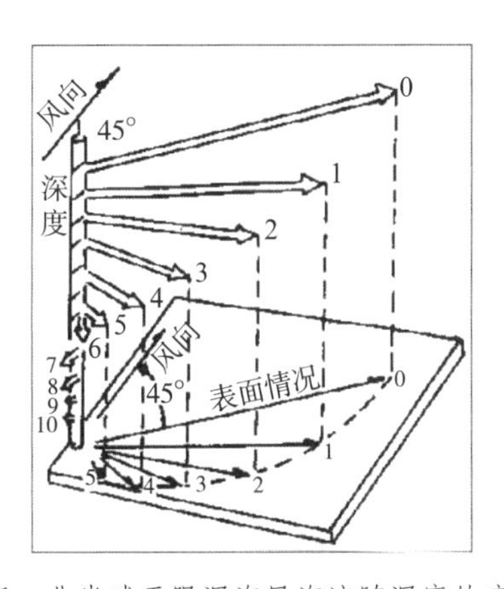

图 2-1-1　北半球无限深海风海流随深度的变化而变化

在无限深海的风海流表层流速 v_0 可以下面经验公式计算：

$$v_0 = \frac{0.0127}{\sqrt{\sin\varphi}}\omega$$

式中：ω 为海面风速(m/s)，φ 为纬度。

公式表明，漂流的流速与海面风速成正比，与所在纬度正弦的平方根成反比。

在浅海中，由于海底摩擦的影响，流速表达式很复杂，此处不作介绍。

(2) 地转流

当海水等压面发生倾斜，若不考虑摩擦力的作用，海水在水平压强梯度力和水平地转

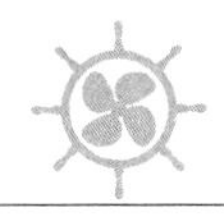

偏向力取得平衡时的稳定水平流动，称为地转流(Geostrophic current)，地转流又称梯度流，其流动形式类似于大气运动中的地转风。根据造成等压面发生倾斜的原因不同，地转流分为倾斜流(Dipcurrent)和密度流(Density current)两种。

倾斜流指由不均匀的外压场作用下引起海水等压面倾斜而产生的海流，如图2-1-2所示。由于海洋外部原因，例如海面上大气压分布不均匀，风、降水、江河径流等因子引起海面倾斜所产生的压力场称为外压场。流速大小与等压面的倾斜程度有关，倾斜度越大，流速就越大；流向与等压面的倾斜方向有关。流向和流速不随深度改变。背倾斜流而立，在北半球，海流的右侧等压面高，左侧等压面低；在南半球正好相反，海流的右侧等压面低，左侧等压面高。

由于海水密度水平方向的不均匀分布引起等压面倾斜而产生的洋流，叫密度流，如图2-1-3所示。如某一海区由于接受太阳的热量多而温度升高，体积膨胀，密度变小，海面(等压面)会稍稍升高；另一海区接受的太阳热量少，密度相对变大，水温变低，体积缩小，从而海面(等压面)相对变低。两个海区间海面及其以下各层等压面产生不同程度的倾斜，即海水内部任意一个水平面(即等势面)上压力都不相同。这种由海洋中密度差异所形成的斜压场，称为内压场，密度流是由内压场导致的，其流速随深度的增加而减弱。在水平压强梯度力的作用下，海水从压力大的地方向压力小的地方流动。一旦海水开始流动，地转偏向力便开始发生作用，使北半球沿水平压强梯度力方向流动的海水向右偏(南半球向左偏)，直到地转偏向力与水平压强梯度力大小相等、方向相反时，便形成了稳定的密度流。

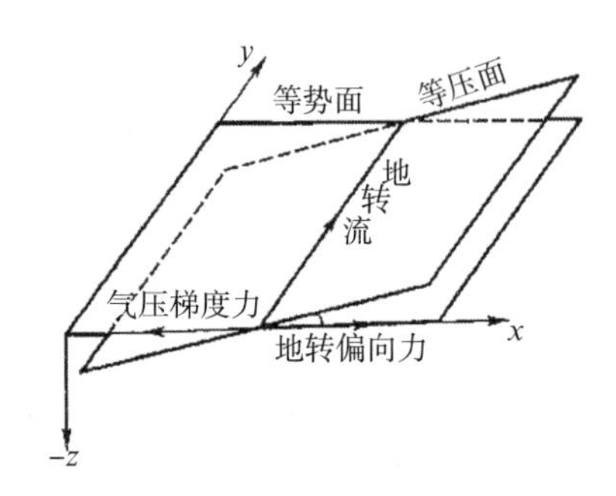

图2-1-2　北半球稳定地转流示意

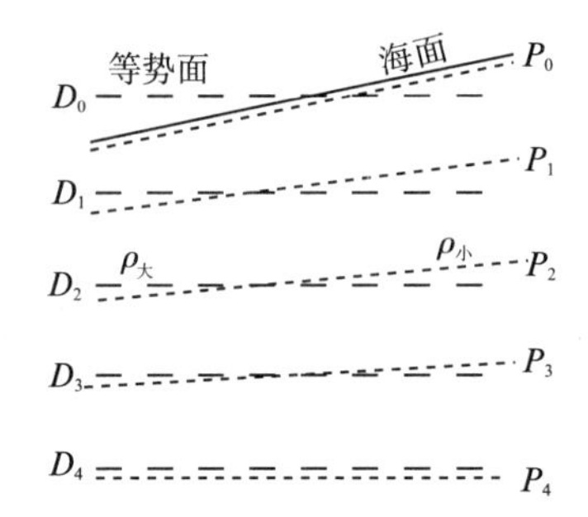

图2-1-3　密度不均匀引起的等压面倾斜

海水密度主要受水温的影响，通常水温高的地方密度小，水温低的地方密度大。因此，背密度流而立，在北半球，海流右侧等压面高、海水密度小(水温高)，海流左侧等压面低、海水密度大(水温低)；南半球正好相反，海流左侧等压面高，海水密度小(水温高)；海流右侧等压面低，海水密度大(水温低)。世界上最强大的洋流，如墨西哥湾流、黑潮、本格拉海流，都属于与海水密度分布有关的海流。

外压场自海面到海底叠加在内压场之上，一起称为总压场。在实际海洋中，地转流往往是总压场作用下引起的海水稳定水平流动。

(3) 补偿流

海水的流动具有连续性，若某处的海水流失，其他地方的海水流过来补偿形成的海流，称为补偿流(Compensation current)。补偿流有水平方向的，也有垂直方向的。垂直方向的补偿流又可分为上升流(即涌升流)和下降流。

补偿流产生的主要原因是风力和密度差异形成的洋流使海水流出区海水亏缺。在北半球，当风沿着与海岸(位于风向的左侧)平行的方向较长时间地吹刮时，在地转偏向力的作用下，风所形成的风漂流使表层海水离开海岸(称为离岸流)，引起近岸的下层海水上升，形成上升流；在远离海岸处则形成下降水，它是从下层流向近岸，以补偿近岸海水的流失。南半球也有相应的情况发生。各大洋的海域，均有明显的上升流，出现上升流的海区，表层海温常偏低。另外，上升流可把深海区大量的海水营养盐(磷酸盐、硝酸盐等)带到地表，提供了丰富的饵料，故上升流显著的海区多是著名的渔场，如世界四大著名渔场之一的秘鲁渔场。秘鲁西海岸，在东南信风的持续吹拂下，上层温暖海水离岸向西而流，深水中的冷海水便涌升而上，上升的冷海水带来了更多的营养盐分，使浮游生物大量繁殖，形成秘鲁渔场。

(4) 潮流

潮流(Tidal current)是伴随潮汐而产生的水质点沿水平方向的周期性流动。在大洋中潮流的量值很小，可以不用考虑，而在近海，潮流的量值不可忽略。具体的计算参阅《航海学》有关章节。

2. 按海流热力性质

按海流热力性质分类分为暖流(Warm current)、冷流(Cold current)和中性流(Neutron current)。

暖流指海流的水温高于它所经海域的水温，通常由低纬流向高纬的海流为暖流。冷流(或寒流)指海流的水温低于它所经海域的水温，通常由高纬流向低纬的海流为冷流。中性流指海流的水温与它所经海域的水温相差不大，通常沿东西方向的海流称为中性流。

3. 按海流流向与海岸的相对关系

按海流流向与海岸的相对关系可将海流分为沿岸流(Coastal current)、向岸流(Onshore current)和离岸流(Offshore current)三类。

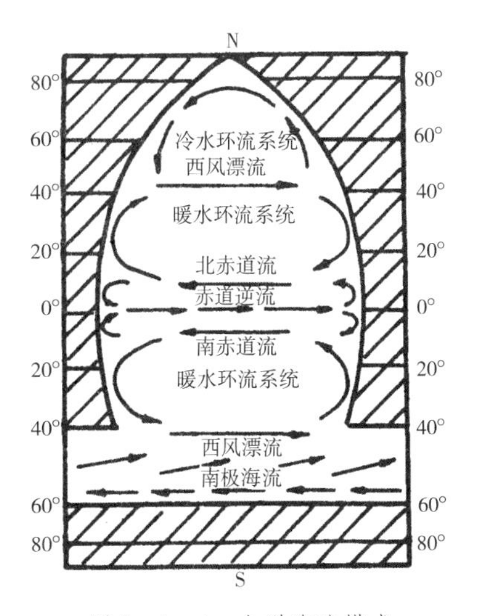

图 2-1-4　大洋海流模式

三、表层风海流特征

世界大洋表层海流以风海流为主，其形成主要受制于海面风场，其分布与世界风带的分布有着密切的关系。综合各大洋海流的基本状况，可以概括出世界大洋表层海流模式的如图 2-1-4，图中划斜线部分表示大陆。

1. 信风流

在稳定的东北信风和东南信风作用下，形成了两支强大的信风海流，分别称为北赤道流和南赤道流。它们均自东向西流动，横贯大洋，属于中性流。南、北赤道流并不完全对称分布在赤道两侧，而是稍偏向北半球。只有南印度洋的南赤道流位于10°S 与南回归线之间，此外北印度洋的北赤道流仅在冬季出现。

2. 赤道逆流

在南、北赤道流到达大洋西岸时，受大陆的阻挡分支而成，在南北赤道流之间有一支自

西向东流动的，称为赤道逆流，是中性流。赤道逆流的位置与赤道无风带一致，偏于赤道以北，约在 3°N～5°N 到 10°N～12°N 之间。

3. 西边界流

南、北赤道流流到大洋西岸后分支，小部分向赤道汇入赤道逆流，主体转向高纬沿着大陆边缘流动，成为西边界流。大洋的西边界流来自热带洋面，流速大、水温高，是较强的暖流。世界上所有强大的暖流都集中在大洋的西边界上，如黑潮、墨西哥湾流等。西边界流将大量的热量和水汽向高纬度输送，对中高纬海区的海况和气候产生巨大影响。

4. 西风漂流

西边界流进入盛行西风带后便形成了基本上自西向东流动的西风漂流。在南半球，因无大陆阻隔，三大洋西风漂流彼此沟通，形成一个自西向东流动的连续水环。北大西洋西风漂流具有暖流特性，且可一直保持到横越大洋；北太平洋西风漂流是中性流；南半球的西风漂流则具有冷流特性。

5. 东边界流

西风漂流流至大洋东岸分支，一支主流沿着大陆的西海岸流向低纬，这些大洋东部的海流称为大洋的东边界流。大洋的东边界流流动缓慢，流幅宽广，影响深度较浅，具有冷流的性质。

东、西边界流、赤道流和西风漂流，构成了大约在纬度 40°以内的大的暖水环流圈，在北半球顺时针旋转，在南半球逆时针旋转。

6. 高纬冷水环流圈

在北半球，西风漂流到达大洋东岸向高纬的分支是暖流，进入极地东风带后，在风系和岸形的影响下，先向西然后在大洋西部折向南行，具有冷流性质。它大约在 40°N 附近与西风漂流汇合，在高纬度构成一个反时针方向的小的冷水环流圈。这个小循环的海水温度较低，特别是大洋西岸，冬季结冰，春夏季多浮冰和冰山。所以这个系统被称为冷水环流系统。在南半球，三大洋西风漂流彼此连通成为南极绕极环流，而没有出现高纬的冷水环流圈。

7. 南极海流

在南半球南极大陆周围出现受极地东风影响而产生的自东向西的南极海流，这种海流常被南极岸形和其他因素影响而发生的地方性海流所切断。

综上所述可知，海流系统的形成是盛行风带、地转偏向力、海陆岸形分布等多种因子共同作用的结果。

四、世界大洋海流分布概况

除北印度洋外，太平洋、大西洋、南印度洋的海流分别基本符合大洋环流模式。各大洋的海流分布如图 2-1-5 所示，图中南北流向的海流多以其流经地的地名来命名。

1. 太平洋的海流系统

(1) 北太平洋

北太平洋中低纬海域主要由北赤道流、黑潮、北太平洋海流和加利福尼亚海流所组成的顺时针暖水环流。高纬海域是由北太平洋海流、阿拉斯加海流、阿留申海流和亲潮共同组成的逆时针冷水环流系统。

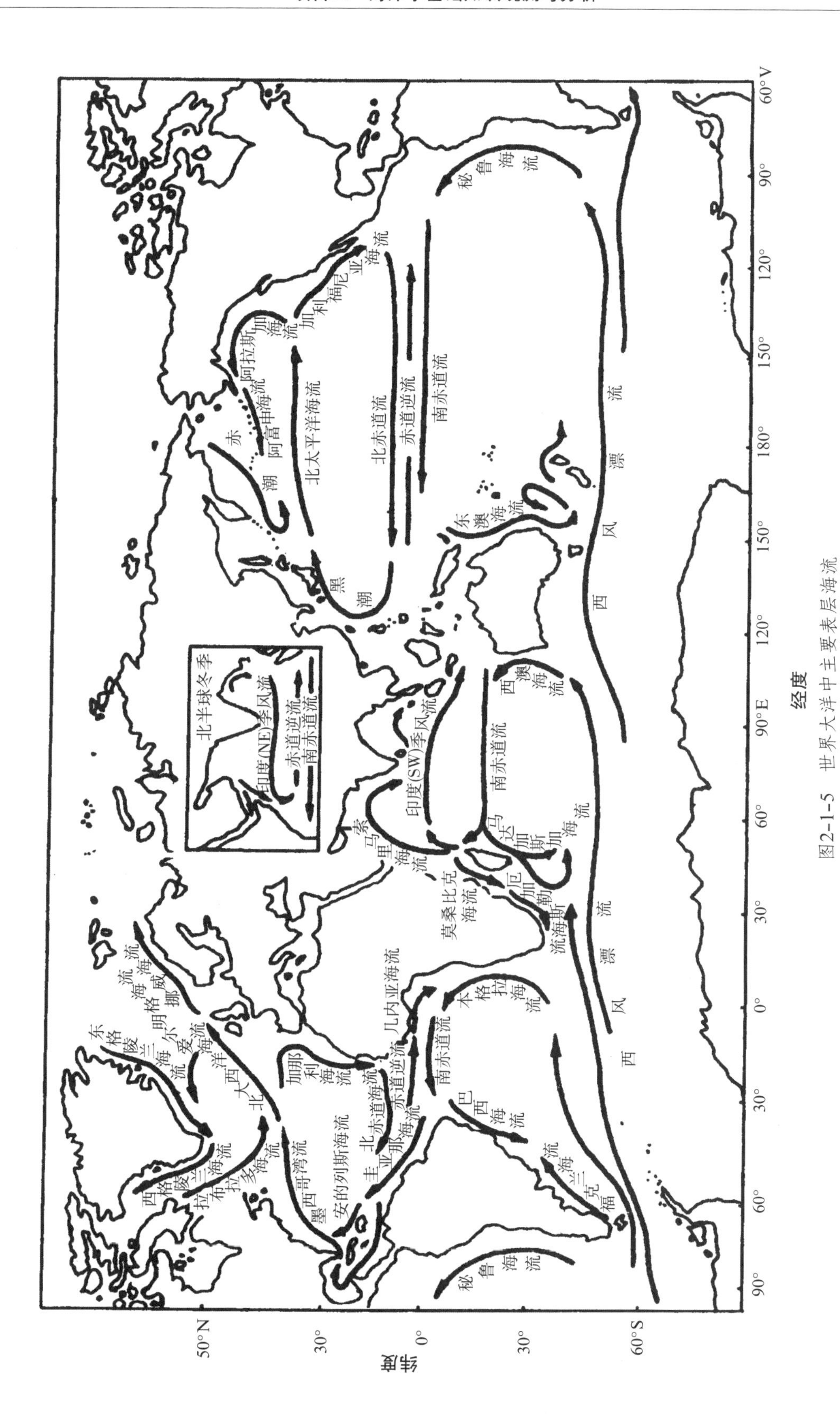

图2-1-5　世界大洋中主要表层海流

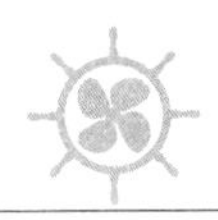

在北太平洋上，北赤道流从加利福尼亚尖端的东南部洋面开始，从东向西横越太平洋，在10°N～22°N之间自东向西流动，属于中性流，平均流速约为0.5～2.0 kn，最大流速发生于夏季。

北赤道海流到达菲律宾东岸分支，主流北上称为黑潮。黑潮是太平洋上最强大的暖流，是世界两大著名暖流之一。黑潮的温度和盐度都较高。黑潮的宽度和流速都有明显的季节性变化，宽度一般约100 n mile，流速在我国东海约为1～2 kn，在日本南部沿海约为3～4 kn，最大约为5～6 kn。它沿菲律宾以东北上，流经台湾东部海面进入东海，再转向东北经日本南部在40°N附近与亲潮汇合。

黑潮到达40°N～50°N之后受盛行西风影响，形成了一支自西向东横穿大洋的海流，称北太平洋海流，其流速较小，约为0.5～1.0 kn。它到达北美西岸的分为南北两支：一支沿北美西岸南下，称为加利福尼亚海流，是一支冷流，平均流速约为0.5 kn；另一支沿北美西岸北上进入阿拉斯加湾，形成阿拉斯加流，它的一部分沿阿留申群岛南下，称为阿留申海流。

亲潮形成于鄂霍次克海和白令海，沿堪察加半岛和千岛群岛向西南流动。它冬春势力强，流速约为0.5～1.0 kn，在夏季势力较弱。它是北太平洋上水温最低的冷流，是世界大洋中两大冷流之一。

在南、北赤道流之间，约3°N～5°N，有一支自西向东流动的赤道逆流，流到大洋东岸分成两支，分别汇人南、北赤道流，流速约为0.5～1.0 kn，属于中性流。

(2) 南太平洋

南太平洋中低纬海域是由南赤道流、东澳海流、西风漂流和秘鲁海流所组成的逆时针暖水环流系统。

南赤道海流约在4°N～10°S之间自东向西流动，流速约0.4～1.3 kn，属于中性流。南赤道海流的主流由伊里安岛折向南流，其中很大的一支在菲尼克斯群岛逐渐折向西南沿澳大利亚东岸向南流动直至塔斯马尼亚，称为东澳暖流，流速约为1.0 kn，它在40°S以南与南大洋的西风漂流汇合。

南太平洋的西风漂流流速达10 n mile/d，沿40°S～50°S纬度圈流动，属于冷流。南太平洋的西风漂流在南半球整个西风带上自西向东越过南太平洋到南美西岸后北上，形成秘鲁海流，流速约为0.5 kn。秘鲁海流是世界大洋中行程最长的一股冷流。

2. 大西洋的海流系统

(1) 北大西洋

北大西洋中低纬海域主要由北赤道流、墨西哥湾流、北大西洋海流和加那利海流所组成的顺时针海流系统。高纬海域主要由北大西洋海流、爱尔明格海流、东格陵兰海流、西格陵兰海流和拉布拉多海流所组成的逆时针冷水环流系统。

北赤道流源于佛得角群岛，在15°N～20°N之间自东向西流，属于中性流。

南赤道流越过赤道北上的一支，形成圭亚那海流，流速约为2 kn。圭亚那海流与北赤道流汇合后，在安的列斯群岛南端的近海，沿安的列斯群岛外侧大致向西北方向前进的海流，称为安的列斯海流，属于暖流。

墨西哥湾流，简称湾流，是世界上最强大的暖流。其水温很高，常可达30 ℃以上。湾流沿北美东岸北上，流至35°N附近后转入深海。湾流的其宽度虽不宽，但流速相当大，流

速可高达 4～5 kn。湾流的位置经常变动，大量的资料分析表明，湾流的位置变化并非湾流整体迁移，而是在湾流中出现了所谓“弯曲”现象。如果弯曲成长的太快了，便与湾流分开，形成单独的涡旋，且很快被周围的海水包围。所以，在航线设计和航行中考虑海流因素时，不仅要查阅航海海流图，同时还要接收气象传真图以获取海流最新资料。

湾流经过格兰德浅滩后，稍微散开，在 40°N 附近向东北横过北大西洋，称为北大西洋海流。北大西洋海流的流速约为 1～1.3 kn，它的水温比周围海水要高出 8～10 ℃，是显著的暖流，把大量的热量输送至高纬，使西、北欧冬季气温比同纬度的亚洲大陆东岸高出 10 ℃以上。

北大西洋海流在大洋东部形成几个主要分支，分别向南或向北流去：一支经伊比利亚半岛和亚速尔群岛之间南下，称为加那利海流，具有冷流性质；一支经挪威沿岸向北流，称为挪威海流，具有暖流性质；一支向北，在冰岛南部转向西流，称为爱尔明格海流。

东格陵兰海流是一支自极地海域沿格陵兰东岸流向西南的冷流，水温极低，常从北冰洋带来大量的海冰。此外，沿格陵兰西岸北上经戴维斯海峡进入巴芬湾的一支暖流，称为西格陵兰海流。

拉布拉多海流是源于极地水域，沿北美东岸南下的强冷流，是世界大洋中最强大的冷流。水温很低，它将大量的冰山和海冰沿北美东岸向南带往纽芬兰岛附近。

在赤道以北大约 3°N～10°N，南、北赤道流之间自西向东流动的海流，称为赤道逆流。

(2) 南大西洋

南大西洋的海流主要由南赤道流、巴西海流、西风漂流和本格拉海流组成反时针方向的环流系统。

南赤道流源于几内亚湾，沿着 4°N～10°S 之间向西流动，属于中性流。

南赤道流在南美的布兰科角附近，因受大陆岸形影响分为两支，向南流去的一支规模较小，称为巴西海流，流速小于 1 kn，属于暖流。巴西海流至 30°S 附近逐渐向左转，到 40°S 附近折向东与西风漂流汇合。

西风漂流具有冷流性质，在通过合恩角后，有一支沿南美东岸北上的海流，称为福克兰海流，这是一支夹带着冰山的冷流。

南大西洋西风漂流在好望角附近，一支沿非洲西岸北上，形成本格拉冷流，流速约为 0.8 kn。

3. 印度洋的海流系统

(1) 北印度洋

北印度洋的海流主要受季风影响，是著名的季风海流区。冬季(10 月—次年 4 月)北印度洋在东北季风作用下，引起表层海水向西南方向流动，形成东北季风海流，以 12 月—次年 1 月最为明显。平均流速约为 2～3 kn。冬季赤道逆流的位置约在 5°S 附近，与东北季风流相接，构成了北印度洋冬季的逆时针方向环流系统。

夏季(5—9 月)北印度洋盛行西南季风，赤道逆流消失，海水在西南季风作用下向东或东北方向流动，形成西南季风海流，以 7—8 月最为明显，它与南赤道海流构成一个顺时针方向的环流。7—9 月间，索马里海流流速增大，从赤道附近到索科特拉岛以南，表层流速一般都在 4 kn 以上，最大可达 7 kn。

(2) 南印度洋

南印度洋海流基本符合南大洋海流模式，表层海流为逆时针方向的环流系统。南赤道流在 10°S～20°S 之间向西流，属于中性流，流速 1.5～2.5 kn。

南赤道流流到大洋西岸，一部分沿马达加斯加岛南下，称为马达加斯加海流；另一部分沿莫桑比克海峡南下，称为莫桑比克海流。莫桑比克流沿南非东岸继续南下，称为厄加勒斯海流，其流速较大，有时可达 4.5 kn。以上三支都属于暖流。

南印度洋的西风漂流，与南太平洋和南大西洋的一样，也有冷流性质。西风漂流一部分沿澳大利亚西岸北上，形成西澳海流。西澳海流属于冷流。

4. 红海和亚丁湾的海流系统

红海和亚丁湾的海流主要受季风影响。在东北季风期间，亚丁湾是西向海流，流速 1.0～1.5 kn，季风流通过曼德海峡进入红海。在西南季风期间，亚丁湾为东向海流，流速约为 2.0 kn，红海海流经曼德海峡流入亚丁湾。

5. 地中海和黑海的海流系统

地中海的海流总体上呈逆时针方向环流，其中非洲沿海是东流，欧亚沿海是西流，如图 2-1-6 所示。从直布罗陀到 2°W 附近的东流，平均流速 2 kn 左右。从 1°E 通过西西里岛到塞得港的东流，平均流速 0.5 kn 左右。从达达尼尔海峡出来的流进入爱琴海后，往南绕过希腊向西流去，流速 0.5 kn 左右。

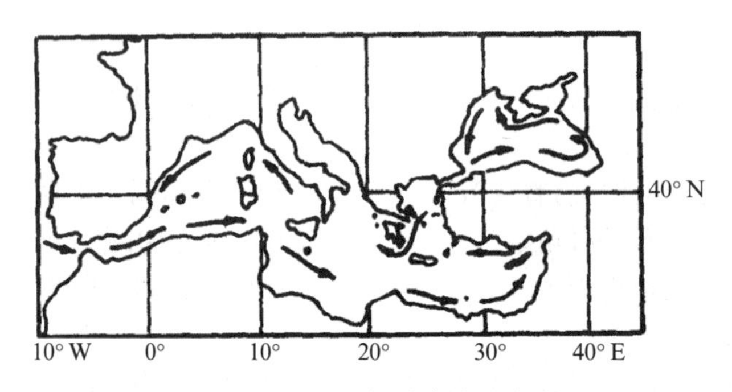

图 2-1-6　黑海、地中海的海流

黑海的海流总体上也是逆时针方向流动。由于注入的河水较多，降雨量也多，形成了速度约为 3 kn 的海流从黑海经博斯普鲁斯海峡流入地中海。在达达尼尔海峡通常为西南流，流速 1～4 kn；偏北大风时，在查纳卡累附近可达 6 kn；刮西南大风时，会出现逆流，但不多见。在马尔马拉海通常为西流，流速较小。在博斯普鲁斯海峡通常为南流，流速 2～4 kn，遇偏北大风时，流速有时可达 7 kn。

五、中国近海主要海流分布概况

1. 渤海、黄海和东海的海流

渤海、黄海和东海的海流是由外海流和沿岸流两个流系组成，其大致模式如图 2-1-7 所示。

(1) 外海流系

它是由黑潮主干及其分支（台湾暖流、对马暖流和黄海暖流）组成的。黑潮在东海有两

图 2-1-7　渤海、黄海和东海海流系统分布

个分支。一支在我国台湾东北海域分出一小分支，沿闽浙外海北上，可达杭州湾外，然后转折，向东与黄海冷水混合而变性，因这支海流从台湾附近流来，故称为台湾暖流。台湾暖流给我国浙江近海带来高温、高盐的外海水。当它与沿岸流交汇时，存在着明显的锋面，渔民们称之为“流隔”，形成著名的舟山渔场。一支向东北流，通过朝鲜海峡进入日本海，这支海流通过对马岛附近，故称为对马暖流。对马暖流在济州岛南面分离出一个小分支，从济州岛西南海域进入黄海，成为黄海、渤海海域环流的主干，通常称为黄海暖流。它大致沿着 124°E 线北上，在北黄海转折，然后通过渤海海峡进入渤海。这支海流的流向比较稳定，终年偏北，流速比黑潮和对马暖流要小。

影响中国近海及邻近海区海流系统季节变化的因素是很复杂的。对于外海流系来说，一般受黑潮及其本源(北赤道流)的季节变化、季风的作用、沿岸流系的消长、底层冷水的削弱作用和海区的水量平衡等因素的影响。黑潮四季变化无一定的规律性，有的年份冬强夏弱，有的年份夏秋强冬春弱或冬夏相同；对马暖流的流速和流量有着年周期的特点，流速以 9 月最大，2 月最小；黄海暖流的流速也有显著的季节变化，通常是冬季强，夏季弱；台湾暖流的流速具有明显的季节性，夏季强，冬季弱。

(2) 沿岸流系

我国沿岸有许多大小不同的江河入海，构成沿岸流系。沿岸流把沿岸海水冲淡，这些被冲淡的海水沿岸边流去。在我国沿海北向南主要有辽南沿岸流、辽东沿岸流、渤海沿岸流、苏北沿岸流和闽浙沿岸流等。为了保持与外海暖流的交换与平衡，它们运动的总趋势是由北向南，同时不断地与外海海水混合，产生许多小旋涡。渤海海峡的海流在一般情况下终年是“北进南出”，即从渤海海峡的北部流入渤海，南部流出渤海，流速冬强夏弱。在冬半年沿岸流具有冷流的性质。

2. 南海的海流

南海位于热带季风区，其海流在季风的作用下，具有季风漂流的特性，如图 2-1-8 所示。夏季(以 6—8 月最盛)南海盛行西南风，南海海流主要为东北流。在西南季风期间，海水主要从爪哇海经卡里马塔海峡和卡斯帕海峡进入南海。主流靠近马来半岛和中南半岛一边，流速较快，流幅较窄；在向东北运动过程中，流幅逐渐分散。到达南海北部时，大部分海水通过巴士海峡流出南海，与南来的黑潮汇合北上，小部分海水继续北上，进入台湾海峡到东海。

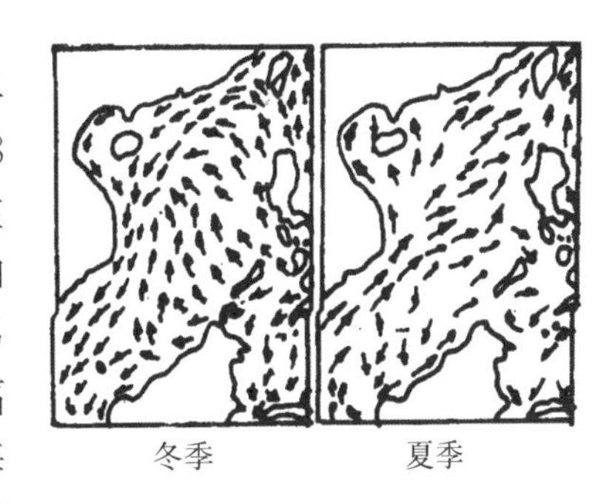

图 2-1-8　南海表层海流

冬季(以 12 月—次年 1 月最盛)盛行东北风，南海大部分区域为西南流。在东北季风期间，南海盛行西南向的漂流。与夏季情况相反，黑潮部分海水经巴士海峡输入南海北部，同来自台湾海峡的沿岸流合并流向西南，主流沿中南半岛南下，绝大部分海水经卡里马塔

海峡和卡斯帕海峡流入爪哇海。在南海的东部，从苏禄海进入南海的海流有南北两支：北支从吕宋岛和巴拉望岛之间的海峡流入，开始向西北，然后并入主流；南支从巴拉巴克海峡进来，向西或向西南，在南海中部和东部形成一个范围比较大的逆时针环流。冬季和夏季，南海西部的海流均比东部的海流强，强流区在越南近海。

10月和4月为季风转换月份，风向不稳定，海流处于转化之中，比较零乱。

拓展训练

1. 海流按照成因分类分为哪几类？
2. 简述世界大洋海流分布概况。

模块2　海浪

学习目标

掌握波浪的要素及分类

掌握风浪、涌浪和近岸浪的特征

了解流波效应及水气温差对海浪的影响

了解报告的测算及有效波高

掌握世界大洋主要大风浪区及其成因

掌握中国近海风浪的分布情况

海浪是制约船舶运动的首要环境因素。在大风浪中航行，船舶会发生剧烈的横摇和纵摇，还会使船体结构出现十分有害的“中垂”和“中拱”现象，造成船损和货损等。

一、波浪概述

1. 波浪要素

海洋上的波浪主要由风引起的，波浪的基本特征是具有周期性，人们常用正弦波的周期、波长、波速、波高等要素描述波浪特征，如图2-2-1所示。

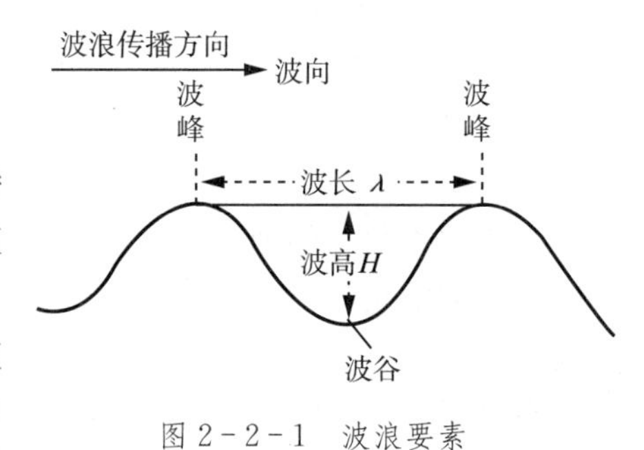

图2-2-1　波浪要素

波峰指波面的最高点；波谷指波面的最低点；波高(H)指相邻波峰与波谷之间的垂直距离；振幅(a)指波高的一半，$a=H/2$；波长(λ)指相邻两波峰或相邻两波谷之间的水平距离；波陡(δ)指波高与波长之比，$\delta=H/\lambda$，风浪的发展不是无限制的，当波陡接近1/7时，波浪开始破碎，波高停止发展；周期(T)指相邻的两波峰或两波谷相继通过一固定点所需要的时间；频率(f)指周期的倒数，$f=1/T$；波速(C)指波峰或波谷在单位时间内的水平位移(波形传播的速度)，$C=\lambda/T$；波峰线指通过波峰垂直于波浪传播方向的线；波向线指波形传播的方向线，垂直于波峰线。

2. 海洋波浪的分类

海洋中波浪的种类很多，分类方法也很多。

(1) 按水深相对于波长的大小分类

波浪按水深相对于波长的大小分类为浅水波和深水波两种类型。

波长远大于海深的波称为浅水波。实际工作中发现，当波长大于水深的20倍时，海底摩擦对波动影响显著，因此实际中通常将波长大于水深20倍的波称为浅水波。浅水波速长只取决于水深，而与波长和周期无关，即

$$C = \sqrt{gH}$$

式中：g 为重力加速度；H 为水深。

海深相对于波长较大的波称为深水波。实际工作中发现，当水深大于1/2波长时，海底对波动影响可忽略，这种波动具有深水波的特性。因此实际中通常将水深大于1/2波长的波称为深水波。深水波的波速与波长和周期有关，而与水深无关，即

$$C = \lambda / T$$

(2)按波浪的成因分类和周期分类

海洋中具有周期从1 s到大于1 d的各种波浪，各种波浪的成因不同。按波浪的成因分类和周期划分为风浪、涌浪、近岸浪、内波、风暴潮、海啸和潮波等。习惯上把风浪、涌浪和近岸浪统称为海浪。

二、风浪、涌浪和近岸浪

1. 风浪

由风直接作用于水面引起，直到观测时还处在风力作用下的波动称为风浪(Wind wave)。当风力作用停止后，风所引起的波浪受到重力和摩擦力影响而逐渐衰减。俗语说“无风不起浪”，指的就是风浪。风浪的周期较短，波面不规则、凌乱，常有浪花出现。风浪的传播方向总是与风向保持一致。

风浪的大小主要取决于风力、风区和风时。风浪波高与风力有密切关系，人们早就有“风大浪高”的经验，从蒲氏风级表上可以看到，风级越大，对应的波高就越高。例如，5级风对应2 m浪，7级风对应4 m浪，10级风对应9 m浪等。有经验的海员只要观察一下海面状况，就能立刻正确地将风力等级估计出来。所谓风区是指风向和风速近似一致的区域，又称为风程。风区越长，风浪在风区内移行的距离就越远，风浪就越发展。所谓风时是指近似一致的风向与风速连续作用于风区的时间。通常情况下，风时越久，海水所获得的动能就越大，风浪也就越发展。风速很大的风，若吹刮时间短暂，即使在广阔的洋面上，也不可能吹起很大的海浪。综上分析表明，风力越大，风区越长，风时越久，风浪就越发展。

风浪的发展具有过渡、定常和充分成长三种状态。假设某一恒定的风吹在风区足够大的大洋上，风浪随风时的增加而增长(尤指波高)，风浪的这种状态称为过渡状态。因此，在过渡状态，风时长短决定风浪的成长，风时越长，波高越大。设某一恒定的风无限制地吹下去，风浪由于受风区尺度的限制而趋于稳定不再增长，风浪的这种状态称为定常状态。风区、风时无限制，当风浪能量的收支达到平衡，风浪达到极限不再增长，并变得不稳定、破碎，风浪的这种状态即为充分成长状态，充分成长的风浪波高取决于风力。因此，海面上的浪要达到充分成长状态，风力、风时、风区是决定性的三要素，三者的关系如图2-2-2所

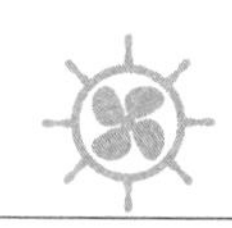

示。风速越大,风浪充分成长所需要的最小风区和最小风时越长。

在风速、风时和风区相同时,浅水区风浪的波高要比深水区中的要小。浅水区风浪充分成长所需要的时间要比深水区中短,这是因为风浪成长至足够的浪高后,水底摩擦使能力消耗,从而影响风浪的继续成长。

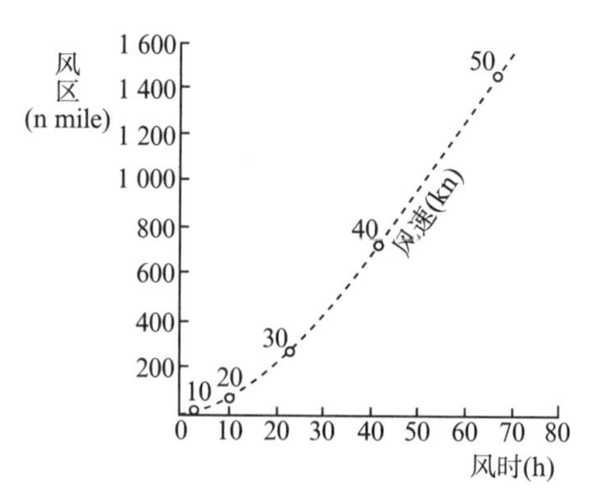

图 2-2-2 风浪充分成长时,风力、风区和风时的关系

2. 涌浪

风浪离开风区后传至远处,或者风区里的风停息后所遗留下来的波浪称为涌浪(Swell)。俗语说"无风三尺浪",指的就是涌浪。涌浪波面光滑,波长较长。显然,涌浪的传播方向与海面上的实际风向无关,两者间可成任意角度。

随着传播距离的增加,涌浪波高逐渐降低。导致涌浪衰减的原因之一是涡动粘滞性引起的能量消耗,即风浪离开风区后不再得到能量,并且常经过风力平静或风向不同的海域,受到海水的涡动粘滞摩擦、空气阻力等作用,本身能量不断消耗,从而使波高减小。涌浪的这种衰减是有选择性的,波长大的衰减慢,波长小的衰减快。首先衰减的是那些叠加在大浪上的微波,因此涌浪的波面一般都比较光滑,波长较长。

在波高衰减的同时,周期和波长也逐渐加大。长波比短波波速大,在传播过程中长波总是跑在前面,加上短波衰减得快,随着传播距离的加大,波长较长、周期较大的波越来越显著,因此,涌浪又有长浪之称。因为涌浪的传播速度比风暴系统本身的移速快很多,所以涌浪的出现往往是海上台风等风暴系统来临的重要预兆。

3. 近岸浪

风浪或涌浪传至浅水或近岸区域后,由于水深变浅、地形等影响,波浪能量集中,波高增大,波长和周期变小,波向折射、绕射、反射,波面变陡、卷倒和破碎等一系列变化,形成的波浪称为近岸浪。

波向折射,波向斜向入射时,受海底地形和海岸的作用,波峰线逐渐趋于与等深线平行,即波峰平行于海岸线。波向绕射,波浪遇到岛屿、防波堤等障碍物时,会绕过障碍物进入被障碍物遮蔽的水域。波浪绕射进入海湾时,波高降低。

4. 波高的测算及常用的统计波高

在一群波中,波浪由大到小,或由小到大有序排列,称为一个群波(Group of waves)。实际海面波高极不规则,连续观测一列波,按波高由大到小排列,期中前 1/3 较大波的平均波高称为有效波高(Significant wave height),用 $H_{1/3}$ 表示。

研究表明,一个有经验的观测者目测得到的显著波高与有效波高两者基本一致,因此,$H_{1/3}$ 成为最常用的一种统计波高。利用同样的方法还可以定义出 $\overline{H}$,$H_{1/10}$,$H_{1/100}$,$H_{1/1\,000}$ 等统计波高。设有效波高 $H_{1/3}$ 为 1 个单位,则

$$\overline{H} = 0.63$$
$$H_{1/10} = 1.27$$
$$H_{1/100} = 1.61$$
$$H_{1/1\,000} = 1.94$$

由此可知，$H_{1/3}$大于平均波高 $\overline{H}$，在 100 个连续波中有一个大波的波高超过 $H_{1/3}$的1.6倍稍多些，在 1 000 个连续波中有一个大波的波高接近 $H_{1/3}$的 2 倍。

波浪分析图上的波高为合成波高，即风浪波高（H_w）与涌浪波高（H_s）的合成，$H_E=\sqrt{H_w^2+H_s^2}$。式中风浪波高（H_w），指涌浪波高（H_s）分别为海上观测船目测得到的平均显著风浪高和涌浪高。波浪预报图上的波高为有效波高（$H_{1/3}$），是基于波普分析理论等理论经过复杂的计算而得到的。

三、其他因素对波高的影响

1. 流波效应

理论和实践都证明，海流对波浪有显著影响，称为流波效应。如果浪向和流向成一定的夹角，则波浪通过海流后不仅波高和波长发生变化。而且波浪的传播方向也发生改变。据统计，海流速度为 2～3 kn、风速为 10～15 m/s 时，波浪和海流相向或接近于相向的情况下，其波高比无流时大 20%～30%，并产生部分波浪破碎或全部破碎。

当波浪与海流同向时，波长增大、波高减少；当流速与波速比较，流速忽略不计时，可以不必考虑海流的影响。

2. 水—气温差

许多研究表明，在风速相同的条件下，气温低于水温时的波高比水温与气温相等时的波高要高。据统计，严冬季节，气温比水温每低 1 ℃，波高平均以 5%的比率增高。因此，当有寒潮时，水气温差加大，可以预想海面状况容易恶化。

3. 典型海域——“魔鬼海域”

冬季北太平洋，在日本关东东部的黑潮流域，水、气温差可达 5～10 ℃，再加上冬季季风时，海浪和海流接近于相向传播，流波效应比较显著，而且常有气旋在这一海域爆发性发展，所以有时出现比预想高得多的恶劣海况，是海事多发海域，故有“魔鬼海域”之称，冬季船舶应尽量避开这个海域。

四、世界大洋主要大风浪区及其成因

1. 太平洋上的风、浪

冬季，由于阿留申低压强烈发展，北太平洋的大风和大浪的分布范围很广，出现频率很高，如图 2－2－3 和图 2－2－4 所示。在 30°N 以北海域≥7 级的大风频率达 10%～20%，浪高≥3.5 m 的大浪频率达 20%～30%。大洋西部高于东部，千岛群岛至阿留申群岛之间大风和大浪频率高达 40%。低纬度洋面上为东北信风带，风向稳定，风力不大，海面较平静。

夏季，除热带气旋活动外，整个北太平洋十分平静，风力较小，一般在 3～5 级左右，大浪也较少见到，是全年风、浪最弱的季节（如图 2－2－3 和图 2－2－4 所示）。

在南太平洋低纬洋面上，常年盛行 3～4 级的东南信风。在 30°S 以南中高纬洋面上，风力≥7 级很常见，全年各月都可达 25%～30%或以上，其中合恩角附近高达 40%。冬季（6—9 月）大浪范围较大，可向北延伸到 10°S。在 40°S 以南大浪频率高达 50%，6 m 以上的狂浪终年可见。夏季（12 月—次年 2 月），大风范围退到 40°S 以南，大浪范围也退到了 30°S 以南，但大风和大浪频率仍然很高。这里终年盛行狂风恶浪，有“咆哮西风带”之称。

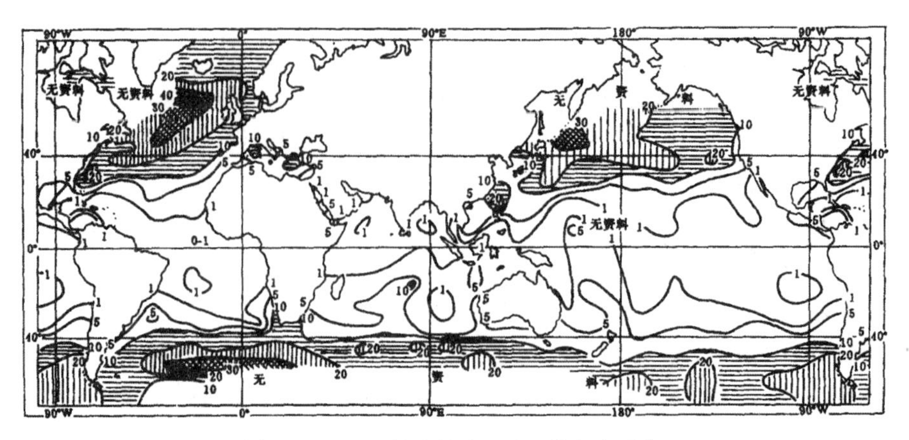

图 2-2-3　1 月大风(≥7 级)的频率(%)

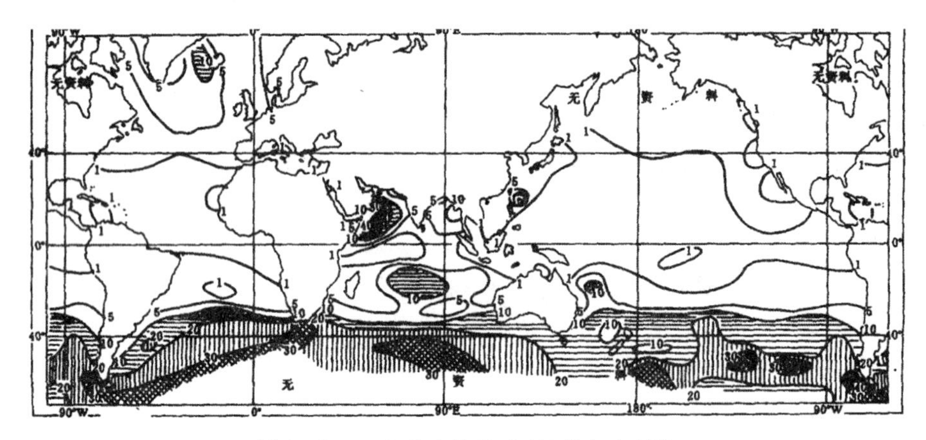

图 2-2-4　7 月大风(≥7 级)的频率(%)

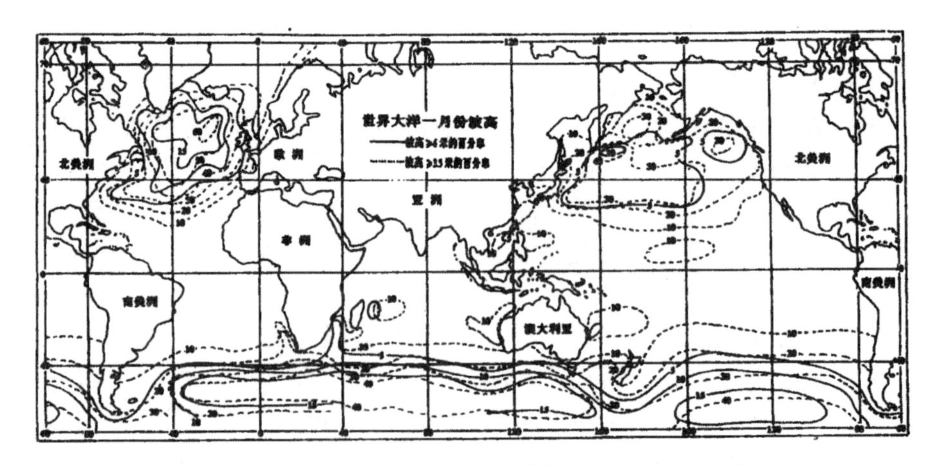

图 2-2-5　1 月波高≥6 米和波高≥3.5 米的频率(%)

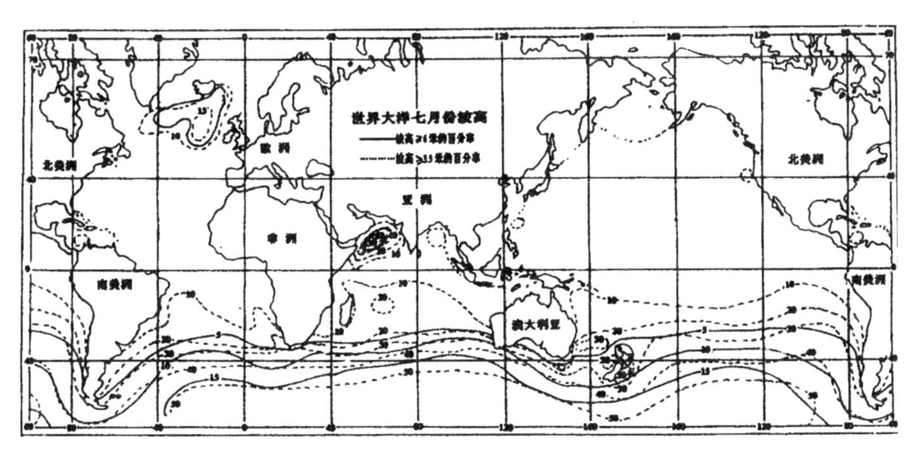

图 2-2-6　7 月波高≥6 米和波高≥3.5 米的频率(%)

2. 大西洋上的风与浪

北大西洋的风、浪的分布特征与北太平洋相似。冬季，由于冰岛低压强烈发展，北大西洋中、高纬度海域的大风和大浪十分强烈，分布范围也很广。在 30°N 以北大风频率达 10%～30%，大浪频率达 10%～50%。大洋西部高于东部，在 55°N，20°W 附近海域，大风和大浪频率都高达 40%～60%，狂浪的频率也达 15%，是世界海洋上最著名的狂风恶浪海域之一。低纬度洋面以东北信风为主，风和浪都比较小。

夏季，北大西洋上除格陵兰和冰岛南部海域有大风和大浪出现外，其他海域的风、浪都比较小，整个大洋相对比较平静。

南大西洋从赤道至 20°S 附近洋面，终年盛行 3～5 级东南信风；大洋中部风向多变，风力较小；30°S 以南中高纬海域为咆哮西风带，除阿根廷近海风力略小外，终年为狂风恶浪区。在南非好望角附近，风力常达 11 级，海面狂浪怒涛，严重影响船舶航行安全。

3. 印度洋上的风、浪

冬季北印度洋盛行东北季风，风力不大，一般 3～4 级，海面较平静，是航海的黄金季节。夏季，整个北印度洋上为西南季风所控制，7—8 月最强盛，风力常达 8～9 级或以上，浪高达 6 m 以上，尤其是在索科特拉岛东南部海域，大风频率高达 40%，大浪频率高达 74%，是世界海洋上大浪频率最高的海域。

南印度洋 30°S 以南中高纬海域为咆哮西风带，终年盛行强劲的西风。冬季大风和大浪区向北可延伸到 10°S 附近海域，并且在大洋中部有一个大风和大浪高发区。夏季大风和大浪范围向南略有收缩，向北延伸到 20°S 附近。在南非东西两侧的沿岸，大风、浪十分显著。

综上所述可知，世界大洋上的狂风恶浪区域主要有：冬季北太平洋中高纬海域、冬季北大西洋中高纬度海域、夏季北印度洋海域、南半球的咆哮西风带终年盛行狂风恶浪。著名的比斯开湾和好望角都处在重要的航道上，由于它们都位于上述大风浪区中，再加上特定的地理条件和地形作用，致使风浪特别显著。

五、中国近海风浪分布特征

1. 中国近海的风分布特征

我国位于世界最大的大陆——亚欧大陆的东南，濒临世界最大的海洋——太平洋，海

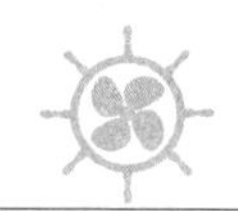

陆热性差异对我国气候的影响强烈,使我国的气候具有明显的季风气候特点。

冬季,我国海区盛行偏北风,风力较强。渤海、黄海多西北风,东海主要是北风和东北风,南海则以东北风为主。风向较稳定,风力较强,干冷的冬季风从西伯利亚和蒙古高原南下,向南方逐渐减弱,造成我国冬季寒冷干燥、南北温差大的特点。

夏季,我国沿海盛行偏南风,风力不如冬季强。黄海、渤海及东海北部为东南季风,东海南部及南海为西南季风。春秋季为季风过渡时期,盛行风不稳定,风向较紊乱。一般说来,由夏季风转为冬季风比由冬季风转为夏季风来得快。由于受从海洋吹来的暖湿空气影响,有高温多雨的特点,风力较弱,风向也不如冬季风稳定。

大风(≥8 级)年平均日数:东海沿岸最多,黄海、渤海沿岸次之,南海沿岸最少。此外,台湾海峡大风较多。秋末和冬季我国近海风力较大,大风出现频率一年中最高。春季是渤海、黄海海区平均风力最大的季节,东海北部风力也较大,但次于冬季。夏季,沿海盛行偏南风,但风力比冬季小得多,在此季节内,热带气旋在中国沿海尤其是在东海和南海北部活动频繁,热带气旋侵袭时风力很强。

2. 中国近海的浪分别特征

我国近海的浪主要受季风制约。冬季,长江口以北海域盛行偏北季风,渤海和黄海多西北浪和北向浪,东海和南海盛行东北季风,以东北浪居多。夏季,受东南季风和西南季风的影响,以偏南向浪为主,如渤海东南向浪较多,黄海和东海以南以东南向浪为主,南海多西南浪和南向浪。夏季虽然风浪较小,但是在有热带气旋活动时,可造成巨浪和强的涌浪。

总之,冬季典型的大浪区有山东半岛成山头附近、朝鲜济州岛以南海域、日本琉球群岛西侧的海域、台湾海峡及台湾以东海域。

六、海啸和风暴潮

1. 海啸

由海底地震、火山爆发或水底塌陷和滑坡等所激起的海面巨浪,称为海啸(Tidal Wave)。海啸在许多西方语言中称为“tsunami”,词源自日语“津波”,即“港边的波浪”(津即港)。这也显示出日本是一个经常遭受海啸袭击的国家。海啸可分为 4 种类型,即由气象变化引起的风暴潮;由火山爆发引起的火山海啸;由海底滑坡引起的滑坡海啸;由海底地震引起的地震海啸。海啸主要是由海底浅源地震引起的,故又称地震波。

海啸是一种灾难性的海浪,通常由震源在海底下 50 km 以内、里氏震级 6.5 以上的海底地震引起。海啸的传播速度与它移行的水深成正比,在太平洋,海啸的传播速度一般为 200～1 000 km/h。海啸在外海的特点是波长较长,约为几十至几百公里,不会在深海中造成灾害,正在航行的船只甚至很难察觉这种波动。因此,海啸发生时,越往外海越安全,一旦海啸进入大陆架,由于深度急剧变浅,波高骤增,可达 20～30 m,有时会冲上沿海地区,造成极大的灾害。

世界上有记载的大地震引起的海啸,80%以上发生在太平洋地区。在环太平洋地震带的西北太平洋海域,更是发生地震海啸的集中区域。世界上最常遭受海啸袭击的国家和地区包括日本、菲律宾、印尼、加勒比海、墨西哥沿岸和地中海。中国是一个多地震的国家,但海啸却不多见。

地震海啸给人类带来的灾难是十分巨大的。百余年来较强的几次海啸:1883 年,印

尼喀拉喀托火山爆发，引发海啸，使印尼苏门答腊和爪哇岛受灾，3.6万人死亡；1896年，日本发生7.6级地震，地震引发的海啸造成2万多人死亡；1906年，哥伦比亚附近海域发生地震，海啸使哥伦比亚、厄瓜多尔一些城市受灾；1960年，临近智利中南部的太平洋海底发生9.5级地震（有始以来最强烈的地震），并引发历史上最大的海啸，波及整个太平洋沿岸国家，造成数万人死亡，就连远在太平洋西边的日本和俄罗斯也有数百人遇难；1992年至1993年共10个月里，太平洋发生3次海啸，共2500多人丧生；2004年12月26日早晨，印尼苏门答腊岛发生9级大地震。地震引发了全球50年来最大的海啸。这场海啸波及印度洋沿岸10多个国家和地区，造成近30万人死亡或失踪；2011年3月11日，日本发生9.0级地震，引发巨大海啸，环太平洋国家受灾。

目前，人类对海啸这类突如其来的灾变，只能通过预测、观察来预防或减少它们所造成的损失，但还不能控制它们的发生。因为地震波沿地壳传播的速度远比地震海啸波运行速度快，所以海啸是可以提前预报的。因为海底的地形太复杂，海底的变形很难测得准，因此海啸预报比地震探测还要难。

2. 内波

在海洋中密度相差较大的水层界面上的波动，称为内波（Internal wave）。内波在各种深度的海洋中都能产生，其波高比表面波大的多，长达几十米，甚至近百米。

船舶遇到内波现象时，大致经历两种情况。一种是由于船舶前进时带动了上部密度较小的水层，使这个水层在密度较大的水层上滑动，从而形成的内波。这样，船舶在航行时，运动能力都消耗在这种内波的形成上了，所以尽管开足了马力，却很难前进一步，船员们称这种现象为“死水”。另一种是当船舶的固定摇摆周期与内波的周期相同时，就会出现共振现象，使船舶摇摆度增加，为了有效地克服“死水”和“共振”，船舶应改变航速，必要时还需适当改变航向，离开产生内波的海区。

3. 风暴潮

由于剧烈的大气扰动，如强风和气压骤变（通常指台风和温带气旋等灾害性天气系统）导致海水异常升降，使受其影响的海区的潮位大大地超过平常潮位的现象，称为风暴潮（Storm surge）。又可称“风暴增水”“风暴海啸”“气象海啸”或“风潮”。风暴潮是一种灾害性的自然现象。

风暴潮根据风暴的性质，通常分为由温带气旋引起的温带风暴潮和由台风引起的台风风暴潮两大类。

温带风暴潮，多发生于春秋季节，夏季也时有发生。其特点是增水过程比较平缓，增水高度低于台风风暴潮。主要发生在中纬度沿海地区，以欧洲北海沿岸、美国东海岸以及我国北方海区沿岸。

台风风暴潮，多见于夏秋季节。其特点是来势猛、速度快、强度大、破坏力强。凡是有台风影响的海洋国家、沿海地区均有台风风暴潮发生。

风暴潮的空间范围一般由几十公里至上千公里，时间尺度或周期约为1～100 h，介于地震海啸和低频天文潮波之间。但有时风暴潮影响区域随大气扰动因子的移动而移动，因而有时一次风暴潮过程可影响一两千公里的海岸区域，影响时间多达数天之久。

在浅水区，作用于水面的风对诱发风暴潮的作用一般大于气压变化的作用。在深水区，风暴潮的高度与台风或低气压中心气压低于外围的气压差成正比例，中心气压每降低

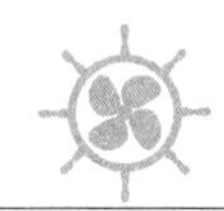

1 hPa，海面约上升 1 cm。

较大的风暴潮，特别是风暴潮和天文潮高潮叠加时，会引起沿海水位暴涨，海水倒灌，狂涛恶浪，泛滥成灾，风暴潮振幅可达数米，能使沿海的局部地区出现显著的增水或减水。当风暴潮波峰与天文潮的高潮重合时，可引起水位暴涨，若强风吹向 V 字形的海湾，海面生该会明显加剧，甚至侵入陆地，带来严重灾害；当风暴潮波谷与某地天文低潮相重合时，可引起水位下降，船舶影响航行，甚至使巨轮搁浅。

风暴潮严重的地区有，日本、美国东海岸、墨西哥沿岸、太平洋赤道以北的一些群岛和中国沿岸。我国是世界上两类风暴潮灾害都非常严重的少数国家之一，风暴潮灾害一年四季均可发生，从南到北所有沿岸均无幸免。我国风暴潮多发区有莱州湾、渤海湾、长江口至闽江口、汕头至珠江口、雷州湾和海南岛东北角，其中莱州湾、汕头至珠江口是严重多发区。

拓展训练

1. 简述风浪、涌浪的定义、特点及其区别。
2. 试述世界大洋上的主要狂风恶浪海域并说明其成因。

模块 3　海冰

学习目标

掌握海水、海冰的特征及分布

了解世界大洋的冰况、中国沿海的冰况

了解冰山的漂移规律

了解船体结冰的条件及预防措施

海冰不仅对海洋水文状况自身，对大气环流和气候变化也会产生巨大的影响，而且会直接影响人类的社会实践活动。例如，它能直接封锁港口和航道，阻断海上运输，毁坏海洋工程设施和船只。冰山更是航海的大敌，45 000 t 的“泰坦尼克”号大型豪华游船，就是在 1912 年 4 月 15 日在北大西洋被冰山撞沉的，使 1 500 余人遇难。中国的海冰也能造成灾害。因此，冬季在高纬度航行或在冰山经常活动的海域航行，必须考虑海冰的影响。

一、海冰的定义和分类

1. 定义

海冰(Sea ice)是指海洋中各种形式的冰，包括咸水冰、大陆冰川(冰山和冰岛)、河冰、湖冰。其中咸水冰由海水直接冻结形成的；大陆冰川(冰山和冰岛)、河冰及湖冰属于淡水冰。

纯水的冰点为 0 ℃，最大密度时的温度是 4 ℃。海水有一定的盐度，其结冰过程、结冰速度和物理性质等均与纯水不同。海水结冰除与海水温度和盐度有关外，还与盐度的垂直分布和海深有关。海水冰点和最大密度时的温度都随盐度而变化，盐度越高，冰点越低，最

大密度时的温度越低。海水最大密度时的温度不是 4 ℃，而是随盐度增大而降低，同时海水的冰点也要下降。当盐度为 24.7‰时，海水密度最大时之温度与其冰点一致为 −1.332 ℃。大洋中海水平均盐度为 35‰，冰点为 −1.9 ℃，不易结冰，即使结冰，结冰速度也很慢；在持续降温的条件下，海冰首先在海岸附近、浅水区域或盐度较低的海区形成。

2. 分类

(1) 按形成和发展阶段分类

海冰按其形成和发展阶段分类初生冰（New ice）、尼罗冰（Nilas）、饼状冰（Pancake ice）、初期冰（Young ice）、一年冰（First-year ice）和老年冰（Old ice）。

初生冰，是最初形成的海冰，包括冰针、油脂冰和海绵状冰，大都由松散冰晶构成，漂浮在海上。在温度接近冰点的海面上降雪，可不融化而直接形成粘糊状冰。在波动的海面上，结冰过程比较缓慢，但形成的冰比较坚韧，冻结成所谓莲叶冰。

尼罗冰，为冻结成厚度 10 cm 左右有弹性的薄冰层，表面无光泽，颜色较暗，在外力的作用下，易弯曲，易被折碎成长方形冰块。

饼状冰，为破碎的薄冰片，在外力的作用下互相碰撞、挤压，边缘上升形，形成的直径为 30～300 cm，厚度在 10 cm 左右的圆形冰盘。在平静的海面上，也可由初生冰直接形成。

初期冰，由尼罗冰或冰块直接冻结在一起而形成厚约 10～30 cm 的冰层，多呈灰色或灰白色。

一年冰，由初期冰发展而成的厚冰，厚度约为 30～300 cm。是时间不超过一个冬季的冰。

老年冰，为至少经过一个夏季而未融化的冰，其特征是表面比一年冰平滑，厚度大于等于 300 cm。

(2) 按运动状态分类

海冰按其运动状态分类分为固定冰（Fast ice）、浮冰（Drift ice）和冰山（Iceberg）三类。

固定冰是与海岸、岛屿或海底冻结在一起的冰。当潮位变化时，能随之发生升降运动。多分布于沿岸或岛屿附近，其宽度可从海岸向外延伸数米甚至数百千米。高于海面 2 m 以上的固定冰称为冰架；而附在海岸上狭窄的固定冰带，不能随潮汐升降，是固定冰流走的残留部分，称为冰脚。搁浅冰也是固定冰的一种。

流冰又称浮冰，自由浮在海面上，能随风、流漂移的冰称为流冰。它可由大小不一、厚度各异的冰块形成，冰山不在其列。

冰山由大陆冰川或冰架断裂后滑入海洋且高出海面 5 m 以上的巨大冰块。冰山可以是漂浮的，也可以是搁浅的。冰山主要分为不规则的峰形冰山和规则的平顶（桌状）冰山。峰形冰山主要出现在北冰洋和北大西洋。它是由山谷冰川崩解而形成的，多呈金字塔形，最高达 149 m。通常其高度大于宽度，具有陡峭的坡度，易倾倒或翻转。平顶冰山多产生于南极海区．是南极大陆冰川延伸到南极大陆周围的浅水中形成的，其长度可达几百公里，宽几十公里，高几十米。1966 年美国曾观测到一座长 333 km、宽 96 km 的巨大冰山。

冰山淹没的深度取决于冰山和海水的密度。海冰的密度一般在 0.86～0.92 g/cm^3，

海水的密度为 1.028 g/cm³。因此，冰山的水上部分与水下部分的体积之比约为 1 比 9。形状规则的冰山，露出海面的高度通常为总高度的 1/7～1/5。冰山的水下部分很大，如图2-3-1 所示，其潜伏在水下的部分可以像暗礁或浅滩一样伸展得很远，不易被航船发现，当船舶接近时有触底或碰撞的危险。因此，船舶遇到冰山时一定要保持足够的距离。另外，当冰山流入暖海区后，因受暖水的溶冰作用，腰部逐渐变细，最后可能会突然翻倒下来激起巨浪，给附近航行的船舶带来危险。

图 2-3-1　冰山

3. 冰山和浮冰的漂移规律

观测表明，影响海冰漂移的主要因素是风和海流。在无风海域，浮冰和冰山随海流漂移，其漂移的速度和方向与海流一致。

在无流海域，浮冰和冰山随风漂移。在北半球，其漂移方向偏于风的去向之右 28°，南半球，偏于风的去向之左 28°；其漂移速度大约是风速的 1/50。海冰的实际漂移运动是风与海流引起的漂移运动的合成。冰山水下部分的体积大，受海流的影响比风大。此外冰山本身的特征、大气和海洋的热力状况、地形等对冰漂移也有影响。

二、世界大洋的冰况

海冰主要分布在高纬度海域，并随季节而变化。冬半年冰情较严重，夏半年较轻。

1. 北半球

海冰是极地和高纬度海域所特有的海洋灾害。在北半球，海冰所在的范围具有显著的季节变化，以 3—4 月份最大，此后便开始缩小，到 8—9 月份最小。

北太平洋主要在白令海、鄂霍次克海、日本海、勘察加半岛以东海湾、北海道湾和阿拉斯加湾有固定岸冰。阿拉斯加湾沿岸较近的水域有数量不多的小冰山。日本近海的浮冰主要来自鄂霍次克海，浮冰于 1 月上旬自库页岛南下，中旬到达北海道沿岸，势力逐渐增强，2 月末到 3 月达最盛期，3 月下旬开始衰退，4 月末完全消失。中国渤海和黄海北部，每年冬季皆有不同程度的结冰现象，属于冬结春消的一年冰，且冰缘线与岸线平行。在一般正常的年份，11 月下旬至次年 3 月上旬为结冰期，冰期约 3～4 个月，其中 1—2 月份为盛冰期。我国的冰情一般不严重，对航行及海洋资源开发影响不大，但在个别年份曾发生过严重冰情。

北大西洋主要在波罗的海和哈德逊湾常年都有固定的岸冰。浮冰和冰山在格陵兰岛东南海域和纽芬兰东南海域最多，浮冰的南界可达 40°N，冰山有时能穿越湾流南下到31°N 或以南。冰山活动仅限于大洋的西部，盛行期是每年的 4—6 月。

北冰洋的白令海、鄂霍次克海和日本海，冬季都有海冰生成；大西洋与北冰洋畅通，海冰更盛。在格陵兰南部，以及戴维斯海峡和纽芬兰的东南部都有海冰的踪迹，其中格陵兰和纽芬兰附近是北半球冰山最活跃的海区。自人类开始使用卫星记录冰雪融化情况的 1978 年开始，北冰洋的海冰覆盖范围呈下降趋势。专家估计，几十年后，在北冰洋的夏季将看不到海冰的存在。历史上，由于冰雪覆盖，连接欧亚的西北航道一直无法航行，未来随着海冰的融化，直接导致西北通道可以航行，或许会成为一条黄金运输线。

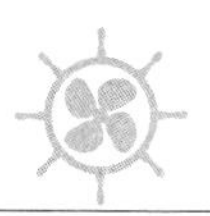

2. 南半球

南极大陆是世界上最大的冰川源地，全球冰雪总量的90%以上储藏在这里在南极大陆周围的洋面上，经常有22万座冰山在游动，冰山多为2～3 m厚的一年冰。冰山在54°S（南大西洋）以南都可看到，南大西洋的冰山北届可达30°S。南半球冰区以9月最大，3月最小。南极洲附近的冰山，是南极大陆周围的冰川断裂入海而成的。出现在南半球水域里的冰山，要比北半球出现的冰山大得多，长宽往往有几百公里，高几百米，犹如一座冰岛。

三、船体积冰的条件及船体积冰的预防

当气温较低、海上风较强时，波浪的飞沫在空中变成过往水滴，一碰到船体时便发生冻结，形成船体积冰。船体积冰又称重冰集结或甲板冰。

船体积冰能压断天线，阻隔通信，严重时可使船舶重心上升，甚至失去平衡而发生倾覆。因为较冷的大陆气团在海上移动一段时间后会发生变性，气温上升。因此，船体积冰现象在开阔的海洋上很少发生。船舶在有可能发生积冰的天气条件下的海域航行时，为防止积冰发生，要经常改变航向或者减速，使波浪和飞沫尽量少浸没船体表面。如估计到将遭遇严重积冰时，船舶应驶往开阔的海域或较暖的水面。

拓展训练

1. 简述冰山的主要种类及其特征。
2. 试述重冰集结对船舶有何危害，如何防范。

技能模块

模块4　船舶海洋要素观测与记录

核心概念

海浪、海发光、表层海水、盐度

学习目标

知识目标

掌握船舶海洋水文要素观测的意义、项目、程序等

掌握各类观测项目的观测设备的使用方法和注意事项

了解各类观测项目的观测原理

能力目标

会正确操作船用水文观测仪器

能进行气象要素的观测和记录

能编发一个时次的船舶水文气象观测报告

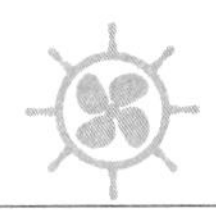

工作任务

1. 海浪观测和记录
2. 海发光的观测和记录
3. 表层海水盐度和海水温度的观测和记录
4. 一个时次的船舶水文气象观测报告的编发

因水文要素在陆地上无法观测，在进行水文项目的观测时，做如下假设：观测时风浪高度为4.0 m，涌浪高度为2.0 m，风浪方向为90°，涌浪方向为135°。海水温度为20.0 ℃，盐度为35‰。

任务1　海浪的观测

知识准备

海浪是船舶海洋水文气象观测的重要项目之一，观测点应选择在视野开阔处，规定观测的项目为风浪高、涌浪高和涌浪向，采用目测的方法进行观测。观测波高时首先根据浪的特征，区分出风浪和涌浪，各挑选较远处3～5个显著大波，分别估计它们的波高，然后取平均值作为风浪和涌浪的波高值，浪高的单位为米(m)，精确到小数1位，记入相应栏中。涌浪向的单位为度，计整数。观测时可利用船体吃水线至甲板的距离作为测定波高的参考标尺，若波长大于船长，可在船体处于波谷时观测前后的波峰高度相当于船身高度的倍数(或几分之一)来确定波高。观测涌浪向时用罗经上的方位仪，使瞄准线平行于离船较远、波高较大的涌浪波峰线，然后转动90°，使其对着涌浪来向，则指针读数即为涌浪来向。需要说明的是，海面上可能同时存在从几个方面传来的涌浪，按规定只对其中波高最大的那列涌浪的波高和涌浪向进行观测。当海面上无海浪时，该栏目空白。

任务实施

1. 教师讲解基本的观测方法和注意事项。
2. 要求按照海浪的观测方法进行模拟观测，教师作为实施顾问身份参与任务中。
3. 记录海浪，将相应数据填写在观测记录表中。

任务拓展

1. 分析“无风不起浪”“无风三尺浪”的含义？
2. 涌浪为什么可以作为台风来临前的重要预兆？

任务2　海发光的观测

知识准备

海发光是指夜间海面浮游生物的发光现象。观测时站在背光的墨暗处，注视海面浪花或船行航迹浪花上的发光现象。对照表2-4-1，判定发光强度及等级，记入海发光栏内。因月光或其他原因的影响，无法观测到海发光的记“X”。

表 2-4-1　海发光等级表

等级	海发光程度
0	无海发光现象
1	发光勉强可见
2	发光明晰可见
3	发光显著可见
4	发光特别明亮

任务实施

1. 教师讲解基本的观测方法和注意事项。

2. 提供海发光图片作为训练工具，教师作为实施顾问身份参与任务中。

3. 记录海发光，将相应数据填写在观测记录表中。

任务拓展

试述海发光的成因和意义。

任务3　表层海水盐度和海水温度的观测

知识准备

表层海水盐度指海水表面到0.5 m深度之间的海水盐度。

表层海水温度是指海水表面到0.5 m深处之间的海水温度，单位为摄氏度(℃)。用表层海水温度表观测时，先将帆布桶放入海水中感温1 min后采水提上，把水温表放入桶中搅动感温2 min后读数。读数时，水温表贮水杯不能离开采水桶水面，将水温表倾斜，使眼睛与水温表水银柱头保持在同一水平面上，先读小数后读整数。夜间观测时，应将水温表置于眼睛与光源之间进行读数。尽量不将水温表提出帆布桶，如不能在桶内读数，应保留水杯中的海水。观测完毕用淡水冲洗温度表及帆布桶。因大风浪或冰冻等恶劣天气影响时可取消观测。

任务实施

1. 教师讲解基本的观测方法和注意事项。

2. 要求学生按照海水盐度的观测方法进行模拟观测，教师作为实施顾问身份参与任务中。

3. 学会记录盐度和温度，将相应数据填写在观测记录表中。

任务拓展

试述海水盐度和温度观测的意义。

任务评价

评价内容		评价标准	权重	分项得分
任务完成情况	海浪观测	能掌握海浪的观测和记录方法，并能准确进行观测和记录	20%	
	海发光观测	能掌握海发光的观测和记录方法，并能准确进行观测和记录	20%	
	表层海水盐度和海水温度的观测	能掌握海水盐度和海水温度的观测和记录方法，并能准确进行观测和记录	20%	
	一个时次的船舶水文气象观测报告的编发	能准确对水文气象要素进行进行观测和记录	30%	
职业素养		敬业、诚信、守时遵规、团队合作意识、解决问题、自我学习、自我发展	10%	
总分			评价者签名：	

项目三　天气图基础知识及应用

学习与训练总目标

掌握天气图的基础知识
熟悉天气图的填图格式和分析项目

项目导学

天气图是观察、跟踪和研究天气系统发生、发展和移动等情况的基本工具，是进行天气分析和预报的主要工具，也是世界各国气象部门制作天气预报最重要和最基本的方法。

船舶可利用传真天气图准确地分析各海区的天气情况，因此掌握天气图的基本知识，掌握天气系统发生、发展、演变规律是指导船舶安全经济航行的重要保障。

核心概念

天气图、底图投影、地面天气图、低纬流线图、高空天气图

项目描述

天气图(Synoptic chart)是指填有各地同一时间气象要素的特制地图。在天气图底图上，填有各城市、测站的位置以及主要的河流、湖泊、山脉等地理标志。气象科技人员根据天气分析原理和方法进行分析，从而揭示主要的天气系统，天气现象的分布特征和相互的关系。天气图是目前气象部门分析和预报天气的一种重要工具。本项目要求学生正确识读天气图的填图格式，并能进行填图项目分析。

知识准备模块

模块1　天气图基础知识

学习目标

掌握天气图的定义及投影方式
掌握天气图的种类
了解天气图的制作过程

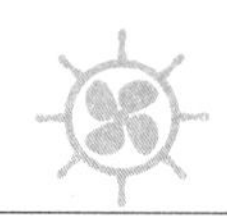

一、天气图底图投影方式

底图是用来填写各地测站所提供的气象观测记录的特种空白地图，图上标绘有经纬线、海岸线、观测站的站址（陆上气象站还标有该站的区号、站号）等。由于地球是一个赤道略宽两极略扁的不规则的球体，其表面是一个不可展平的曲面，运用任何数学方法进行这种转换都会产生误差和变形，为按照不同的需求缩小误差，就产生了各种投影方法。制作天气图底图的投影方式主要有以下三种。

1. 墨卡托投影

墨卡托投影（Mercator projection）又称等角正圆柱投影。由荷兰地图学家墨卡托（G. Mercator）于 1569 年创拟。用一个圆筒套在地球体上，地球赤道表面与圆柱面相切（或相割），光源放在地球中心进行投影。投影后，将圆柱面展为平面，经线是一组竖直的等距离平行直线，纬线是垂直于经线的一组平行直线，如图 3－1－1(a)所示。这种投影与低纬度地区实况较为接近，而在高纬度地区投影面积放大很多，误差较大。因此这种投影主要适用于制作赤道或低纬地区的天气图。

2. 极地平面投影

极地平面投影（Stereographic projection）又称正轴方位投影。这种投影方式是将光源置于南极或北极，平面图纸与地球体上北纬或南纬 60°相割，把地球表面上的各点投影在该平面图纸上。这种投影放射制作的底图，其经线为一组由极地向赤道发出的放射直线，纬线为一组围绕极地的同心圆，如图 3－1－1(b)所示。这种投影在极地高纬度地区保持正向和正形，失真比较小，适宜制作南（北）半球天气图底图。

3. 兰勃特投影

兰勃特投影（Lambert projection）又称等角正割圆锥投影。由德国数学家兰勃特（J. H. Lambert）1772 年拟定。将地球体的 30°和 60°纬圈与一个正圆锥面相割，光源置于球心，经纬线及地形投影到圆锥面的图纸上，然后展开为平面，展开后纬线为同心圆圆弧，经线为放射性直线，如图 3－1－1(c)所示。没有角度变形，经线长度比和纬线长度比相等。这种投影适宜制作中纬度地区的天气图底图，我国和日本等国家的天气图底图均采用这种投影。

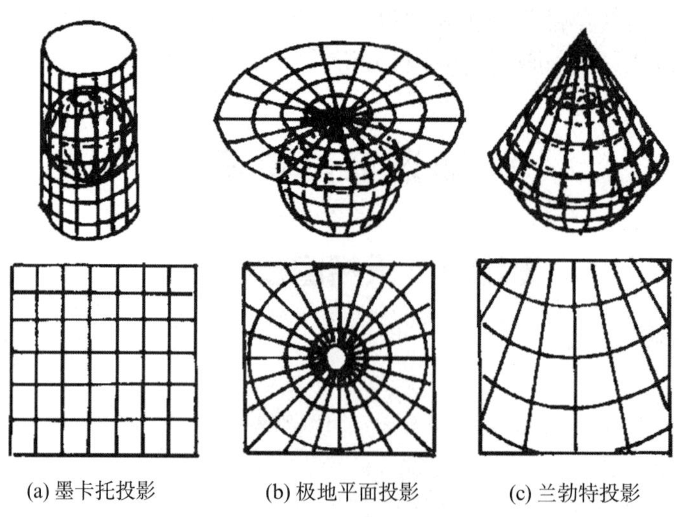

(a) 墨卡托投影　(b) 极地平面投影　(c) 兰勃特投影

图 3－1－1　天气图底图投影方式

二、天气图种类和图时

1. 种类

天气分布是三维空间的，根据不同的要求和目的有不同的天气图，主要有地面天气图(Surface chart)、高空天气图(Upper air chart)和其他辅助天气图(Auxiliary chart)。

地面天气图是以海平面为基准，根据地面观测资料绘制的，各地观测的气压必须订正到海平面高度的气压值。因此，地面天气图为等高面图。它是一种综合性天气图，是天气分析和预报中最基本的天气图。

高空天气图是表示高空等压面上或大气的一定层次气象状况和要素分布的天气图。它是等压面图，是根据高空观测资料绘制的，在气象台短期预报中一般分析 850 hPa、700 hPa、500 hPa 三个等压面形势图。此外，根据实际需要有些气象台也分析 400 hPa、300 hPa、200 hPa、100 hPa 甚至更高的等压面形势图。

辅助天气图种类很多，用途不同。大体分为两类：一类是地面辅助图，如变温图、区域降水分布图等；另一类是高空辅助图，如涡度图、散度图、水汽通量图、温度对数压力图等。

2. 图时

根据世界气象组织的规定，通常地面天气如每天制作四次，分别在世界时 00 时、06 时、12 时、18 时，即北京时间 08 时、14 时、20 时、02 时。除上述每日 4 次基本天气观测之外，中间还有 4 次补充观测时间分别为世界时 03、09、15、21 时。所以实际每隔 3h 就有一张地面天气图产生。

高空天气(分析)图则是利用世界时每日 00 和 12 时的探空资料绘制而成的，图时即为世界时每日 00 和 12 时(北京时间 08 和 20 时)。

世界时的表示方法有：Z、UTC、GMT。如：世界时 12 时，可以写成：12 Z、12 UTC 或 12 GMT。

三、天气图的绘制过程

1. 气象资料的观测和传递

气象观测是制作天气图和天气预报的基础。气象站越多，观测的资料越多，预报越准确。为此，目前世界各国已在陆地建立了近万个气象台站，在海上，除专用气象船之外还有 3 000 多艘商船随航观测，并配置了各种雷达，在太空布设了 10 多颗气象卫星等，组成了全球大气监测网。

气象资料的观测要求满足如下条件：①同时性：观测资料，只有具备了同时性，才能有比较性，绘制出的图才能真实地反映出较大区域内大气在某一时刻的情况；②代表性：气象台站的建站地点、位置和在船舶上进行观测的位置，均应选择有代表性的地方；③准确性：观测时应认真、严格地按照观测规范要求执行，以确保观测资料的准确性。

观测完后，立即编制成国际电码，向区域分析中心报告，国家气象台规定正点后 3 min 内必须将电报发出去。

2. 收报和填图

各气象台站定时接收气象电码。收到气象电码之后，立即按国际统一规定的填图格将气象电码译成数字或符号，一一填在天气图底图相应的位置上。

3. 分析

天气预报员在填好的图上，按照天气图分析原则和技术规定绘制出各种等值线、天气系统、天气区等，最后完成一张可供预报用的天气图。目前已可由计算机代替人工自动进行填图和等压线分析工作。

这种预报天气的方法叫“天气图法”，它是传统的预报天气方法。目前比较先进的预报方法是“数值天气预报法”，即根据大气的实际情况，通过计算求解描写天气演变的方程组，预报未来天气。

拓展训练

1. 说明地面天气图和高空天气图的图时。
2. 简述天气预报的制作过程。

模块 2　地面和高空天气图

学习目标

熟悉天气图的填图格式和分析项目

地面天气图简称地面图，既直接反映了近地面层的天气情况，如气温、露点、风向、风速、海平面气压和天气现象等，又间接反映了一部分高空的天气情况，如云状、云高、云量，另外还能反映短时间内气象要素的演变趋势，如 3 h 变压、气压倾向等。地面图是填写气象观测项目最多的一种天气图，它是天气分析和预报中一种很有用的工具。

一、地面天气图填图格式

各地同一时刻观测的地面资料，传递到各大气通信中心，然后由通信中心向各地气象台传播。气象台接收到各地气象观测资料报文后，按照国际规定的统一格式，把收到的电码译成数字或符号填入天气图底图。由于观测资料的来源不同，分为陆地测站填图格式和船舶测站填图格式。

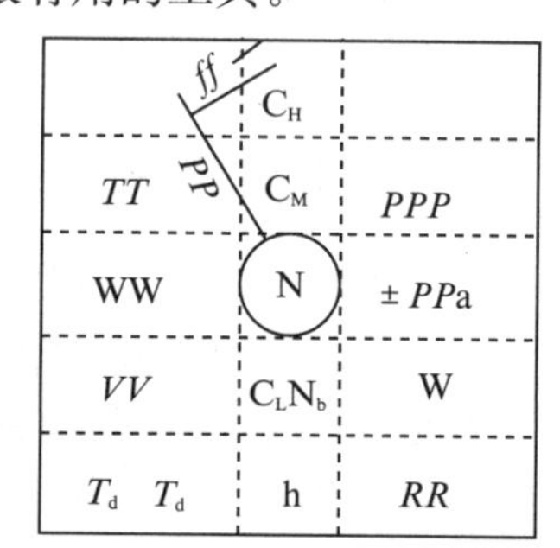

图 3-2-1　陆地测站填图格式

1. 陆地测站填图格式

地面分析图的填图格式在不同的国家稍有不同，这里以我国为例加以介绍。格式如图 3-2-1 所示，图中○—测站或船位，称为站圈；N—总云量，用符号表示，各符号含义如表 3-2-1 所示；

表 3-2-1　总云量符号

符号	○	⦶	◔	◑	◐	◕	◕	●	●	⊗
总云量	无云	≤1	2～3	4	5	6	7～8	9～10	10	不明

C_H、C_M、C_L——高云状、中云状、低云状符号，云状符号含义如表 3-2-2 所示；

表 3-2-2　云状符号

符号	低云状	符号	中云状	符号	高云状
不填	没有低云	不填	没有中云	不填	没有高云
	淡积云		透光高层云		毛卷云
	浓积云		蔽光高层云或雨层云		密卷云
	秃积雨云		透光高积云		伪卷云
	积云性层积云		荚状高积云		钩卷云
	普通层积云		系统发展的辐射状高积云		卷层云：云层高度角<45°
	层云或碎层云		积云性高积云	2	卷层云：云层高度角>45°
	碎雨云		复高积云或蔽光高积云		卷层云：云层布满全天
	不同高度的积云或层积云	M	堡状或絮状高积云		卷层云：云量不增加也没有布满全天
	鬃积雨云或砧状积雨云		混乱天空的高积云，高度不同		卷积云

N_h——低云量，以数字表示，单位为 m。填图数字与低云量的关系如表 3-2-3 所示；

表 3-2-3　填图数字与低云量

填图数字	不填	1	3	4	5	6	8	9	10	×
低云量	无云	≤1	2～3	4	5	6	7～8	9～10	10	不明

h——最低云的云底高度，以数字表示，单位为 m。填图数字与低云高的关系见表 3-2-4；

TT，T_dT_d——气温、露点温度，以数字表示，无小数位，若实际气温为零下，则前面加“—”号，单位为℃；

表 3-2-4　填图数字与低云高

填图数字	0	50	100	200	300	600	1 000	1 500	2 000	不填
低云高	<50	50～100	100～200	200～300	300～600	600～1 000	1 000～1 500	1 500～2 000	2 000～2 500	没有低于 2 500 m 的云

WW——现在天气现象(即观测时或观测前 1 h 内的天气现象)，用符号表示，各符号含义如表 3-2-5 所示；

表 3-2-5　现在天气现象填图符号

符号	天气	符号	天气	符号	天气	符号	天气	符号	天气
,	间歇性轻毛毛雨	•	间歇性小雨	*	间歇性小雪	•▽	小阵雨	▲▽	中常量或大量的冰雹，或有雨，或有雨夹雪
,,	连续性轻毛毛雨	••	连续性小雨	**	连续性小雪	•▽	中常或大的阵雨	R•	观测前 1 h 内有雷暴，观测时有小雨
, ,	间歇性中常毛毛雨	:	间歇性中雨	* *	间歇性中雪	:▽	强的阵雨	R:	观测前 1 h 内有雷暴，观测时有中或大雨
,,,	连续性中常毛毛雨	∴	连续性中雨	***	连续性中雪	*•▽	小的阵雨夹雪	R	观测前 1 h 有雷暴，观测时有小雪，或雨夹雪，或霰，或冰雹
⋮	间歇性浓毛毛雨	⋮	间歇性大雨	* * *	连续性大雪	*•▽	中常或大的阵雨夹雪	R	观测前 1 h 内有雷暴，观测时有中或大雪，或雨夹雪，或霰，或冰雹
,,,,	连续性浓毛毛雨	⁘	连续性大雨	****	连续性大雪	*▽	小阵雪	R	小或中常的雷暴，并有雨，或雪，或雨夹雪
~,	轻毛毛雨，并有雨凇	~•	小雨，并有雨凇	↔	冰针（或伴有雾）	*▽	中常或大的阵雪	R	小或中常的雷暴，并有冰雹，或霰，或小冰雹
~,,	中常或浓毛毛雨，并有雨凇	~••	中或大雨，并有雨凇	△	米雪（或伴有雾）	△▽	少量的阵性霰或小冰雹，或有雨，或有雨夹雪	R	小或中常的雷暴，并有雨，或雪，或雨夹雪
• ,	轻毛毛雨夹雨	• *	小雨夹雪或轻毛毛雨夹雪	-×-	孤立的星状雪晶（或伴有雾）	△▽	中常量或大量的阵性霰，或小冰雹，或有雨，或有雨夹雪	R	雷暴，并有沙（尘）暴
, • ,	中常或浓毛毛雨夹雨	* • *	中常或大雨夹雪，或中常或浓毛毛雨夹雪	▲	冰粒	▲▽	少量的冰雹，或有雨，或有雨夹雪	R	大雷暴，伴有冰雹，或霰或小冰雹

W——过去天气现象（即观测前 6 h 内出现的天气现象），用符号表示，各符号含义如表 3-2-6 所示；

表 3-2-6　过去天气现象填图府号

符号	不填	不填	不填		≡	,	●	✱	▽	
过去天气现象	云量不超过 5	云量变定不定	阴天或多云	沙暴或吹雪	雾或霾	毛毛雨	雨	雪或雨夹雪	阵性降水	雷暴

RR——观测前 6 h 内(包括观测时)的降水量,以数字表示,单位 mm;

VV——水平能见度,以数字表示,单位为 km,例如填图数字为 10,表示 10 km,填 0.5 时,则表示 500 m;

PPP——海平面气压,以数字表示,省略了气压的千位、百位数字和小数点,只保留了十、个、小数位,单位 hPa(或 mbar),如图上填 058,则实际海平面气压为 1 005.8 hPa,如图上填 996,则实际海平面气压为 999.6 hPa;

±*PP*——3 h 气压变量(即观测时与观测前 3 h 气压差值),以数字表示,有一位小数,但无小数点,单位为 hPa(或 mb),若气压上升,数字前加"+"号,反之,则加"−"号;

a——3 h 气压倾向(即观测前 3 h 内的气压变化趋势),用符号表示,各符号含义见表3-2-7;

dd——风向,以矢杆表示,矢杆的一端应紧靠站圈并指向站圈中心,从站圈往外矢杆所指方向即为风向;

ff——风速,以矢羽表示,矢羽与矢杆垂直或接近垂直,绘制在低压一侧;在我国天气图上,矢羽为一长杠代表 4 m/s,一短杠代表 2 m/s,三角旗代表 20 m/s。在国外天气图上,矢羽为一长杠代表 10 kn,一短杠代表 4 kn,三角旗代表 40 kn。

综上所述可知,利用这些数字和符号,可以很简明地表述出各个测站的天气情况。

表 3-2-7　3 h 气压倾向

符号						
气压倾向	升后微降	升后平	微降后升	降后微升	降后平	微升后降

如图 3-2-2 为我国陆地测站填图实例,表示该站上空总云量为 7~8,高云为毛卷云,中云为透光高积云,低云为砧状积雨云,低云量为 5,低云高为 1 000~1 500 m,西北风 6 m/s,现在天气现象小阵雨,过去天气现象雷暴,气温 19 ℃,露点温度 16 ℃,能见度 10 km,海平面气压 1 013.9 hPa,3 h 变压−1.5 hPa,气压倾向先降后平。

2. 船舶测站填图格式

图 3-2-3 是规定的船舶测站的填图格式。

P_wP_w——风浪周期,单位 s;H_wH_w——风浪波高,单位 m;d_wd_w——主波向;D_1V_1——船舶航向、航速;P_sP_s——涌浪周期,单位 s;H_sH_s——涌浪波高,单位 m。

二、地面天气图分析项目

地面天气图的分析项目通常包括海平面气压场、3 h 变压场、天气现象和锋等。

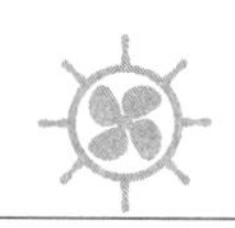

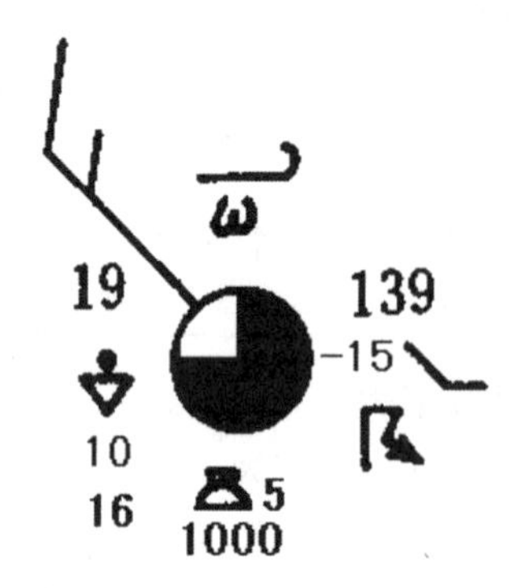

图 3-2-2　陆地测站填图实例

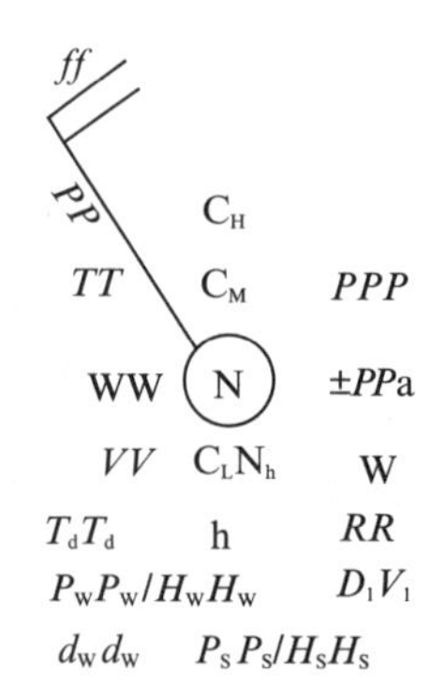

图 3-2-3　船舶测站填图格式

1. 海平面气压场

分析海平面气压场等压线就是在地面图上绘制等压线，从而分析气压系统在海平面上的分布情况。

等压线用黑色铅笔绘制成实线。我国地面天气图上，等压线规定每隔 2.5 hPa 画一条。当冬季气压梯度很大时，也可以每隔 5 hPa 画一条，常见的标值有…997.5 hPa，1 000.0 hPa，1 002.5 hPa…等；在国外地面天气图中，如日、美、英等国家每隔 4 hPa 画一条，常见的标值有…996，1 000，1 004…等。在闭合等压线中，我国在低压中心用红色标注“低”或“D”，在高压中心用蓝色标注“高”或“G”，在台风中心用红色标注“”。国外天气图上低压中心标注“L”，高压中心标注“H”。在中心符号的下方标注高、低压中心气压值(一般为整数)。

等压线分析应尽量平滑一些，避免不必要的小弯曲和突然曲折。另外等压线，不能在图中相交、中断，只能在图中闭合或在图边中止。

2. 等 3 h 变压场

由各地 3 h 变压相等的点连接而成的线称为等 3 h 变压线，用蓝色铅笔或黑色铅笔划成折线。通常每隔 1 hPa 分析一条，用蓝色铅笔标注正变压中心的最大值，用红色铅笔标注负变压中心的最大值，标注的变压值精确到小数一位，并在数值前分别加注正负号。在地面传真天气图上不分析等 3 h 变压线。

3. 锋线

锋是重要的天气系统之一，锋面分析就是确定锋的存在和它的位置、性质、强度及其变化情况等，各种锋常用的颜色和符号如表 3-2-8 所示。

表 3-2-8　常用锋面颜色和填图符号

锋的种类	彩色表示	单色印刷符号
暖锋	红	
冷锋	蓝	
准静止锋	红 蓝	
锢囚锋	紫	

4. 天气现象

为醒目起见，在地面天气图中需要用不同颜色铅笔勾画出大风、雾、降水、沙暴、吹雪等重要天气现象的区域。如降水和吹雪区用绿色标注，雾区用黄色标注，大风和沙尘暴区用棕色标注，雷暴区用红色标注等。在传真图上用锯齿线标注大风区和浓雾区，同时标注相应的警报符号。

三、低纬流线图

1. 流线的概念和分析方法

在赤道附近和低纬度地区，空气运动不遵从地转平衡关系，并且气压梯度不能反映天气系统活动所引起的气压非周期性变化。因此，在低纬地区通常不分析气压场，而是通过分析实测风场来反映大气环流特征，实测风场通常是以流线图来实现的。

在同一时刻，若一条曲线上任意一点的切线方向都与该点风向一致，则该曲线称为流线，即流线上各点的风向与流线相切。

在流线图上，用带箭头的黑色曲线表示流线，箭头方向为气流方向。流线有下列特点：不能交叉，但可以分支和汇合；既能起止于图的边缘，也可起止于风向有急剧变化的地方；风速大的地方，流线密，风速小的地方流线稀。

2. 常见的水平流场型式

(1) 平直流线与波状流线

流线中最常见的是平直流线和波状扰动流线，如图 3－2－4(a)(b)所示。平直流线是由一束近似于平行、略有弯曲的流线组成；波状流线相当于气压场中的波状槽脊，反映了低纬大气中的波状扰动。

(2) 渐近线

渐近线是这样一条线，当流线离开它时流线呈辐散状(或辐合状)，这种线称为辐散(或辐合)渐近线，如图 3－2－4(c)(d)所示。辐合渐近线往往与一些活跃的对流天气区相联系。

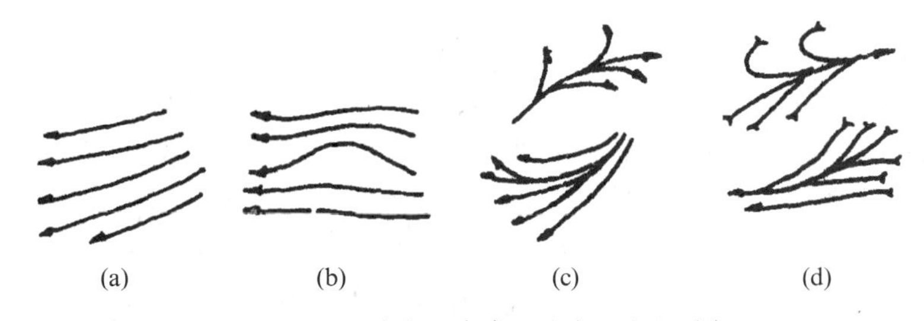

图 3－2－4　流线图上常用的水平流线形式

(3) 奇异点

奇异点是流场中的静风点，在此点上风速为零，没有风向，其附近风速也较小。通过该点可画出一条以上的流线。奇异点分为尖点、涡旋(汇、源)和中性点。

尖点是波动想涡旋发展的过渡形式，其生命史很短，实际工作中常因资料不足而难以分析出来。涡旋的流场包括流入气流、流出气流、气旋式气流和反气旋式气流等多种形式，如图 3－2－5 所示。通常，地面流场中主要有两种涡旋，辐合型的气旋式涡旋和辐散型的反气旋式涡旋，它们相当于气压场中的低压和高压，分别以符号“C”和“A”表示。这种具有

辐合点(汇)或辐散点(源)的流场,也称为单汇辐合流场和单源辐散流场。中性点是两条辐合渐近线与两条辐散渐近线的交点,它相当于气压场中的鞍形场。

(a) 单汇辐合流场

(b) 单汇辐合流场

(c) 单源辐散流场

(d) 单源辐散流场

图 3-2-5 涡旋流场

四、高空天气图

1. 高空等压面与等高线

空间等压面是一个起伏不平的曲面,用来表示等压面的起伏形势的图称为等压面形势图,简称等压面图(Isobaric chart)。常用的标准等压面图有 850 hPa、700 hPa 和 500 hPa 三种。

在等压面图上一般分析等高线(Contour),等高线指给定等压面上位势高度值相等各点的连线。

2. 高空天气图填图格式

高空等压面图上的填图格式如图 3-2-6 所示。HHH 为等压面高度,单位是位势米;TT 和 $T-T_d$ 分别表示等压面上的气温和气温露点差,单位为℃,填法同地面图;dd、ff 分别表示等压面上的风向和风速,填法同地面图。

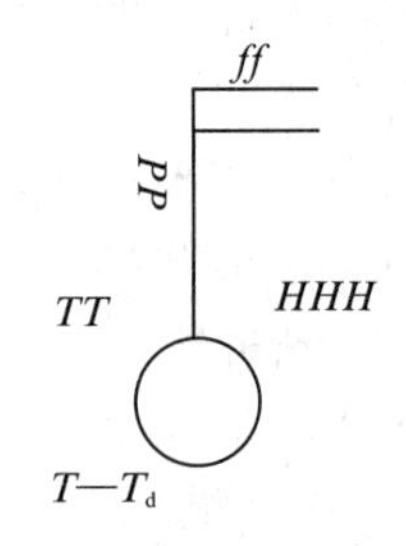

图 3-2-6 高空图填图格式

3. 高空天气图分析项目

高空等压面图上的分析项目包括各等压面上的等高线、风场、温度场及温度露点差、槽线、切变线等。

等高线用黑色铅笔绘制。我国规定,相邻等高线间隔为 40 位势米,在每条线上均须标明位势米的千、百、十 3 位数,并规定在 850 hPa 图上画…144,148,152…等高线;在 700 hPa 图上画…296,300,304…等高线;在 500 hPa 图上画…548,552,556…等高线。国外一些等压图上,相邻等高线间隔规定为 60 位势米,如 700 hPa 图上为 3 000、3 060、3 120 等。国内闭合等高线的高值(高压)中心用蓝色标注“G”,低值(低压)中心用红色标注“D”。国外高、低气压中心分别用“H”和“L”标注。

在高空等压面图上,等高线的分布多呈波状。等高线密集的地方,风速大;等高线稀疏,则风小。

槽线和切变线均用棕色铅笔绘制。槽线是低压槽内等高线曲率最大点的连线,它是气压场的特征线;切变线(Shearline)是风的不连续线,它是风场的特征线,如图 3-2-7 所示。在槽线和切变线两侧,风向都有明显的气旋性切变。在低压槽中的气旋性风向切变分析为槽线,在两个高压之间的风场切变分析为切变线。槽线和切变线附近一般是天气变化剧烈的区域。

等温线(Isotherm)用红色铅笔绘制(传真天气图中等温线用黑色虚线绘制)。我国规

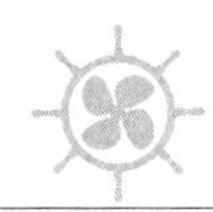

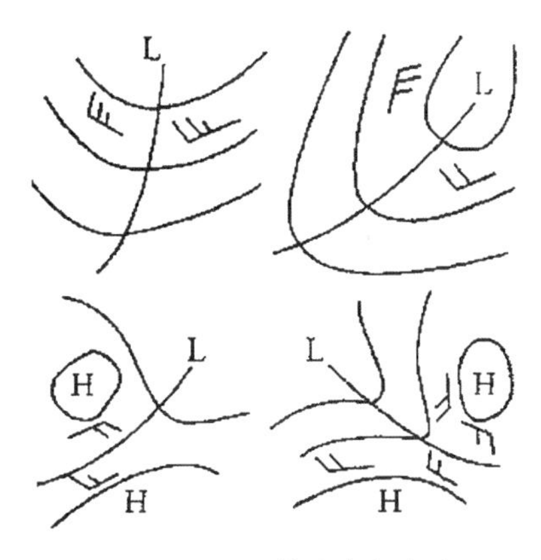

图 3-2-7　槽线和切变线

定每隔 4 ℃画一条等温线，暖中心用红色标注“N”，冷中心用蓝色标注“L”。国外等温线每隔 6 ℃或 3 ℃的画一条，暖中心标注“W”，冷中心标注“C”。等温线密集处，冷、暖空气温度对比大，是锋存在的区域。通常等温线的分布也呈波状，位相稍落后于等高线，表现为冷槽暖脊的水平结构。

冷暖空气的水平运动引起某些地区增暖或变冷的现象，称为温度平流。冷平流（Cold Advection）指空气从冷区流向暖区，所经之处，气温将下降；暖平流（Warm Advection）指流空气从暖区流向冷区，所经之处，气温升高，如图 3-2-8 所示。

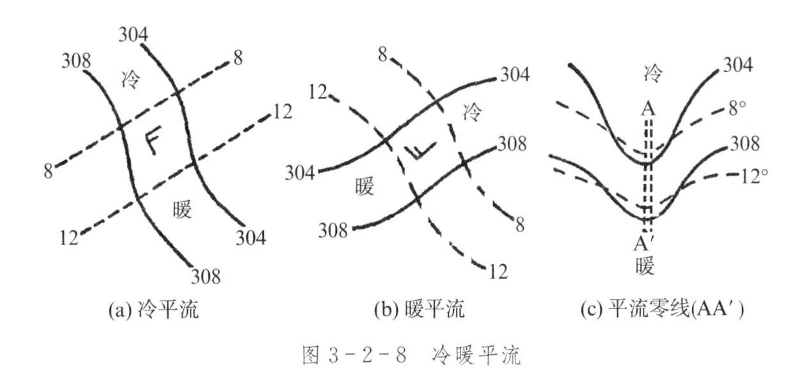

图 3-2-8　冷暖平流

温度平流强度是指单位时间内因温度平流而引起的温度变化的数量大小。温度平流的大小取决于等温线和等高线的疏密程度以及夹角大小。等高线越密，等温线越密，等高线与等温线之间的交角越大，温度平流就越强；反之，等高线越稀疏，等温线越稀疏，等高线与等温线之间的交角越小，温度平流就越弱。

拓展训练

1. 简述地面天气图填图格式和主要分析项目及有关技术规定。
2. 简述低纬流线图常用的流场形式。
3. 简述高空天气图填图格式和主要分析项目及有关技术规定。

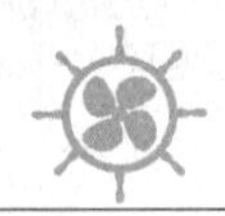

技能模块

模块 3　天气图分析

核心概念

地面天气图、填图格式、分析项目、高空天气图、低纬流线图

学习目标

知识目标

掌握地面天气图和高空天气图上的填图格式及各符号、数字的含义

掌握地面天气图和高空天气图的主要分析项目

能力目标

能正确识读天气图的填图格式

能掌握等压线分析的基本原则

能掌握天气图上主要分析项目的分析依据

工作任务

1. 地面天气图分析
2. 高空天气图分析
3. 低纬流线图分析

任务 1　地面天气图分析

任务实施

1. 教师讲解等压线、等 3 h 变压线及天气区的分析方法和注意事项。

2. 要求学生分析地面天气图中等压线、等 3 h 变压线及天气区，教师作为实施顾问身份参与任务中。

3. 将观测内容填写在观测记录表中。

任务拓展

说明地面天气图上各填图符号的含义。

任务 2　高空天气图分析

任务实施

1. 教师讲解高空天气图上主要分析项目及各站点含义。

2. 要求学生分析高空天气图等高线、等温线，教师作为实施顾问身份参与任务。

3. 将观测内容填写在观测记录表中。

任务拓展

说明高空天气图上各填图符号的含义，简述有哪些分析项目。

任务3　低纬流线图分析

任务实施

1. 教师讲解低纬流线图上主要分析项目及各站点含义。
2. 要求学生分析低纬流线图不同区域的含义，教师作为实施顾问身份参与任务中。
3. 将观测内容填写在观测记录表中。

任务拓展

说明低纬流线图上基本流场形式有哪些。

任务评价

评价内容		评价标准	权重	分项得分
任务完成情况	地面天气图分析	能正确分析地面天气图填图格式和天气区；能正确识别不同的天气系统	40%	
	高空天气图分析	能正确分析高空天气图填图格式；能正确分析等高线和等温线	20%	
	低纬流线图分析	能正确分析流线天气图各流场形式的含义	20%	
职业素养		敬业、诚信、守时遵规、团队合作意识、解决问题、自我学习、自我发展	20%	
总分			评价者签名：	

项目四　天气系统基础知识分析应用

学习与训练总目标

掌握气团的形成、特征、分类及变性。

掌握温带气旋、冷高压、副热带高压、热带气旋等天气系统的概念、天气特征、移动规律以及避险常识。

能够在传真天气图中正确识别各类天气系统，能掌握典型天气过程实例分析，能根据各类天气系统的特征进行正确避险。

项目导学

天气系统是具有一定的温度、气压或风等气象要素空间结构特征的大气运动系统。如有的以空间气压分布为特征组成高压、低压、高压脊、低压槽等。有的则以风的分布特征来分，如气旋，反气旋，切变线等。有的又以温度分布特征来确定，如锋。还有的则以某些天气特征来分，如雷暴，热带云团等。通常构成天气系统的气压、风、温度及气象要素之间都有一定的配置关系。大气中各种天气系统的空间范围是不同的，水平尺度可从几公里到二千公里。其生命史也不同，从几小时到几天都有。

最大的天气系统范围可达 2 000 km 以上，最小的还不到 1 km，如表 4－0－1 所示。尺度越大的系统，生命史越长；尺度越小的系统，生命史越短，较小系统往往是在较大尺度系统的孕育下形成、发展起来的，而较小系统的发展、壮大以后，又给较大系统以反作用，彼此相互联系，相互制约，关系错综复杂。各种天气系统有一定的空间范围，一定的新生、变化和消亡过程。各种天气系统发展的不同阶段有其相应的天气现象分布。在天气预报中通过对各种系统的预报，可以大致预报未来一段时间内的天气变化。许多天气系统的组合，构成大范围的天气形势，构成半球甚至全球的大气环流。

表 4－0－1　天气系统的特征尺度

种类	水平尺度(km)	时间尺度	主要天气系统
行星尺度天气系统	3 000～10 000	3～10 d	超长波、长波、副热带高压、热带辐合带等
天气尺度天气系统	1 000～3 000	1～3 d	锋、锋面气旋、反气旋、台风等
中间尺度天气系统	200～300 至 1 000～2 000	10 h～1 d	低压西南涡等
中尺度天气系统	10 至 200～400	1～10 h	飑线、海陆风等
小尺度天气系统	～10	～3 h	局地强风暴、龙卷风等

核心概念

气团、冷锋、暖锋、准静止锋、锢囚锋、锋面气旋、冷高压、副热带高压、热带气旋

项目描述

不同的天气系统形成不同的天气，锋面气旋、冷高压、副热带高压、热带气旋是典型的天气系统。该项目主要描述各天气系统的天气特征、移动规律及避险常识，在传真天气图上正确识别各类天气系统。

知识准备模块

模块1　气团和锋

学习目标

掌握气团的定义、形成、源地及变性
掌握气团的地理分类及主要天气特征
掌握冷暖气团的定义及主要特征
掌握锋的概念、分类及锋的一般分类特征
掌握锋面的典型天气特征及锋的移动规律

一、气团

1. 气团的定义、形成、源地及变性

气团(Air mass)指同一时段内在水平方向上物理属性(主要指温度、湿度和大气稳定度)分布较均匀的大块空气。它的水平范围可达几百到几千公里，垂直范围可达几公里到十几公里，经常从地面伸展到对流层顶。在同一气团内，水平温度差异小，天气现象也大体一致。

气团形成需要具备两个条件：一是要有大范围性质比较均匀的下垫面。下垫面向空气提供热量和水汽，使其物理性质较均匀，因此下垫面的性质决定着气团属性。如在冰雪覆盖的地区往往形成冷而干的气团；在水汽充沛的热带海洋上常常形成暖而湿的气团。二是必须有使大范围空气能较长时间停留在均匀的下垫面上的环流条件，以使空气能有充分时间和下垫面交换热量和水汽，取得和下垫面相近的物理特性。

在上述条件下，通过一系列的物理过程(主要有辐射、乱流和对流、蒸发和凝结，以及大范围的垂直运动等)，才能将下垫面的热量和水分输送给空气，使空气获得与下垫面性质相应的比较均匀的物理性质，从而形成气团。

当气团离开源地移至与源地性质不同的下垫面时，二者间会发生热量和水分的交换，则气团的物理属性又逐渐发生变化，这个过程称为气团的变性。例如，气团向南移动到较

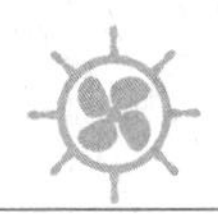

暖的地区时，会逐渐变暖；而向北移动到较冷的地区时，会逐渐变冷。不同的气团，其变性的快慢是不同的，即使是同一气团，其变性的快慢和它所经下垫面性质与气团性质差异的大小有关。一般说来，冷气团移到暖的地区变性较快，在这种情况下，冷气团低层变暖，趋于不稳定，乱流和对流容易发展，能很快地将低层的热量传到上层；相反，暖气团移到冷的地区则变冷较慢，因为低层变冷趋于稳定，乱流和对流不易发展，其冷却过程主要靠辐射作用进行。从大陆移入海洋的气团变性快，这种情况下气团容易取得蒸发的水汽而变湿；从海洋移到大陆的气团变性慢，因为气团要通过凝结及降水过程才能变干，自然界中蒸发比凝结要容易得多。气团所经下垫面的性质与源地性质相差较大，气团变性快些。

2. 气团的地理分类及主要天气特征

为了分析气团的特征，常对气团进行分类，主要有地理分类和热力分类两种。

(1) 地理分类

气团的地理分类是按气团属性的地域性特点来划分的。既然气团是在一定的地理环境中形成的，它的属性也必然会带有特定的地域性特点。地理分类就是依据这些特点，把气团划分为冰洋气团(Arctic air mass)、极地气团(Polar air mass)、热带气团(Tropical air mass)和赤道气团(Equatorial air mass)。由于源地性质不同，除了赤道气团因源地几乎全为海洋外，前三种气团又可分为海洋性气团和大陆性气团。

冰洋气团，形成于常年冰雪覆盖的极地地区，当气团来自南极大陆或冰封洋面时，称为冰洋大陆气团(Arctic continental air mass)；当气团来自未冰封洋面时，称为冰洋海洋气团(Arctic maritime air mass)。冰洋气团的天气特征是寒冷、干燥，天气晴朗、低层常有强逆温层，气层非常稳定。

极地气团，形成于中、高纬度地区的气团，位于大陆上的称为极地大陆气团(Polar continental air mass)，位于海洋上的称为极地海洋气团(Polar maritime air mass)。冬季极地大陆气团的天气特征与冰洋气团类似；夏季极地大陆气团低层气温和湿度升高，逆温层消失，稳定度减小，常出现多云天气。冬季极地海洋气团经常阴天或多云，有时会出现降水，当移到较冷的海洋或大陆时，还常有层云、雾或毛毛雨等稳定性天气出现。夏季，极地海洋气团和极地大陆气团差别很小。

热带气团，形成于副热带和热带地区的气团称为热带气团，位于大陆上的称为热带大陆气团(Tropical continental air mass)，位于海洋上的称为热带海洋气团(Tropical maritime air mass)。热带大陆气团形成于副热带的沙漠地区，如中亚、西南亚、北非撒哈拉沙漠等地，天气特点：炎热干燥、气层不稳定、晴朗少云。热带海洋气团形成于副热带高压控制的海洋上，天气特点：低层暖湿、层结不够稳定，但中层常存在下沉逆温层，阻碍了低层对流和乱流的发展，水汽不易上传，天气晴热。

赤道气团，形成于赤道附近的洋面上，天气特点是湿度大，气温高，天气闷热，气层不稳定，多对流和乱流活动，阵雨和雷暴频繁。

(2) 热力分类

热力分类是根据气团移动时与其所经下垫面之间的温度对比或相邻两个气团之间的温度对比进行分类。按照这种分类，气团可分为冷气团(Cold air mass)和暖气团(Warm air mass)两种类型。

气团温度低于流经地区下垫面温度，或比所遇气团温度低的称为冷气团。冷气团使所

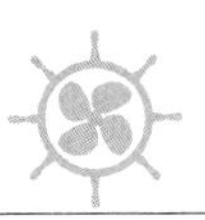

经之地变冷，而本身低层迅速增温，稳定度减小，有利于对流的发展，具有不稳定的天气特点，变性快，冷气团低层的能见度一般较好。夏季，如果冷气团中的水汽含量多，常形成积云或积雨云，出现阵性大风、阵性降水或雷暴天气。冬季，由于冷气团中湿度较小，多为少云或无云的天气。

气团温度高于流经地区下垫面温度，或比所遇气团温度高的称为暖气团。因此，当两气团相遇，温度低的是冷气团，温度高的是暖气团。暖气团使所经之地变暖，而本身逐渐冷却，稳定度增加，不利于对流发展，具有稳定的天气特点，变性慢，暖气团低层能见度一般较差。如果暖气团中的水汽含量多，常出现层云、层积云、毛毛雨、小雨小雪、平流雾等天气现象。如果暖气团中的水汽含量少，天气一般是少云或无云天气。

3. 影响我国沿海的主要气团

我国大部分地区处于中纬度，冷暖空气交替频繁，缺少气团形成的环流条件，同时地表性质复杂，很少有大范围均匀的下垫面作为气团的源地，因而影响我国东部和近海地区的气团多数为外来的变性气团，其中最主要的是变性极地大陆气团和变性热带海洋气团。

春季，变性的极地大陆气团和热带海洋气团两者势力相当，互有进退，因此是锋系及气旋活动最频繁的时期。

夏季主要为来自低纬海洋上的变性热带海洋气团。此外，热带大陆气团常影响我国西部地区，被它持久控制的地区，就会出现严重干旱和酷暑。来自印度洋的赤道气团，可造成长江流域以南地区的降水。

秋季，变性的极地大陆气团逐渐占主要地位，变性的热带海洋气团退居海上，我国东部地区在单一的气团控制下，出现秋高气爽的天气。

冬季主要为来自北方大陆的变性极地大陆气团，它的源地在西伯利亚和蒙古，我们称之为西伯利亚气团。此外，来自北太平洋副热带高压地区的热带海洋气团可影响到华南、华东和云南等地。北极气团也可南下侵入我国，造成气温急剧下降的强寒潮天气。

二、锋

1. 锋的定义和空间结构

两个性质不同的气团相遇时，两者之间形成的狭窄而又倾斜的过渡带（交界面），称为锋（Front）。锋是三维空间的天气系统。它并不是一个几何面，而是一个不太规则的倾斜面（图 4－1－1）。由于暖气团比冷气团轻，随着地球的自转，锋向冷气团一侧倾斜。锋的两侧，空气运动活跃，气流极不稳定，气温、湿度、风等气象要素差异很大，天气变化剧烈。因此，锋是温带地区重要的天气系统之一。

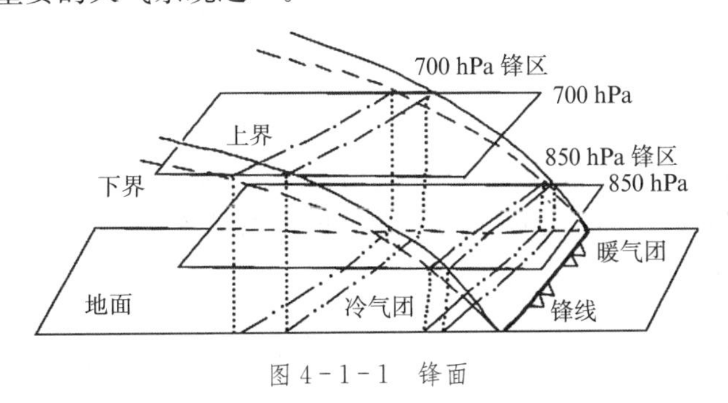

图 4－1－1　锋面

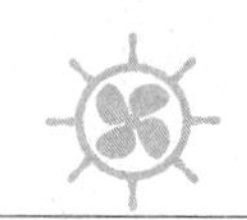

锋靠近暖气团一侧的界面叫锋的上界，靠近冷气团一侧的界面叫锋的下界。上界和下界的水平距离称为锋的宽度。它在近地面层中宽约数十公里，在高层可达 200～400 km。而这个宽度与其水平长度相比（长达数百至数千公里）是很小的。因此，人们常把锋近似地看成一个面，称为锋面。锋面与地面相交而成的线称为锋线，一般把锋面和锋线统称为锋。锋面与空中某一平面相交的区域称为锋区（上界和下界之间的区域）。

2. 锋的分类

关于锋的分类，目前主要有两种分类方法：

(1) 按锋面两侧冷、暖气团强度和移动方向分类

锋按两侧冷、暖气团强度和移动方向可以分为下列四种锋：

冷锋（Cold front），是冷气团势力强，推动锋面向暖气团一侧移动的锋。冷锋有根据移动速度的快慢不同，分为缓行冷锋（又称第一型冷锋）和急行冷锋（又称第二型冷锋）。第一型冷锋移动缓慢，是影响我国的重要天气系统之一；第二型冷锋移动较快。

暖锋（Warm front），是暖气团势力强，推动锋面向冷气团一侧移动的锋。

准静止锋（Quasi-stationary front），是冷暖气团势力相当，互有进退，锋面在小范围内来回摆动的锋。这种锋的移动速度很小，可近似看作静止。

锢囚锋（Occlusion front），是两个冷气团之间的锋。在锋面移动过程中，冷锋移速较快追上暖锋，将地面暖空气抬至空中，地面完全为冷空气所占据，造成冷锋后部冷空气与暖锋前部的冷空气相接触构成的交界面称为锢囚锋。暖锋前部的冷气团北冷锋后部的冷气团更冷时形成暖式锢囚锋；当冷锋后部的冷气团比暖锋前部的冷气团更冷时，形成冷锋式锢囚锋；当锋前后的两个冷气团温度无大的差异时，则形成中性锢囚锋。

(2) 地理分类

锋还可以按照它所处的地理位置分类，北半球自北向南分为：北极（冰洋）锋、温带锋（极锋）、热带锋。

冰洋锋是冰洋气团和极地气团之间的界面，处于高纬地区，势力较弱，位置变化不大。

极锋是极地气团和热带气团之间的界面，冷暖交替强烈，位置变化大，对中纬地区影响很大。极锋的平均位置在 45°N～50°N 一带，且随着季节有南北位移，最北可达 70°N 或更北，最南达 30°N～25°N 或以南。

热带锋是赤道气流和信风气流之间的界面，由于两种气流之间的温差小，以气流辐合为主，可称为辐合线。它也有位置的季节变化，夏季移至北半球，冬季移至南半球。多出现在海上，是热带风暴的源地。

此外，还有处于空中的副热带锋，处于特定条件下的地中海锋等。

3. 锋面特征

(1) 锋面坡度

锋面在空间向冷区倾斜，具有一定坡度，锋在空间呈倾斜状态是锋的一个重要特征。锋面坡度的形成和保持是地球偏转力作用的结果。在实际大气中，锋的坡度是很小的。据统计，冷锋的坡度最大，约为 1/50～1/100，暖锋的坡度次之，约为 1/100～1/200，准静止锋的坡度最小，约为 1/150～1/300。

(2) 温度场

锋区的水平温度梯度比气团内的温度梯度大得多。气团内部的气温水平分布比较均

匀，通常在 100 km 内的气温差为 1 ℃，最多不超过 2 ℃。而锋附近区域内，在水平方向上的温度差异非常明显，100 km 的水平距离内可相差近 10 ℃，比气团内部的温度差异大 5～10 倍。在高空图上锋区表现为等温线的密集区。在垂直方向上，由于冷气团总是位于暖气团之下，故锋区内温度梯度很小，甚至出现逆温的现象。锋面向冷气团一侧倾斜，且等压面高度越高，锋面向冷气团一侧倾斜的也越多。

(3) 气压场

锋面两侧是密度不同的冷、暖气团，因而锋区的气压变化比气团内部的气压变化要大的多，而且锋两侧的气压梯度是不连续的。锋通常位于低压槽中，等压线通过锋面有指向高压的折角，如图 4－1－2(a)(b)(c)(d)(e)(f)所示。

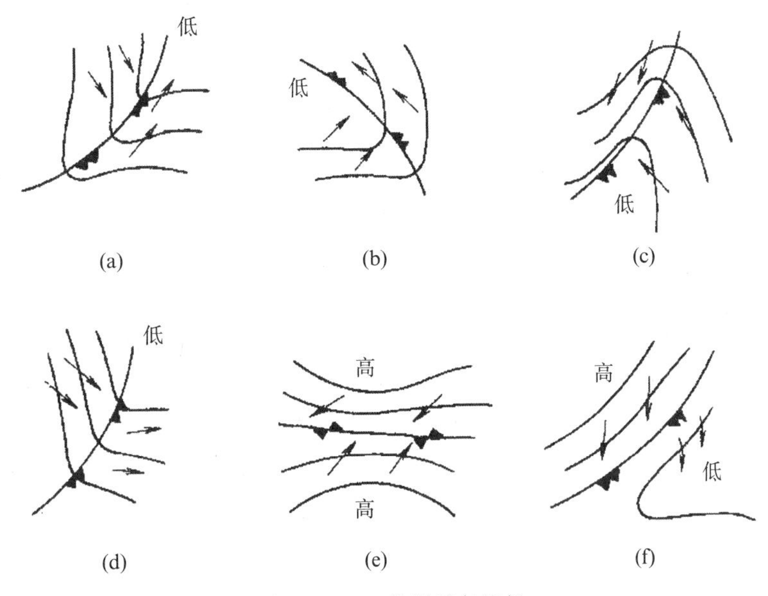

图 4－1－2　锋附近气压场

(4) 变压场

气压随时间的变化量称为变压，气压场随时间的变化即构成了变压场，气象上，通常用 3 h 变压场表示。同样用对于暖锋来讲，随着暖锋的移近，密度小的暖空气柱逐渐增长，因此该地气压下降，出现负的 3 h 变压，如图 4－1－3 所示。暖锋锋线过境后，由于该地处于暖气团中，空气柱的密度变化不大，因此气压变化不大。

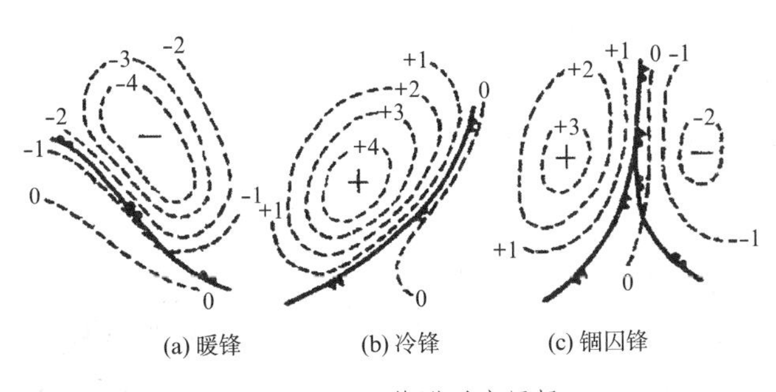

图 4－1－3　锋附近变压场

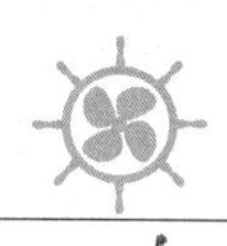

对于冷锋来讲，锋前气压变化不大，锋后因冷空气柱逐渐增长而气压升高，出现正的3 h变压。

静止锋由于少动，两侧的变压分布相近。锢囚锋一般是冷锋追上暖锋而形成的，所以锋前多负变压，锋后多为正变压。

（5）风场

风在锋面两侧有明显的气旋性切变，即从锋后到锋前，北半球风向呈逆时针方向变化，南半球风向呈顺时针变化。并且锋区内风的气旋性切变大于周围地区。

暖锋线在北半球多为西北—东南走向，锋前吹E—SE风，锋后吹S—SW风，锋过境时，风向随时间作顺时针变化，如图4-1-4所示；在南半球则不同，暖锋线的走向多为西南一东北向，锋前吹E—NE风，锋后吹N—NW风，锋过境时，风向随时间作逆时针变化。一般暖锋锋前的风速大于暖锋锋后。

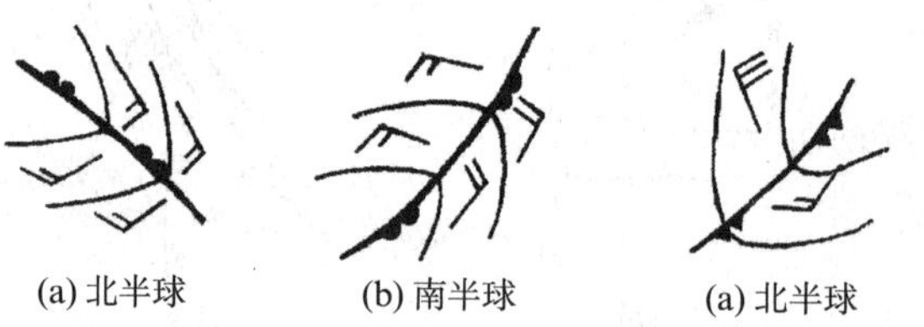

图4-1-4　锋面两侧的常见风向

冷锋线在北半球多为东北—西南走向，锋前吹S—SW风，锋后吹N—NW风。锋过境时，风向随时间作顺时针变化；在南半球，冷锋线多为东南—西北走向，锋前吹N—NW风，锋后吹S—SW风，锋过境时，风向随时间作逆时针变化。一般冷锋后的风速总大于冷锋前，冬季冷锋后偏北风一般较大，而夏季则较弱。静止锋在我国多为东西走向。

随着高度的增加，北半球的高空暖锋一般位于地面锋的东北方，北半球高空冷锋一般位于地面锋的西北方；南半球的高空暖锋一般位于地面锋的东南方，南半球高空冷锋一般位于地面锋的西南方。

（6）锋面的移动规律

锋面的移动速度主要取决于锋面两侧垂直于锋面的风速风量的大小和方向。当锋前后风向相反时，锋面的移动取决于垂直于锋面的风速差，风速差越大，锋面移动速度越快，反之则移动速度慢。当锋面前后风向相同时，垂直分量越大，锋面移动速度越快，反之移动速度慢。当无垂直于锋面的风速时，锋面呈准静止状态。

一般在我国，冷锋的移动速度，在北方比南方快，在西北地区最快，华南移动最慢。当锋面的走向呈南北走向时，冷锋的移动速度较快；当锋面走向呈东西走向时，锋面移动速度较慢。暖锋的移动速度较小，没有一定的规律。

锋面的移动速度不但因地而异，且因季节而不同，一般来说，锋在夏季移动速度最慢，在冬春季节最快。

（7）锋附近的垂直运动

锋附近的垂直运动常见的有如下3种情况：对暖锋来说，通常是冷暖空气两侧均为上升运动，如图4-1-5(a)所示；对于冷锋来说，冷空气一侧通常为下沉运动，只是在低层有微弱的上升运动。在暖空气一侧，有时整层皆为上升运动（第一型冷锋）如图4-1-5(b)所示；有时是高层为下沉运动，低层为上升运动（第二型冷锋），如图4-1-5(c)所示。

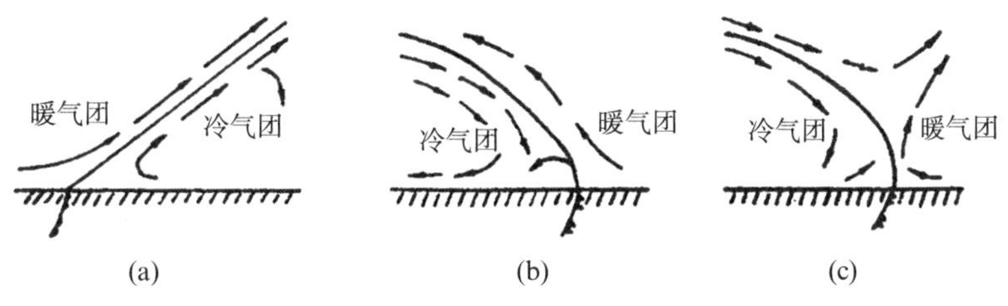

图 4-1-5　锋附近的垂直运动示意图

4. 锋面天气

与锋面活动相伴随的天气称为锋面天气，锋面天气这里主要是指锋附近的云、雾、降水等的分布。锋面天气是多种多样的，本节介绍从大量典型的例子中概括出的天气模式。

(1) 暖锋与暖锋云系

当暖气团前进，冷气团后退，这时形成的锋面为“暖锋”。由于暖空气一般都含有比较多的水汽，且又是起主导作用，在冷气团之上慢慢地向上滑升可以达到很高的高度，暖空气在上升过程中绝热冷却，达到凝结高度后，在锋面上便产生云系。如果暖空气滑升的高度足够高，水汽又比较充沛时，暖锋上常常出现广阔的、系统的层状云系。云系序列为：卷云(Ci)-卷层云(Cs)-高层云(As)-雨层云(Ns)。云层的厚度视暖空气上升的高度而异，一般情况下可达几公里，厚者可达对流层顶，而且愈接近地面锋线云层愈厚。暖锋降水主要发生在雨层云内，是连续性降水，降水宽度随锋面坡度大小而有变化，一般约 300～400 km，如图 4-1-6 所示。天气谚语“天上钩钩云，地上雨淋淋”是典型暖锋云和天气的生动写照。以上是暖锋天气的一般情况，但是在夏季暖空气不稳定时，也可能出现积雨云、雷雨等阵性降水。在春季暖气团中水汽含量很少时，则仅仅出现一些高云，很少有降水。典型的暖锋在我国出现得较少，大多伴随着冷锋和锋面气旋一起出现。春秋季一般出现在江淮流域和东北地区，夏季多出现在黄河流域。

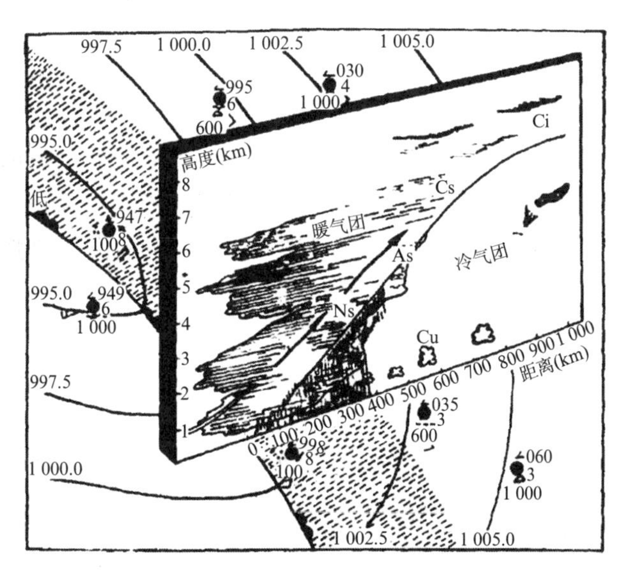

图 4-1-6　暖锋天气模型

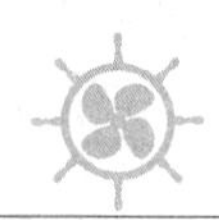

(2) 冷锋与冷锋云系

冷锋是冷气团向暖气团方向移动形成的锋面。根据冷气团移动的快慢不同,冷锋又分为两类:移动慢的叫第一型冷锋或缓行冷锋,移动快的叫第二型冷锋或急行冷锋。

第一型冷锋,如图 4-1-7 所示。这种锋移动缓慢,锋后冷空气迫使暖空气沿锋面平稳地上升,当暖空气比较稳定,水汽比较充沛时,会形成与暖锋相似的范围比较广阔的层状云系,只是云系出现在锋线后面,而且云系的分布次序与暖锋云系相反,云系序列为:雨层云(Ns),高层云(As),卷层云(Cs),卷云(Ci)。降水性质与暖锋相似,在锋线附近降水区内还常有层积云、碎雨云形成。降水区出现在锋后,多为稳定性降水。如果锋前暖空气不稳定时,在地面锋线附近也常出现积雨云和雷阵雨天气。夏季,在我国西北、华北等地,以及冬季在我国南方地区出现的冷锋天气多属这一类型。

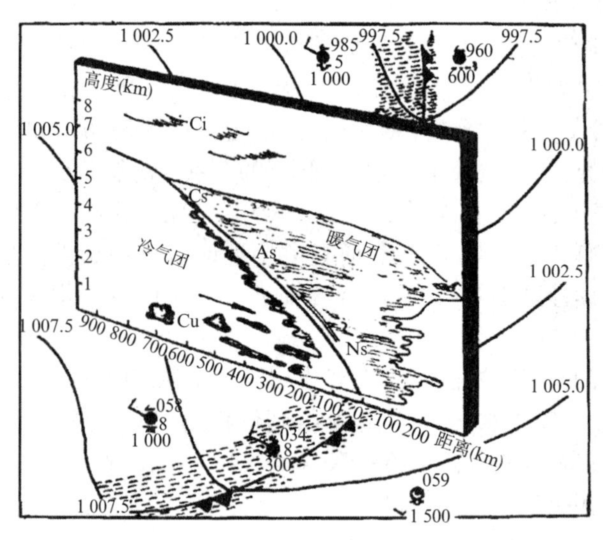

图 4-1-7　第一型冷锋天气模型

第二型冷锋是一种移动快的冷锋。锋后冷空气移动速度远较暖气团为快,它冲击暖气团并迫使产生强烈上升,如图 4-1-8。夏季,在这种冷锋的地面锋线附近,一般会产生强烈发展的积雨云,出现雷暴、甚至冰雹、飑线等对流性不稳定天气。这种冷锋过境时,往往乌云翻滚,狂风大作,电闪雷鸣,大雨倾盆,气象要素发生剧变。这种天气历时短暂,锋线过后,天空豁然晴朗。在冬季,由于暖气团湿度较小,气温不可能发展成强烈不稳定天气,只在锋线前方出现卷云、卷层云、高层云、雨层云等云系。当水汽充足时,地面锋线附近可能有很厚、很低的云层,和宽度不大的连续性降水。地面锋过境后,云层很快消失,风速增大,并常出现大风。在干旱的季节,空气湿度小,地面干燥、裸露,还会有沙尘暴天气。这种冷锋天气多出现在我国北方的冬、春季节。

冷锋在我国活动范围甚广,几乎遍及全国,尤其在冬半年,北方地区更为常见,它是影响我国天气的最重要的天气系统之一。

(3) 准静止锋与连阴雨

很少移动或移动缓慢的锋叫准静止锋。准静止锋大多由第一型冷锋演变而成的,因此准静止锋与第一型冷锋天气相似。出现的云系与第一型冷锋云系大致相同,在北半球,自

北向南云系依次为卷云(Ci)—卷层云(Cs)—高层云(As)—雨层云(Ns)。由于准静止锋的坡度比暖锋还小,沿锋面上滑的暖空气可以伸展到距离锋线很远的地方,所以云区和降水区比暖锋更为宽广,降水强度小,持续时间长,可造成连阴雨天气。如图 4-1-9 所示。

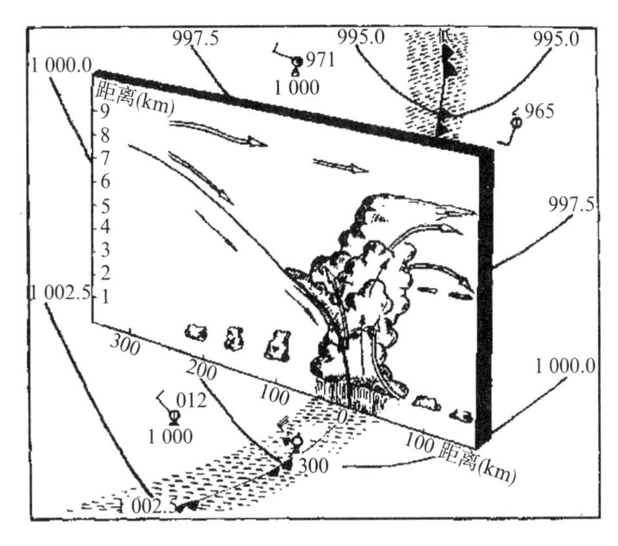

图 4-1-8 第二型冷锋天气模型

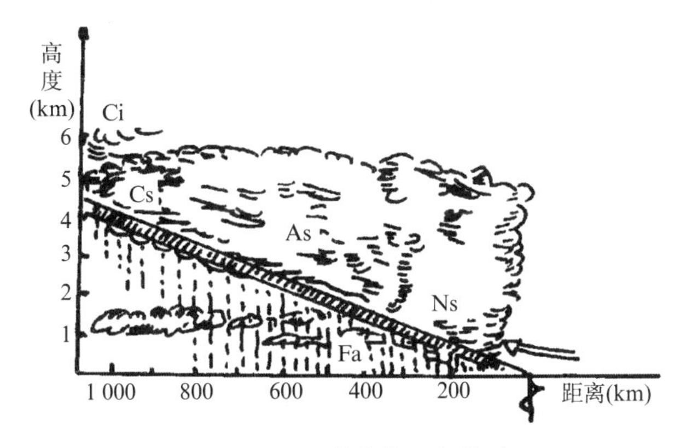

图 4-1-9 静止锋天气模型

由于准静止锋移动缓慢,并常常来回摆动,使阴雨天气持续时间长达 10 天至半个月,甚至一个月以上,"清明时节雨纷纷"就是江南地区这种天气的写照。这种阴雨天气,直至该准静止锋转为冷锋或暖锋移出该地区或锋消失以后,天气才能转晴。

我国准静止锋主要出现在华南、西南和江淮地区,对这些地区及其附近天气的影响很大。在我国出现的典型准静止锋一般有江淮准静止锋,它造成江淮一带的梅雨天气;昆明准静止锋,它的出现造成了贵阳冬季"天无三日晴"的现象。

(4) 锢囚锋与天气

锢囚锋主要是冷锋追上暖锋两者合并而形成的。另外,在一定的天气形势和地理条件下,有些地区还会出现由两条冷锋迎面相遇而形成的锢囚锋。锢囚锋既是由两条锋合并形成的,它的天气也必然会保持原来两种锋面的基本特征。

如果锢囚锋是由具有层状云的两条锋合并的，那么锢囚锋的主要云系也是层状云，它近似对称地分布在锢囚点的两侧，图 4-1-10 所示的就是具有这种云系的暖性锢囚锋。如果原来的一条锋上是积状云，另一条锋上是层状云，锢囚锋积状云便和层状云相连，图 4-1-11 所示的就是这种冷性锢囚锋。

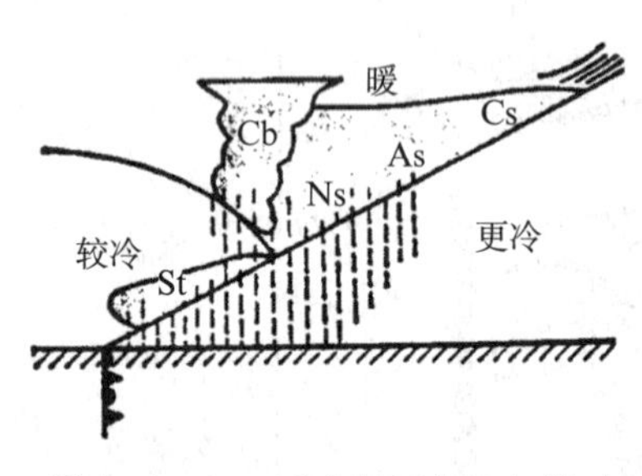

图 4-1-10　暖式锢囚锋天气模型

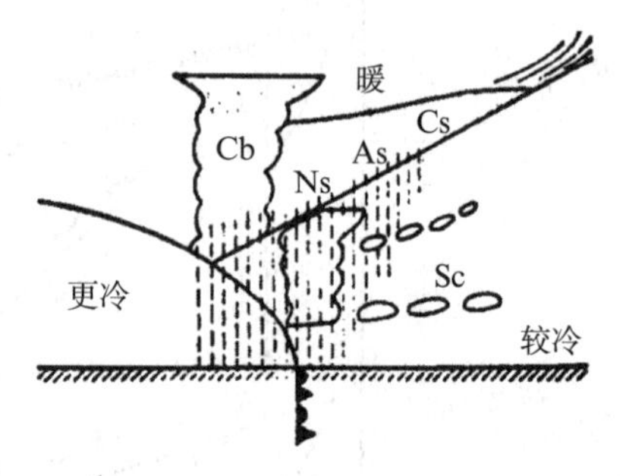

图 4-1-11　冷式锢囚锋天气模型

然而，锢囚锋天气并不是原有两条锋天气的简单合并。比单独的冷暖锋来，锢囚锋天气要复杂一些。随着锢囚锋的发展，暖气团会被抬升得越来越高，其中的水汽也会因降水消耗而越来越少。于是，锢囚点以上的云层逐渐变薄和消散。虽然锢囚点以下的云可能还会有些发展，但总的来说，天气是要好转了。

我国锢囚锋主要出现在锋面频繁活动的东北、华北地区，以春季最多。东北地区的锢囚锋大多由蒙古移来，多属冷式锢囚锋。华北锢囚锋多在本地生成，属暖性锢囚锋。

拓展训练

1. 说明气团的概念、形成条件和变性过程。
2. 简述气团的地理分类。
3. 简述影响我国东部沿海的主要气团及其主要天气特征。
4. 简述锋的分类及其主要结构特征。
5. 简述暖锋、冷锋附近的变压情况。
6. 说明南、北半球冷、暖锋过境时，测站气象要素、天气变化。

模块 2　锋面气旋

学习目标

掌握气旋的定义、分类及特征

熟悉锋面气旋的天气特征及船舶通过锋面气旋所伴随的天气

熟悉锋面气旋的生命史及移动规律

了解影响我国的锋面气旋

一、气旋和反气旋概述

大气中存在着各种各样的涡旋运动，其中气旋和反气旋是两类重要的涡旋，它们的生

成、移动和发展，对广大地区的天气有很大影响，有时可造成强烈的降水、雷暴、大风等恶劣天气，在海上可造成大范围的大浪区，是重要的海上风暴系统。因此，研究了解它们的活动规律，对天气分析和预报具有十分重要的意义。

1. 气旋和反气旋的定义及流场特征

(1) 定义

从流场角度考虑，在北半球逆时针方向旋转的大型空气涡旋称为气旋(Cyclone)，南半球顺时针方向旋转的大型空气涡旋称为气旋。从气压场角度考虑，由闭合等压线构成，中心气压比四周低的系统称为低气压(简称低压)。由风场和气压场的关系可知，气旋与低压是对同一天气系统的描述，除低纬地区外，两个名称可以相互换用。

同样，从流场角度考虑，在北半球顺时针方向旋转的大型空气涡旋称为反气旋(Anticyclone)，南半球逆时针方向旋转的大型空气涡旋称为反气旋。从气压场角度考虑，由闭合等压线构成，中心气压比四周高的系统称为高气压(简称高压)。由风场和气压场的关系可知，反气旋与高压是也对同一天气系统的描述，除低纬地区外，两个名称可以相互换用。

(2) 流场和天气特征

在近地面层，由于摩擦作用，气旋中的气流从四周向中心辐合，中心附近空气作上升运动，到了高空，气流向四周辐散。由于气旋的中心地带是上升气流，所以气旋内一般多阴雨天气。同样，在近地面层，由于摩擦作用，反气旋中的气流从中心向四周辐散，中心附近空气作下沉运动，到了高空，气流向中心辐合。由于反气旋的中心地带是下沉气流，所以反气旋内天气以晴好为主。其边缘不同部位的天气随与周围天气系统的配置情况而异。

2. 气旋和反气旋的范围和强度

气旋和反气旋的水平尺度(范围)均以最外围一条闭合等压线围成的近似圆形区域的直径表示。通常气旋的水平尺度平均为 1 000 km，大的可达 2 000～3 000 km，小的只有 200～300 km 或更小。通常反气旋的水平尺度大于气旋的水平尺度，直径多为 1 500～2 000 km，大的可达 5 000 km 以上。

对气旋而言，一般用中心的最低气压值表示气旋的强弱。中心气压值越低表明气旋越强，中心气压值越高，表明气旋越弱。若中心气压值随时间降低，称气旋发展或加深(Deepening)；若中心气压值随时间升高，则称气旋减弱或填塞(Filling up)。地面气旋的中心气压值一般在 970～1 010 hPa 之间，发展强盛的气旋，中心气压值可低于 935 hPa。对反气旋而言，一般用中心的最高气压值表示反气旋的强弱。中心气压值越高，表明反气旋越强，中心气压值越低，表明反气旋越弱。若中心气压值随时间增加，称反气旋加强或发展；若反气旋中心气压值随时间降低，称反气旋减弱(Weaken)。地面反气旋的中心气压值一般在 1 020～1 040 hPa 之间，目前观测到的最高气压值为 1 083.3 hPa。

3. 气旋和反气旋的分类

气旋和反气旋的分类通常有两种。

(1) 根据其形成和活动的主要地理区域划分

根据其形成和活动的主要地理区域，气旋分为温带气旋(Extratropical cyclone)和热带气旋(Tropical cyclone)；反气旋分为极地反气旋(Polar anticyclone)、温带反气旋(Extratropical anticyclone)和副热带反气旋(Subtropical anticyclone)。

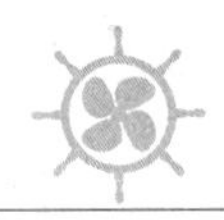

（2）根据其热力结构划分

根据其热力结构划分，气旋分为锋面气旋（Frontal cyclone）和无锋面气旋；反气旋分为冷性反气旋和暖性反气旋。

锋面气旋是指与冷、暖锋活动联系在一起的，常活动于温带地区，故又称温带气旋，而热带气旋以及一些地方性气旋均属于无锋面气旋。

所划分的气旋和反气旋并不是一成不变的，不同类型的气旋或反气旋，在一定条件下可以发生互相转化，如锋面气旋可在一定条件下转化为无锋面气旋，而冷性反气旋，当其南下到一定程度则变性为暖性反气旋。

二、锋面气旋

温带气旋频繁产生和活动于中高纬的温带地区，是温带地区最重要的天气系统之一，是经常影响中高纬大洋航线天气的主要风暴系统。发展强盛的锋面气旋，其最大风速可达12级以上，可引起海上风暴、强烈的雷雨和低能见度等恶劣天气。由于在温带气旋中大多伴有锋面存在，因此又常称为锋面气旋。锋面气旋在其生命演变史上各个阶段温、压场结构极不相同，故与其伴随的天气现象也有较大差异。

1. 锋面气旋形成及发展

根据气旋生成的波动学说，锋面气旋大多生成于上空气流的波动。从生成到消亡，大体分为四个阶段，在每个阶段，从地面到高空，其温度场、气压场及卫星云图上都有一定的特征。如图4-2-1所示，现简要介绍如下：

（1）波动阶段（或初生阶段）(a)(b)

从发生波动到绘制出第一条闭合等压线称为波动阶段或初生阶段。在该阶段，冷锋向前行进和暖锋向东的撤退，使整个锋面波大致沿着摩擦层以上的暖区气流方向移动，且速度较快，24 h可移动十几个经距。在卫星云图上主要表现为有逗点云系逐渐逼近锋面云带，锋面云带变宽，在最宽处为地面最大降压中心。

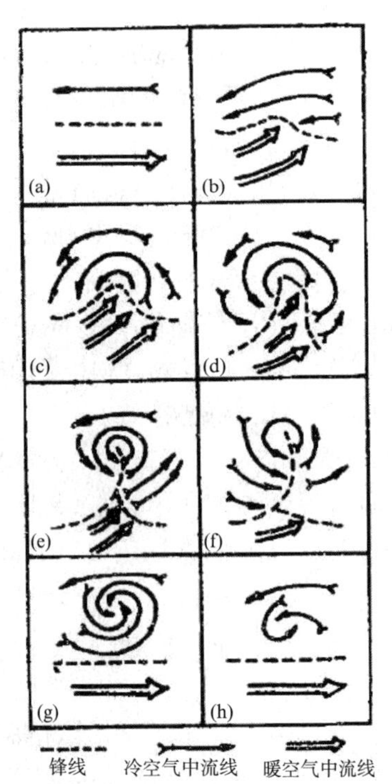

图4-2-1 锋面气旋生命史

（2）成熟阶段（或青年阶段）(c)(d)

随着波动振幅的不断加大，冷、暖锋进一步发展，中心气压继续降低，闭合等压线增加气旋的这个阶段称为成熟阶段，又称为青年阶段。在该阶段，气旋一般仍沿暖区气流方向移动，速度比波动阶段略减，24 h大约移动10个经距。随着气旋的发展，低层扰动逐渐向高层发展，高空低槽逐渐加深。

（3）锢囚阶段(e)(f)

锢囚开始时，冷、暖锋相遇，锋面抬升作用增强，降水强度、范围均增大，在该阶段，气旋发展最强，中心气压降到最低，风力达到最强，大风范围进一步扩大，地面暖区范围不断变窄。此时的移速大大减慢。由于此时地面已为冷空气所占据，因而气旋开始减弱。

(4) 消亡阶段

此为气旋发展的最后阶段，气旋逐渐与锋面脱离，最终成为一个冷性涡旋，上升运动消失，气旋减弱，慢慢填塞消亡。

锋面气旋的生命史一般是 5 天左右，但气旋的发展过程由于形成条件的差异而有不同，因此实际上并不是所有的锋面气旋都符合上述理想模式。

2. 气旋的再生

趋于消亡或正在消亡的气旋，在一定的条件下又重新发展起来的过程称为气旋的再生。在东亚地区气旋的再生一般有两种情况：一种是副冷锋加入后再生，气旋后部有新鲜的冷空气补充，与原来变性的冷空气之间构成新的温度对比，形成副冷锋，使气旋又重新活跃起来；另一种是气旋入海后再生，冬半年，气旋入海后，由于海面的加热作用，有暖湿空气侵入使得气旋又再度加强。如华北及江淮地区有些气旋在大陆上本来没有很大发展，但当它们东移进入渤海、黄海或日本海后，常常能迅速发展，甚至造成海面的突然大风，需要特别引起注意。

3. 气旋族

锋面气旋有时不是单个的发生，而是在同一条锋线上出现一连串的气旋序列，沿锋线顺次移动，称之为气旋族。一个气旋族中气旋个数不等，多的可达 5 个，少的只有 2 个。气旋族在我国境内出现较少，欧洲气旋族最常见，在中纬度的高空，像锁链一样的气旋一个挨着一个，首尾相接，一直延伸到高纬度地区。

三、锋面气旋的天气模式

从大量实际的个例中归纳出基本相同点，便可总结出锋面气旋的典型天气模式。图 4－2－2 为成熟阶段的锋面气旋的天气模式。

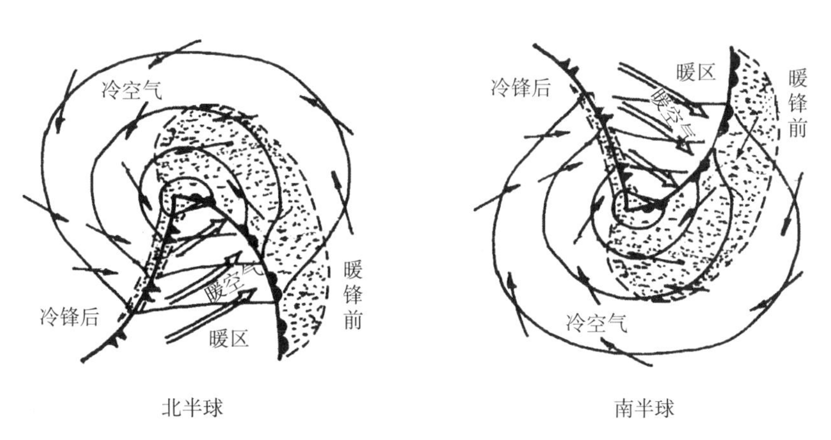

图 4－2－2　锋面气旋天气模式

1. 以北半球为例，如图 4－2－3 所示，船舶自东向西沿着 AB 路线从气旋中心以南低纬度一侧通过时，先后会遇到暖锋前、暖区和冷锋后三个不同部位的天气。

(1) 气旋前部(暖锋前)

气旋前部为暖锋的云系和降水，依次见到的云的排列顺序为：Ci—Cs—As—Ns。靠气旋中心时，云区最宽，离中心越远，云区越窄，降水位于地面锋线前 200～400 km 范围内，一般为连续性降水，若空气不稳定时，还会出现积状云和阵性降水。随着暖锋的接近，

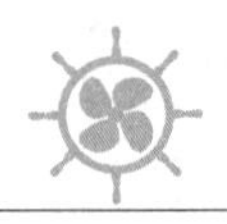

气温上升，气压降低，暖锋前多吹 E—SE 风（南半球 E—NE 风），风力一般为 4～6 级。此外，在锋前约 50～100 n mile 范围内常有锋面雾。

（2）暖区（暖锋后、冷锋前）

进入暖区后，气温基本停止下降，暖区是暖气团天气。其天气特点主要取决于暖气团的性质，如果暖气团水汽充沛（如热带海洋气团），则靠近中心易出现 St、Sc，有时可出现大片平流雾和毛毛雨，如果暖气团比较干燥，则只有一些薄云。在北半球风向多为 S—SW 风（南半球 N—NW 风），暖区中风力都不大，陆上风力一般为 2～4 级，海上风力可达 7～8 级。

（3）气旋后部（冷锋后）

冷锋过后，气温迅速下降，气压回升，北半球风向为 N—NW 风（南半球 S—SW 风）时，在海上，冷锋后常有 7—8 级大风，有时甚至达到 11 级。天气特征是具有冷锋的云系和降水。如果是第一型冷锋一般为层状云、连续性降水，有时有锋面雾；如果是第二型冷锋则多为积状云、阵性降水和阵性大风。当船舶远离冷锋后，天气转晴，风力逐渐减小。

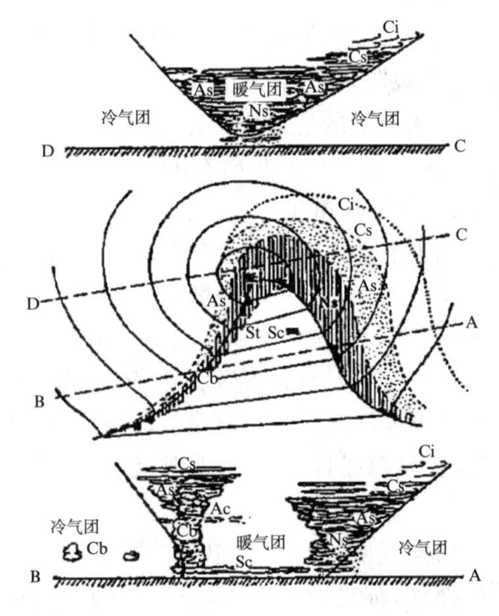

图 4-2-3　北半球锋面气旋天气模式

2. 如果船舶自东向西沿着 CD 路线（从气旋中心高纬以北的高纬度一侧）通过时，则遇到的是锋面附近冷气团里的天气，靠近气旋中心有很厚的云层和较强的降水，风向由 SE—E—NE—N—NW 作逆时针改变（南半球风向按 NE—E—SE—S—SW 作顺时针改变）。

3. 船舶可以根据观测到的云和风的变化，判断船舶从锋面气旋的哪一侧通过。

在北半球，船舶自东向西航行，当测到的风随时间作顺时针变化或测到的云系依次为 Ci—Cs—As—Ns—Cb 时，船舶通过气旋中心低纬度一侧；当测到的风随时间作逆时针变化或测到的云系依次为 Ci—Cs—As—Ns—As 时，船舶通过气旋中心高纬度一侧。在南半球，船舶自东向西航行，当测到的风随时间作逆时针变化或测到的云系依次为 Ci—Cs—As—Ns—Cb 时，船舶通过气旋中心低纬度一侧；当测到的风随时间作逆顺时针变化或测到的云系依次为 Ci—Cs—As—Ns—As 时，船舶通过气旋中心高纬度一侧。

以上是处于成熟阶段的气旋的天气模式，当气旋处在锢囚阶段时，地面风速增大，辐合增强，通常云和降水都显著发展，云系比较对称地分布在锢囚锋两侧。随后气旋进入消亡阶段，云和降水逐渐减弱消失。不同的锋面气旋中的天气随季节、地理条件和气旋本身情况而异。

4. 锋面气旋中风浪的分布

据对西北太平洋上较强气旋的研究结果表明，气旋中风和浪的分布并不是中心对称的，这种不对称性在冬季最为明显。气旋南侧强风大浪大于北侧，最大的强风和大浪中心位于气旋中心南西南方位上。图 4-2-4 中给出了典型锋面气旋中的风浪分布，在气旋中心西南侧相当远处仍有强风和大浪，7 m 以上的波浪中心位于气旋中心 SSW 方向 300～600 n mile 处。因此，船舶航行应尽量避开这一部位。

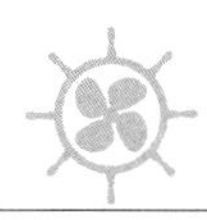

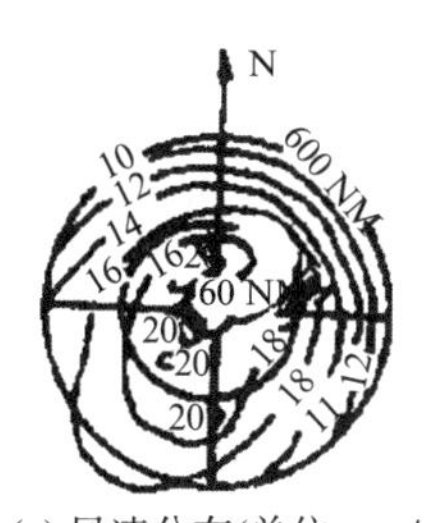

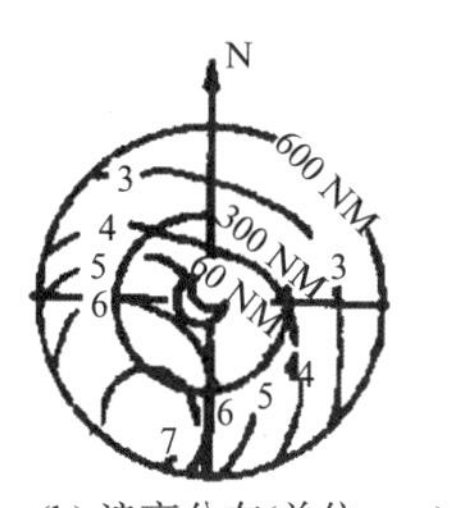

(a) 风速分布(单位：m/s)　(b) 浪高分布(单位：m)

图 4-2-4　典型锋面气旋的风、浪分布

四、爆发性温带气旋

海洋气象科学家在研究温带海洋气旋时，搜集并对比了数以千计的温带海洋气旋从生成、发展到消亡的过程，发现其中有一些气旋比较特殊：它们的中心气压在短时间会迅速下降，其所在海域的海面风力随之骤然增强，风速能够达到 10～20 m/s 或更大，对航行在这个海域的船舶造成极大的危害。这种现象是气旋的爆发性发展，这些比较特殊的气旋就被称为"爆发性气旋"。因为它发展快、来势猛、威力巨大，通常形象地将其称之为"气象炸弹"，其破坏力却远非常规炸弹所能相比。气象上一般定义 24 h 内气压下降 24 hPa 以上(即气旋加深率大于等于 1 hPa)，称为气象炸弹。"气象炸弹"是发生在中高纬度洋面上、强烈迅速发展的锋面爆发性气旋，这个概念出现在 20 世纪最后 20 年。由于"气象炸弹"爆发前，区域气压高、风力不大，不论是卫星云图上还是在现场观测都不易发现，往往被航行和观测海域的人忽视；但经过 12～24 h 之后，气旋强烈爆发，风力猛增到 9～11 级甚至更大，范围也扩展到方圆上千千米，让人们猝不及防，往往造成船毁人亡的惨痛事故。

从目前积累的资料看，"气象炸弹"一年四季都会出现，秋、冬季较多，，主要出现在冬半年暖海洋上海温梯度最大的海域附近，大部分位于北太平洋和北大西洋的西北部。西北大西洋上的爆发性气旋在数量上比西北太平洋少，但强度强。东北太平洋是第三个爆发性气旋的多发区。我国海域也包括在内，发生的频率上来看，西北太平洋平均每年有 31 个气旋经历爆发性发展阶段。

五、锋面气旋的生成源地和移动规律

1. 东亚气旋生成源地和移动规律

(1) 东亚气旋生成的源地

东亚气旋及北太平洋锋面气旋的生成区大体分为三个：蒙古气旋生成区、江淮气旋生成区和沿海气旋生成区。在蒙古气旋生成区一年四季都有气旋生成，但春夏季频率较高。江淮气旋四季都可以形成，以春季和夏季居多，其东移入海后改称为东海气旋。沿海气旋的生成较为宽阔，包括东海北部、日本南部海域、黄海、渤海、日本海和千岛群岛附近生成的气旋，冬春季偏多。这一地区气象条件和海况条件均有利于气旋的发展，也是爆发性气旋活动的高频区。

较强的东亚气旋多与冬季强的高压相伴而生，冬季气旋东移入海后，在沿海气旋生成区得到进一步的发展和加深，所以冬季强气旋主要出现在海上。夏季气旋在移动过程中强度变化很小，大部分在入海前就减弱消失了。

（2）东亚气旋生成的移动规律

东亚气旋移动主要有三种情况：一是自西向东，二是自西南向东北，三是先西北向东南，然后再折向东北，如图 4－2－5 所示。

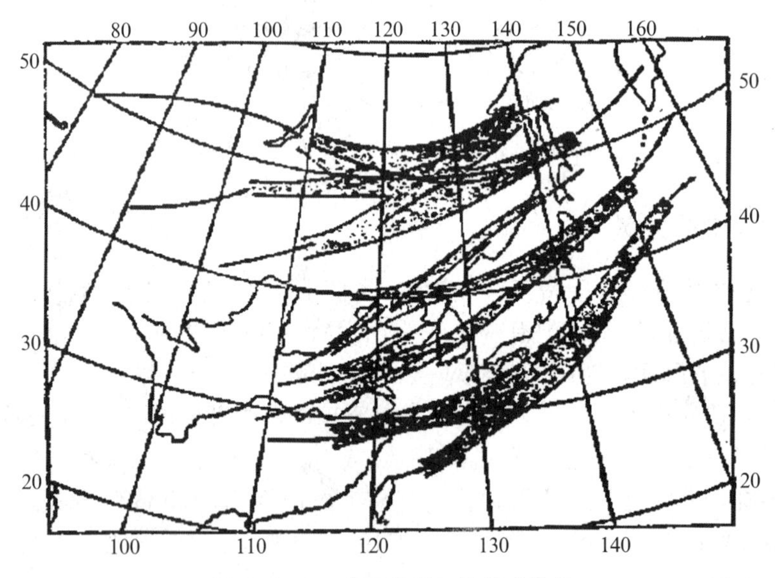

图 4－2－5　东亚锋面气旋移动路径

春季，江淮气旋和东海气旋及日本气旋主要向东北方向移动并发展，大部分在 170°E 以西的洋面上达到最强。蒙古气旋和东北气旋主要是东移，只有一部分在东移过程中加深发展。入海的黄河气旋和黄、渤海气旋先向东移动，然后向东北方向移动并加深，但强度明显比冬季弱。

夏季，蒙古气旋一支向东北方向移动，另一支和东北气旋缓慢东移，入海前达到最强。江淮气旋和沿海气旋缓慢向东北方向移动。

秋季，蒙古气旋和中国东北气旋的一支向东北方向移动，另一支东移入海。日本海和千岛群岛附近洋面上生成的气旋向东北方面移动并发展。

冬季，产生于蒙古中部和东部的气旋主要东移，移到东北地区和新生成的东北低压统称为东北气旋，入海后向东北方向加深发展，在阿留申群岛附近到达最强，然后减弱东移至阿拉斯加湾附近消亡。江淮气旋与东海气旋形成后先东移发展，后转东北方溪移向阿留申群岛。

2. 太平洋中部锋面气旋移动规律

太平洋中东部生成的锋面气旋，一般向东北方向移动，移速可达 35～40 kn，常常使船舶来不及避离，最终移至阿拉斯加湾和北美的东岸。

3. 北大西洋锋面气旋移动规律

影响北大西洋的锋面气旋主要来自美国大陆和美国的东部沿岸，主要移向北欧，部分移入地中海。北大西洋的气旋具有冬春频率高、强度大、影响范围广的特点，而且冬季气旋活动比东亚频繁。夏季较少，范围向北收缩。

六、影响中国海域的锋面气旋

温带气旋式影响我国沿海区域的主要天气系统之一，我国通常按气旋生成地区和影响的地区将其划分为蒙古气旋、东北气旋、黄河气旋、江淮气旋和东海气旋。

1. 蒙古气旋

蒙古气旋发生或发展在蒙古中部和东部高原一带，约在 40°N～50°N，100°N～115°E 之间，这个地区的西部、西北部多高山，蒙古中部和东部处于背风坡，有利于气旋的生成和发展。春秋季，冷暖空气活动频繁，气旋出现次数最多，冬季次之；夏季，锋区北移，暖空气活动占优势，故气旋显著减少。

它的移动路径，一般以向东略偏南经过锡林郭勒盟西部，沿东北平原、松花江下游移去的为最常见；另两条是向东经呼伦贝尔盟移去和向东南经华北、渤海，绕长白山经朝鲜移去。它表现的天气多种多样，其中以大风为主。发展强盛的蒙古气旋，在气旋的任何部位，都可出现大风。降水一般不大，甚至没有，这是因为气旋内暖空气多来自青藏高原的东北部和河西走廊一带，水汽不足，常常除了中心北部出现一些降水以外，其他地区多半只有高云。值得注意的是，蒙古气旋的活动，总是伴有冷空气的侵袭，所以大风、风沙和霜冻等天气现象随之而来。

2. 东北气旋

东北气旋亦称东北低压。指活动于中国东北地区的低压系统。有的是在当地发生发展而成，多数为蒙古气旋、黄河气旋移入加深而成。它是中国气旋中发展最为强大的一种，经向、纬向幅度可达 1 000～2 000 km，闭合环流能伸展到 500 hPa 以上。其中心气压值在 990 hPa 左右，常引起大范围的大风、风沙、雷暴、雷阵雨等灾害性天气。当它发展东移会引导冷空气南下，形成寒潮，甚至引起东亚整个环流形势的改变。它一年四季均可出现，以春、秋季为最多。因此，它是中国(特别是东北地区)的重要天气系统之一。

3. 黄河气旋

黄河气旋也称“黄河低压”，黄河气旋在黄河流域生成的气旋。生成于河套及黄河下游地区的锋面气旋。全年均可出现，以 6—9 月为最多。

黄河气旋在黄河流域生成的气旋：①发生于河套北部，是北支锋区上有高空槽经过河套北部并加强时，在地面静止锋上产生的气旋波，向东北或偏东方向移动，夏季此类气旋可给内蒙古中部和华北北部地区带来较大的雨量；②发生于晋陕地区，是黄河上游缓慢东移的暖性倒槽中有急速南下的冷锋进入后形成的，仅能产生一些零星降水；③发生于黄河下游华北平原地区，这类气旋占黄河气旋总数的一半以上，多出现在夏半年，常由于冷锋移入由西南向华北的低压倒槽内、或从东北伸向华北的“V”形低压槽中而形成。这类气旋约有 30%能在中国境内发展加深，当气旋东移或进入东北地区时，往往造成渤海和辽东半岛大风，风力一般为 6～7 级，气旋中心所经之地常有大雨或暴雨。

4. 江淮气旋

江淮气旋主要发生在长江中下游。西起宜昌东至长江口的沿江两岸一、二个纬度内是气旋发生最多的区域，淮河流域次之，江西和湖南两省最少。全年均可出现，但以春季和初夏(3—7 月)为最多，约占全年总数的 2/3，其中 6 月份最为活跃。它在春夏两季出现最多，5、6、7 三个月活动最盛。

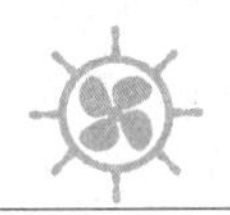

它是造成江淮地区暴雨的重要天气系统之一。另外冷锋后和暖锋前常因暖的雨滴蒸发而形成很低的碎雨云和锋面雾；入夏前春季，一般大陆比海洋冷，在气旋东部，东南风把海上的暖湿空气输送到沿海及大陆，常常冷却而形成平流雾或低云，甚至出现毛毛雨，使得海面能见度十分恶劣。

江淮气旋在陆上一般风速不大，而入海后常常能迅速发展产生较强的大风，暖锋前为偏东大风，暖区为偏南大风，冷锋后则为偏北大风，主要影响黄海南部和中部海面，有时也会影响到黄海北部及渤海一带。

5. 东海气旋

东海气旋是指东海海域内生成和发展的锋面气旋。有的是由江淮气旋波东移入海加深而成。对中国东海、东部沿海、台湾及朝鲜、日本的天气影响很大，常造成这些地区的大风和降水天气。

东海气旋多发生在春季，其次为冬季，夏季最少。东海气旋水汽丰富，因而多阴雨天气，降水区主要分布在气旋中心附近。气旋后部常有偏北大风，大风发生往往很突然，风力以靠近气旋中心苏南、浙江和福建北部最强，有时可达 7～8 级。值得注意的是，台湾海峡由于地形的影响，当冷锋过境时风力更大。

东海气旋生成后向东北方向移动，到达日本南部海面后常会强烈发展，影响范围不断扩大，因而天气与海况十分恶劣。

拓展训练

1. 简述气旋、反气旋的概念和主要特征。
2. 锋面气旋的生命史分为哪些阶段？简述各个阶段的主要特征。
3. 简述西北太平洋强锋面气旋中的风浪分布特征。
4. 简述东亚锋面气旋的主要源地、移动路径等情况。
5. 简述影响我国近海的锋面气旋概况。

模块 3　冷高压

学习目标

掌握冷高压的天气模式

掌握寒潮的天气特征

活动于中高纬度对流层中下层的反气旋由冷空气组成，属冷性反气旋，习惯上又称为冷高压(Cold high)，出现在副热带地区的副热带高压则属暖性反气旋。

冷高压形成于寒冷的中、高纬地区，如北半球的西伯利亚、蒙古、加拿大、格陵兰等地。冷高压在一年四季均有活动，冬季最频繁，是影响中高纬地区的重要天气系统之一。

亚洲的冷高压是世界上最强大的冷高压，对东亚和西北太平洋地区天气和气候都有重大影响，它的活动往往和冷空气活动联系在一起，势力强大的冷高压南下侵入我国，往往带来一次次的寒潮天气过程。

一、冷高压的天气模式

处于冷高压的不同部位天气特征往往是不同的，一般把冷高压大致分为前部、中部和后部三个部分。

1. 冷高压前部(东部)

冷高压入侵时，它所造成的恶劣天气主要位于冷高压前缘的冷锋附近。主要的天气特点：气温明显下降，偏北风较大，并常伴有雨雪。降温幅度和风力大小则由冷空气强度、路径及季节的不同而有差异，冬半年，寒潮或强冷空气带来的天气最为剧烈。在高纬度的海上航行时，处在冷高压的前部除了可能遭遇大风浪外，由于气温剧降，还容易引起船体积冰。

2. 冷高压内部(中部)

冷锋过后，受冷高压内部控制，等压线变得稀疏，风速明显减小。由于盛行下沉气流，气团干冷，故以晴冷、少云天气为主，风力微弱。

在内陆、港口和沿海，由于辐射逆温和下沉逆温的存在易出现辐射雾。冬季可能有层云、层积云出现，夏季可能有淡积云。下沉逆温层上的波动，还易形成波状云。高压中部天气一般维持 2～3 天，以后随着气团的变性增暖，气温开始回升。

3. 冷高压后部(西部)

当冷高压中心入海后，我国沿海地区便处在高压后部，气压逐渐下降，偏南风，风力不大，偏南气流把海上的暖湿空气输送过来，气温有所回升且湿度增大，出现类似暖锋的天气。春季在入海变性的冷高压后部，还常出现平流雾、毛毛雨或层云等天气。

冬季一次强冷高压活动过程，平均为 7 天左右，所以我国民间对冬季冷高压活动有“三寒四暖”的说法。

二、东亚冷高压的源地和活动规律

1. 源地

冷空气是导致天气变化的重要角色。我国大部分地区一年四季都有冷空气活动。冬半年我国常处于东亚大槽后部，冷空气活动对我国天气的影响十分显著，即使在夏季，冷空气活动也是引起大风、降水、冰雹等恶劣天气的重要原因。因此，要做好天气预报必须密切注意上游地区冷空气的活动情况。

据统计，我国平均每 4 天左右就有一次冷空气活动。冷空气与冷高压之间关系十分密切。在冷空气南下前，冷高压提供了形成冷气团的理想环流条件，冷高压的强度能反映冷空气势力的强弱，冷高压强度越强，其前方扩散出的冷空气也越强，强冷空气会给所经之地带来剧烈的降温、霜冻、大风等灾害性天气。

冷空气源地是指冷空气开始形成和聚集的地区。据统计，影响我国的强冷空气源地主要有：①新地岛以西的北方寒冷的洋面，来自这个地区的冷空气最多，达到寒潮强度的也最多；②新地岛以东的北方寒冷的洋面，来自这个地区的冷空气频数不多，但强度较强，达到寒潮强度也较多；③冰岛以南洋面，来自这个地区的冷空气频数较多，但强度较弱，因此达到寒潮强度的较少。

冷空气的路径是指冷空气主体移动的路线。统计结果表明：上述三个源地的冷空气

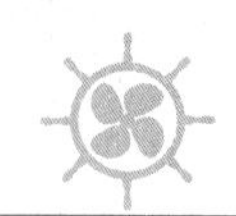

在侵入我国之前，95%都要经过西伯利亚西部地区(70°E～90°E，43°N～65°N)，并在那里积累加强，故该地区称为“寒潮关键区”。如图4-3-1所示：冷空气从关键区南下侵入我国的路径一般有三条：①西北路(中路)：冷空气从关键区经蒙古到达我国河套附近南下，直达长江中下游及江南地区，受该路冷空气影响，长江以北以偏北大风和降温为主，长江以南有常伴有雨雪天气；②西路：冷空气从关键区经我国新疆、青海，从西藏高原东侧南下，主要影响西北、西南和江南各地，这路冷空气一般强度不大；③东路：冷空气从关键区经蒙古到达我国内蒙古及东北地区，以后其主力继续东移，但低层冷空气折向西南，经渤海侵入华北，直达两湖盆地。此路冷空气常使渤海、黄海、黄河下游及长江下游出现东北大风，华北出现连阴雨天气。除上述路径外，还有两股冷空气同时从两路侵入我国，汇合后继续南下的情况，如东路加西路冷空气。

2. 活动规律

冷空气从关键区到入侵我国西北地区，一般需要1～2天；入侵华北、东北地区，一般需要3天左右；而入侵长江以南，约需4天左右。

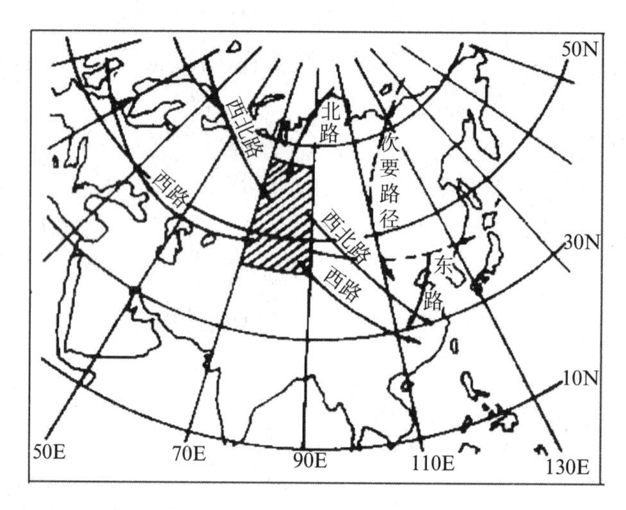

图4-3-1 影响我国的冷空气源地、路径及关键区

冷高压的移动受其上空3～5 km高度的气流的引导，移向和高空气流相一致，总体上是自西向东或自西北向东南方向移动，一般用700 hPa气流来预报地面冷高压的移动效果较好。实际上冷高压的移动情况有多种形式，有时是整个高压一起移动，有时是高压中心基本不动，只是向某个方向或两个方向伸出高压脊，伸出的高压脊也可以发展成一个脱离母体的单独的高压中心。冷高压在东移和南下过程中，由于变性会使高压中心产生分裂，它们在我国消失者不多，多数经我国后东移入海，在海上变性为暖高压，最后并入副热带高压中。

三、寒潮

1. 寒潮的概念和警报

寒潮(Cold wave)是冬季的一种灾害性天气，是指北方的冷空气大规模地向南侵袭我国，造成大范围急剧降温和偏北大风的天气过程。寒潮一般多发生在秋末、冬季、初春时

节。我国气象部门规定：冷空气侵入造成的降温，24 h 内达到 10 ℃以上，而且最低气温在 5 ℃以下，则称此冷空气爆发过程为一次寒潮过程。可见，并不是每一次冷空气南下都称为寒潮。由于这种冷空气来势凶猛，如同汹涌的潮水一样，所以我国气象工作者把它称作“寒潮”或“寒潮爆发”，在国际上也有称“寒流”或“冷波”的。

但由于我国幅员辽阔，同一标准很难适合各地的情况，故后来中央气象台又根据冷空气的强度和范围作了新的补充规定：一次冷空气活动，使长江中下游及以北地区 48 h 内降温 10 ℃以上，长江中下游（春季为江淮地区）最低气温达 4 ℃或以下，并且陆上由三个大区伴有 5～7 级大风，渤海、黄海、东海先后有 6～8 级大风，称为寒潮。如果上述区域 48 h 内降温达 14 ℃，其余条件相同，则称为强寒潮。而未达到以上标准的，则称为一般冷空气或较强冷空气活动。国家气象局根据冷空气的强度和影响范围，把冷空气活动划分为全国性寒潮、区域性寒潮、强冷空气和一般冷空气四类。

寒潮的爆发需具备两个基本条件：一是要有冷空气的酝酿和积聚过程；二是要有引导冷空气侵入我国的合适流场。

气象部门的寒潮预警信号有四种，分别是：寒潮蓝色预警信号、寒潮黄色预警信号、寒潮橙色预警信号、寒潮红色预警信号。寒潮蓝色预警信号标准：48 h 内最低气温将要下降 8 ℃以上，最低气温小于等于 4 ℃，陆地平均风力可达 5 级以上；或者已经下降 8 ℃以上，最低气温小于等于 4 ℃，平均风力达 5 级以上，并可能持续。寒潮黄色预警信号标准：24 h 内最低气温将要下降 10 ℃以上，最低气温小于等于 4 ℃，陆地平均风力可达 6 级以上；或者已经下降 10 ℃以上，最低气温小于等于 4 ℃，平均风力达 6 级以上，并可能持续。寒潮橙色预警信号标准：24 h 内最低气温将要下降 12 ℃以上，最低气温小于等于 0 ℃，陆地平均风力可达 6 级以上；或者已经下降 12 ℃以上，最低气温小于等于 0 ℃，平均风力达 6 级以上，并可能持续。寒潮红色预警信号标准：24 h 内最低气温将要下降 16 ℃以上，最低气温小于等于 0 ℃，陆地平均风力可达 6 级以上；或者已经下降 16 ℃以上，最低气温小于等于 0 ℃，平均风力达 6 级以上，并可能持续。

2. 寒潮过程的一般天气特征

寒潮冷锋过境前，多吹偏南风，风力较弱，天气相对较温暖。随着冷锋的接近，气压下降，水平气压梯度增大，偏南风相应加大。冷锋一过境，风向便转为偏北风，气压急剧上升，气温急剧下降。寒潮大风在海上一般为 6～8 级，最大可达 10～11 级，能激起很高的海浪。渤海、黄海、东海北部多为西北到北风，东海南部和南海多为东北风，大风持续时间一般为 1～2 天，有时在 2 天以上。

除了东亚寒潮之外，在北美洲，在一定高空环流形势下向南爆发也能形成寒潮天气，冬季常常影响美国中部和东部，有时甚至影响墨西哥沿岸海域。此外，欧洲和南半球的澳大利亚也有寒潮天气过程发生。

拓展训练

1. 简述影响我国的冷高压主要源地、路径及活动规律。
2. 说明典型冷高压的天气模式。
3. 何为寒潮？国家气象局发布的寒潮警报的标准是什么？
4. 简述影响我国的寒潮源地和侵入我国后南下的路径。

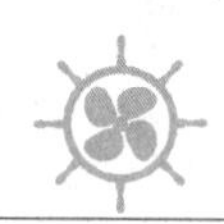

模块 4　副热带高压

学习目标

掌握副热带高压的天气特征

掌握西太平洋副高的特点及对中国气候的影响

一、副热带高压概述

1. 副热带高压的定义、形成及天气特征

副热带地区是指两个半球的 20°～35°纬度的地区，这里经常出现的暖性高压称为副热带高压(Subtropical high)，简称“副高”。副热带高压主要位于海洋上，无论冬、夏都存在，且冬弱夏强。由于海陆分布的影响，副热带高压带在北半球常常断裂成若干个具有闭合中心的高压单体，分别称为北太平洋副热带高压(又称夏威夷高压)、北大西洋副热带高压(又称亚速尔高压)。南半球由于陆地稀少，副热带高压仍为带状结构。

副热带高压是永久性的暖性深厚系统，它是控制热带、副热带地区的行星尺度的大气活动中心，是组成大气环流的重要成员之一。它对中、高纬度地区和低纬度地区之间的水汽、热量、能量的输送和平衡起着重要的作用。西北太平洋副高对西北太平洋热带气旋的移动路径具有决定性的影响。

2. 副热带高压的活动规律

副热带高压的强度、范围和位置随季节发生变化。夏季北半球副热带高压的强度、范围迅速增大，盛夏增至最强，范围几乎占北半球的 1/5～1/4，位置偏北。冬季，北半球副高强度减弱，范围缩小，位置南移。

二、西太平洋副热带高压

1. 表征西太平洋副热带高压的特征指数

在实际工作中常用以下两种方法来确定西太平洋副热带高压的位置移动：①以高压中心位置的变化来表示，高压中心的南北移动，表示副高的北进和南退；②是以 500 hPa 图上副高东西向脊线位置的变化表示，脊线的南北移动表示副高的北进和南退。

西太平洋副高强度的变化通常用以下两种方法来确定：①以高压中心气压值变化来表示，高压中心气压值增加，代表副高增强，高压中心气压值减小，代表副高减弱；②以 500 hPa图上 588 线所包围的面积变化来表示。500 hPa 图上的 588 位势什米等高线表示副高边缘所伸展的范围。588 线的范围西伸扩展，表示副高增强，588 线的范围东撤缩小，表示副高减弱。

2. 西太平洋副热带高压的季节活动规律

西太平洋副高有明显的季节变化。从春到夏，副高不断北进，入秋以后又南退。图 4-4-1和表 4-4-1 给出了副热带高压月平均位置的移动。从图中可见，冬季副高脊线在 15°N 附近徘徊，强度较弱，随着天气的转暖，脊线开始缓慢北移，大约到 6 月中旬，副高脊线出现第一次北跳，北跃至 20°N 以北，并稳定在 20°N～25°N 之间。到 7 月中旬，脊

线再次北跳，跃过 25°N，稳定在 25°N～30°N 之间，7 月底到 8 月初，脊线跨过 30°N 到达一年中最北的位置。从 9 月份起，脊线开始南退并减弱，9 月上旬脊线第一次回跳到 25°N 附近，10 月上旬回跳到 20°N 以南地区，从此结束了以一年为周期的季节性南北移动。

西太平洋副高还有非季节性的短期变化，主要表现为副高偏强或偏弱趋势以及副高西伸东退、北进南缩的周期变化。短期变化大多是受副高周围天气系统活动影响而引起的。这种短期变化持续时间长短不一，短期活动在夏季最为明显。

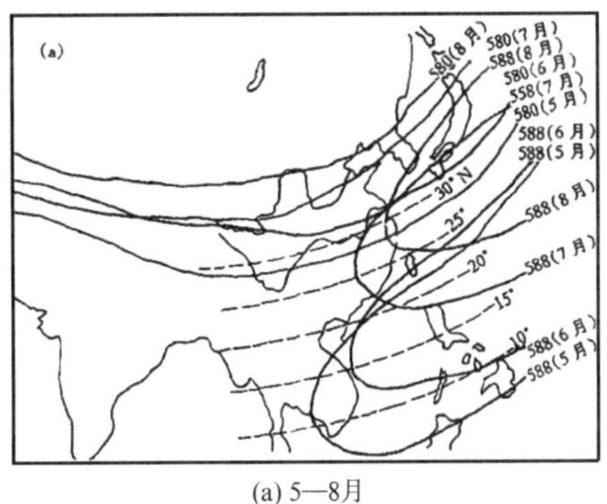

(a) 5—8月

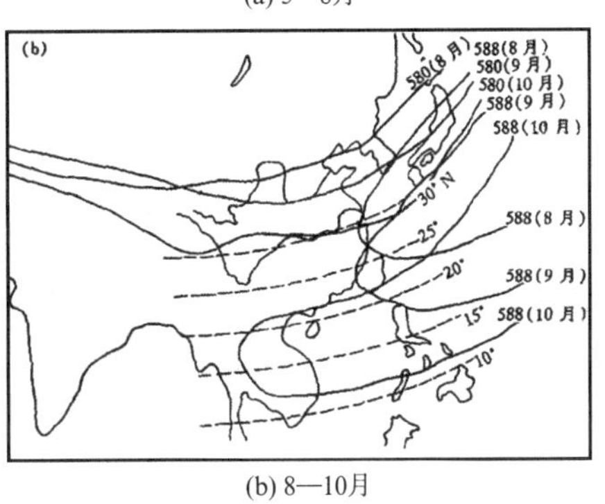

(b) 8—10月

图 4-4-1　西太平洋副热带高压月平均位置

三、西太平洋副热带高压天气模式

副高的不同部位，其结构特点不同，天气也不同。在高压内部为下沉气流区，多晴朗少云天气，风力微弱，天气温暖。在高压东部为偏北的冷气流，且大洋东部存在着冷的涌升流，大气层结稳定，大洋上有时会出现低的层云和雾。在副高的西部是偏南向的暖气流，而且位于暖海流上空，大气层结不稳定，多雷阵雨和大风。副高的北侧与盛行西风带相邻，气旋和锋面活动频繁，上升运动强，形成大范围的雨带，雨带通常位于副高脊线以北 5～8 个纬距处，走向大致和脊线平行。副高南侧是信风气流（东风），通常风向稳定，风力不大，天气晴好。但当有热带气旋等天气系统时，则会出现雷暴、大风、暴雨等恶劣天气，如图 4-4-2 所示。

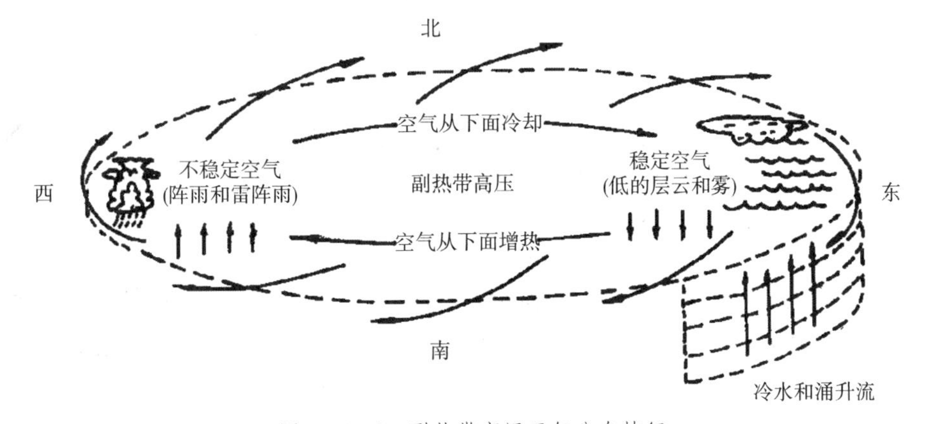

图 4-4-2　副热带高压天气分布特征

四、西太平洋副高活动对中国东部沿海天气的影响

西太平洋副高对我国东部地区旱涝、近海的天气影响很大，上半年更为突出。副高的季节性位移影响着我国东部雨带的南北移动，如表 4-4-1 所示。当副高脊线位于 20°N

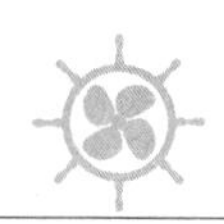

以南时，雨带位于华南，称为华南雨季。从2—4月，副高脊线由18°N以南的南海北部缓慢北进，3—4月华南雨量缓慢增加，5月上、中旬到6月上旬，副高脊线位于18°N～20°N，华南沿海的雨量陡增，6月上旬达最大，这段时间一般称为华南前汛期。到6月中旬左右，副高脊线北跳过20°N，稳定在20°N～25°N之间时，雨带北移至长江中下游和日本一带，华南降水迅速减少，也标志着华南前汛期的结束，长江中下游梅雨期(即江淮的梅雨季节)开始。到了7月中旬前后，副高脊线第二次北跳，跃过25°N，稳定在25°N～30°N之间，此时雨带移到了黄淮流域，称为黄淮雨季，长江中下游的雨量迅速减少，梅雨结束，开始被西太平洋副高所控制，天气炎热少雨，若副高强大，控制时间长，还会造成严重的干旱。此时的华南又开始多受热带气旋的影响，进入第二个雨量集中期，称为华南后汛期。从7月底到8月初，副高脊线进一步北跃过30°N，雨带也移至华北、东北地区，华北雨季开始，黄淮地区进入酷暑盛夏。9月副高开始南退，雨带也随之南撤。当副高脊线南退回25°N以南后，长江流域进入秋雨季节，脊线退到20°N以南时，华南又多阴雨。

表4-4-1　副高位置的变化已经与我国雨带之间的关系

季节	副高脊线位置	雨带位置
冬季	15°N附近徘徊	位于华南(27.5°N以南地区)，3—6月为华南雨季，其中5—6月为华南前汛期
2—4月	由18°N以南的南海北部缓慢北进	
5月上、中旬至6月中旬前后	18°N～20°N	
6月中旬前后	北跃过20°N，后在20°N～25°N之间徘徊	长江中下游和日本一带，梅雨季节；华南酷暑盛夏
7月上、中旬	北跳过25°N，后在25°N～30°N之间摆动	黄淮流域，黄淮雨季；长江中下游酷暑盛夏，华南后汛期开始
7月底或8月初	跨越30°N，达一年中最北的位置	华北、东北地区，华北雨季；黄淮酷暑盛夏
9月上旬	回跳到25°N附近	南撤，长江中下游秋雨季
10月上旬	回跳到20°N以南	南撤，华南又多阴雨

副高的变动和某些地区的旱涝关系极为密切，副高的南北季节性移动出现异常时，往往会造成一些地区干旱，另一些地区洪涝的反常现象。

春末夏初，当西太平洋副高显著加强时，若我国东部沿海有低压(槽)发展，即构成"东高西低"的形势，副高脊线的西部常出现东南大风。当海上西北太平洋副高脊稳定加强，与发展强盛的东北低压构成南高北低形势时，高压西北部我国北部沿海一带常出现西南大风。

此外，若副高西伸脊的边缘正好控制我国沿海时，其西侧的偏南气流将低纬的暖湿空气输送到沿岸冷流水域时，常常形成大范围的平流雾或低云。另外，副高对西北太平洋热带气旋的移动路径也具有决定性的影响。

拓展训练

1. 叙述副热带高压的成因及其基本分布特征。
2. 如何表示副高位置？简述副高的季节性变化规律。
3. 说明副高各部位的天气特征。
4. 简述西太平洋副高对我国东部沿海天气的影响。
5. 比较副高与冷高压的不同。

模块5　热带气旋

学习目标

掌握全球热带气旋的名称和强度等级标准
掌握热带气旋的结构和天气特征
掌握热带气旋的形成条件和移动规律
熟悉船舶避离热带气旋的方法

一、热带气旋概述

1. 热带气旋的定义

热带气旋(Tropical cyclone)是发生在热带洋面上的一种强烈的暖性气旋性涡旋，它是一种强大而深厚的热带天气系统，强热带气旋是地球上最强烈的自然灾害之一。热带气旋是大气循环的一个组成部分，它能够将热能由赤道地区带往较高纬度，也可为内陆地区带来丰沛的雨水。

2. 热带气旋的名称和强度等级标准

(1) 命名

对热带气旋命名或编号有助于对热带气旋的识别。世界气旋组织(WMO)规定当热带气旋近中心最大平均风力达到8级及以上时，即对其进行命名或编号。

北大西洋、东北太平洋、北印度洋及南半球的热带气旋一直采用给热带气旋命名的方法来识别热带气旋。各区域的具体做法不尽相同，有的地区命名表循环使用，有的地区时常制定新的命名表。

西北太平洋地区多年以来有一个为热带气旋编号的制度。我国一直采用热带气旋编号方法，对发生在180°E以西赤道以北的西北太平洋和南海海面上的中心附近最大平均风力达到8级或8级以上的热带气旋，按其生成的先后顺序进行编号，以后其强度升级，但编号不变。如9808号热带风暴即是1998年在上述海域生成的第8个热带气旋，当它发展成强热带风暴时，就称为9808号强热带风暴，当它继续发展成台风时，就称为9808号台风。

根据1998年12月1日至7日在非律宾马尼拉举行的台风委员会第31届会议的决定，从2000年1月1日起，西北太平洋和南海热带气旋采用统一的具有亚洲风格的名字命名。亚太地区14个成员(柬埔寨、中国、朝鲜、中国香港、中国澳门、日本、老挝、马来西亚、密克罗尼西亚联邦、菲律宾、韩国、泰国、美国和越南)提供(每个成员提供10个名字)的140个具有风土人情味、容易发音、没有歧义的名字为其命名，同时保留原有热带气旋编号。热带气旋英文名和编号由东京台风中心确定，我国提供的10个名字有：玉兔、悟空、杜鹃、龙王、海神、电母、风神、海马、海燕、海棠。命名表按顺序循环使用，如某个热带气旋造成了巨大财产损失，该热带气旋的名字则将从命名表中删除，以便在台风气象灾害史上作为标志性的事件永久记录，同时提出新的名字替代。如：2005年龙王更名为海葵，2006年桑美更名为山神。西北太平洋和南海热带气旋最新命名表见附录六。

（2）等级

国际上根据热带气旋中心附近最大风力对其进行分级，1989年世界气象组织规定，按照热带气旋中心附近平均最大风力的大小，把热带气旋划分成如下四类：

热带低压 TD(Tropical Depression)　　风力≤7级(风速≤33 kn)
热带风暴 TS(Tropical Storm)　　风力8～9级(风速34～47 kn)
强热带风暴 STS(Severe Tropical Storm)　　风力10～11级(风速48～63 kn)
台风 T(Typhoon)　　风力≥12级(风速≥64 kn)

我国自1989年1月1日起开始采用国际热带气旋分类标准。2006年6月15日我国颁布了一套新的《热带气旋等级》标准，与以前相比，新标准将风力≥12级的热带气旋做了详细的分类，增加了强台风和超强台风两个等级。分类方法如下：

热带低压 TD(Tropical Depression)　　风力≤7级
热带风暴 TS(Tropical Storm)　　风力8～9级
强热带风暴 STS(Severe Tropical Storm)　　风力10～11级
台风(Typhoon)　　风力12～13级
强台风(Severe Typhoon)　　风力14～15级
超强台风(Super Severe Typhoon)　　风力≥16级

需要注意的是各国家和国际组织对于热带气旋的分类等级标准有所不同。如北大西洋和西北太平洋地区，采用如下划分方法：

热带低压 TD(Tropical depression)　　风力≤7级(风速≤34 kn)
热带风景 TS(Tropical storm)　　风力8～11级(风速34～63 kn)
飓风 H(Hurricame)　　风力≥12级(风速≥64 kn)

3. 热带气旋警报

我国中央气象台根据热带气旋逼近我国沿海的时间和强度发布热带气旋预警信号，根据逼近我国沿海的时间和强度，分别以蓝色、黄色、橙色和红色表示。蓝色预警信号标准：24 h内可能或者已经受热带气旋影响，沿海或者陆地平均风力达6级以上，或者阵风8级以上并可能持续；黄色预警信号标准：24 h内可能或者已经受热带气旋影响，沿海或者陆地平均风力达8级以上，或者阵风10级以上并可能持续；橙色预警信号标准：12 h内可能或者已经受热带气旋影响，沿海或者陆地平均风力达10级以上，或者阵风12级以上并可能持续；红色预警信号标准：6 h内可能或者已经受热带气旋影响，沿海或者陆地平均风力达12级以上，或者阵风达14级以上并可能持续。

另外，我国中央气象台根据热带气旋的不同等级标准发布消息、警报和紧急警报。预计未来72 h热带气旋可能影响我国沿海时，发布热带气旋消息；预计未来48 h热带气旋可能影响我国沿海时，发布热带气旋警报；预计未来24 h热带气旋可能影响我国沿海时，发

布热带气旋紧急警报。

4. 热带气旋天气

热带气旋来临时，会带来狂风暴雨天气，海面产生巨浪和风暴潮，严重威胁海上船舶航行安全。

(1) 狂风

热带气旋风速有很大阵性，强热带气旋的平均最大风速常可达 60～70 m/s，有的最大风速可达 1 000 m/s。热带气旋登陆后，由于摩擦力加大和水汽供应减少，强度都要减弱，风力也没有海上大，尽管如此，登陆后出现 12 级以上的大风还是经常见到的。登陆后热带气旋的风速受地形影响较大，一般将，平原地区的风速比山区大。

(2) 暴雨

热带气旋带来的降水强度是各类暴雨系统中最强的。通常一次热带气旋过程能造成 300～400 mm 的特大暴雨，有的热带气旋过程降水量超过 1 000 mm。7503 号热带气旋导致河南的大暴雨过程，3 天降水量为 1 631 mm，是该地区年降水量的 2 倍。

(3) 巨浪

一般风力达 8 级，可产生 5 m 以上的大浪，12 级以上的风可产生十几米的巨浪。

(4) 风暴潮

台风内部气压很低，可引起海面的上升。一个发展成熟的台风，因气压的降低可使潮位抬高数十厘米。台风登陆时，巨浪冲击海岸，使潮位猛增，若遇天文大潮，巨浪伴随大潮，引起海水倒灌，对沿海造成巨大威胁。例如，孟加拉国在 1970 年 11 月和 1991 年 6 月受热带气旋袭击，热带气旋所带来的风暴潮和洪水造成死亡 30 万人和 13.9 万人的重大灾难。

二、热带气旋的发生源地、季节及生命史

1. 全球热带气旋发生的源地及季节

热带气旋主要发生在南北半球 5°～20°纬度带的海洋上(副高低纬一侧，赤道辐合带、东风波中)，大洋西部多于东部，北半球多于南半球，全球平均每年约有 80 个热带气旋产生，其中约有 1/2～2/3 达到台风或飓风强度。北半球发生较多，占全球总数的 73%；南半球较少，占全球总数的 27%。北太平洋占全球发生总数的 1/2 以上，达 52%，西北太平洋占全球总数的 1/3 以上，达 36%。相对集中出现在以下 8 个特定区域(源地)：西北太平洋、东北太平洋、西北大西洋、孟加拉湾、阿拉伯海、南印度洋东部和西部、西南太平洋，如图 4-5-1 所示。

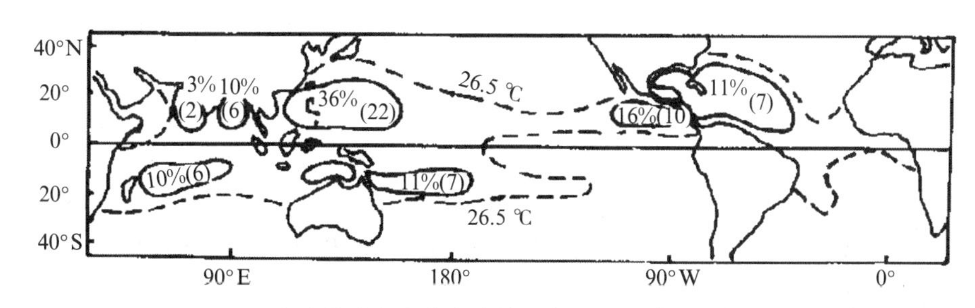

图 4-5-1　全球热带气旋发生次数及占全球总数百分率的区域分布

南大西洋和东南太平洋至今未发现热带气旋发生，赤道两侧 5°纬度范围内也几乎没有热带气旋发生。

热带气旋一年四季均能发生。但北半球除孟加拉湾和阿拉伯海外，出现最多的月份是7—10月。在南半球出现最多的月份是1—3月。其他月份则显著减少。

由于强西南季风的影响，孟加拉湾热带气旋发生数盛夏很少，在季风盛衰交替的10—11月份最多，5月份其次；阿拉伯海7、8月份几乎无热带气旋发生。

2. 西北太平洋热带气旋发生的源地

西北太平洋热带气旋发生的区域，南起3°N，北至37°N，南北宽达34°，但主要集中在5°N～22.5°N之间，91%的热带气旋发生在这个范围内。热带气旋源地相对集中在关岛西南方洋面、加罗林群岛中部洋面和南海中部3个地区。西北太平洋热带气旋达到台风强度的地区由关岛西南方至菲律宾以东5～10个经距的洋面上，这里是热带气旋加强为台风的主要地区。此外，南海也是热带气旋经常加强的地区，许多热带气旋移至南海后发展为台风。热带气旋移至南海后发展到台风强度的次数要比在南海本地发生的台风次数多1/3以上

西北太平洋7—10月是热带风暴盛行季节（我国称为台风季节），以8、9月最多，1—4月份几乎没有热带气旋在我国登陆。

我国滨临西北太平洋.是全球受热带气旋影响最大的国家之一。据统计，年均有20.1个热带气旋进入海岸线300 km的沿海海域，其中频率最大的是南海，占总数的60.4%。我国每年平均有8个热带气旋登陆，而华南沿海占58.1%，其次是华东沿海，占37.3%。登陆热带气旋集中出现在5—12月，其中7～9月占全年登陆热带气旋总数的76.4%，是热带气旋袭击我国的高峰季节，1—4月几乎没有热带气旋在我国登陆，最多年份的登陆热带气旋数可达12个，最少年份为3个（1998年）。

3. 热带气旋的生命史

热带气旋的生命期（从形成闭合环流起直到消失或转变为温带气旋为止）一般为3—8天，最长的可选20天以上，最短的仅1～2天。夏、秋季生命期较长，冬、春季较短。对于中心风力达到12级（台风）的典型热带气旋，其生消过程通常可分为4个阶段：①初生阶段，从开始发展到风力达到6级风力时；②加深阶段，中心气压达到最低值、风速达到最大值时；③成熟阶段，中心气压不再加深，风力不再增强，但大风和雨的范围扩大；④消亡阶段，进入中、高纬，因冷空气侵入而转变为温带气旋或登陆消失。

三、热带气旋的结构和天气海况特征

发展成熟的热带气旋其要素多呈圆形对称分布，圆形涡旋的直径一般为600～1 000 km，个别可达2 000 km以上。热带气旋垂直伸展一般到对流层上部，个别可达到平流层下部（15～20 km）。

热带气旋的中心强度海平面气压一般都在950 hPa以下。历史上的最低记录达877 hPa，风速达110 m/s。

在地面天气图中热带气旋区域内等压线非常密集，这是热带气旋的一个显著特征。气压曲线变化急剧，并呈漏斗状。在台风环流靠近时，气压开始缓慢下降，当接近台风中心时，陡然下降，台风中心过后，气压迅速回升。

热带气旋的地面流场，按风速大小通常可分为三个区域：①外圈，又称外围区，自热带气旋边缘向里风速逐渐增大，风力一般在8级以下，呈阵性，开始下雨，并逐渐增大；气温升高，湿度增大，天气闷热。②中圈，又称涡旋区，风力在8级以上。风力向台风中心急速增

大，并在台风眼壁处达最大；气压急剧下降，气压自记曲线呈漏斗状；雨层云，雨层云和外圈的多种云系组成螺旋云带旋向台风眼壁，台风眼壁为高大的积雨云组合成的宽数十公里、高达 8～9 km 的环状垂直云墙；出现雨层云时开始降大暴雨，积雨云云墙下下倾盆大雨，能见度恶劣，是台风中最大降水所在之处。③内圈，又称眼区，直径一般为 10～50 km，最小的 10～20 km，最大的可达 100～150 km。热带气旋越强，眼的直径相对较小。眼中心气压最低，眼周围是近于垂直的高耸云墙，也称眼壁。在眼壁附近风速达极大值，眼区内风速急剧减小。暴雨立刻停止，天空豁然开朗，有时可见蓝天，夜间星光明亮。眼中微风或静风，但海况十分恶劣，有巨大的金字塔形浪，俗称三角浪。

据统计，一个正常移动的台风正面过境时，从 8 级风力开始，逐渐增大到 12 级，再降到 8 级风力，通常总共要经历 8～9 h，其中最紧张阶段，即 11 级以上风力所经历时间约 4 h，台风眼过境时间约 0.5～1.5 h。图 4－5－2 是通过热带气旋眼区的垂直剖面图。

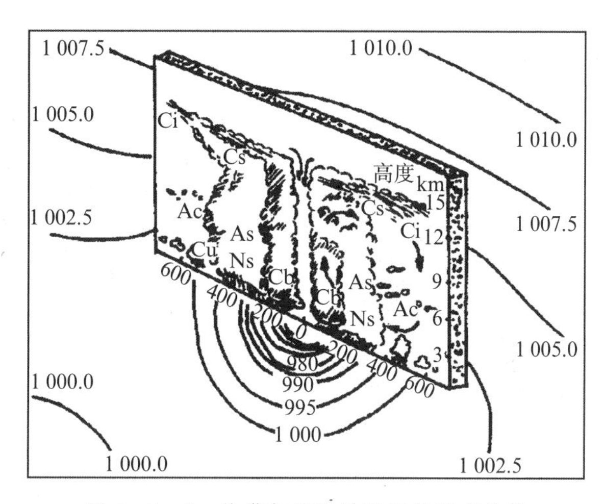

图 4－5－2　热带气旋通过眼区的垂直结构

四、热带气旋的形成条件

1. 暖性洋面，洋面水温高于 26.5 ℃

热带海洋上低层大大气的温度和湿度，主要取决于表层海水温度（SST）。SST 越高，则低层大气的气温越高、湿度越大，位势不稳定越明显。南大西洋和东南太平洋海水温度较低，所以该海域几乎没有热带气旋形成。

2. 低层初始扰动的存在

热带气旋都是从一个原先存在的热带低压扰动发展而形成的。据统计，西太平洋—南海地区热带气旋来源于四种初始扰动：热带辐合带中的扰动，约占 80%～85%；东风波，约占 10%；斜压性扰动，约占 5%以下；高空冷涡或中高纬长波槽中的切断低压，约占 5%。

3. 地转参数大于一定值

地转参数的作用有利于气旋性涡旋的生成。赤道上地转参数为零，赤道两侧 5°以内地区地转参数非常小，所以这些地区即使有热带扰动存在，也易被辐合气流所填塞而无法形成强的水平涡旋。因此，热带气旋都生成于离赤道 5°以外的地区，只有西北太平洋上有个别热带气旋形成于 3°N 附近。在赤道附近 3 个纬距内从未发现有热带气旋形成。

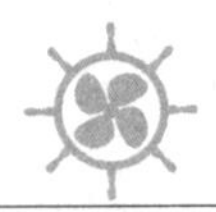

4. 对流层风速垂直切变要小

对流层垂直切变的大小，决定着一个初始热带扰动中分散的对流释放的潜热能否集中在一个有限空间内。如果垂直切变小，上下层空气相对运动小，则凝结释放的潜热始终加热一个有限范围内的同一些气柱，而使之很快增暖形成暖中心结构，初始扰动能迅速发展形成热带气旋。反之，如果上下切变大，潜热很快被输送到上空，不能形成暖性结构，也不可能形成热带气旋。加拉湾和阿拉伯海，盛夏低空盛行强西南季风，高层有强东风存在，风的垂直切变很大，因而热带气旋发生数很少，但在春秋两季，风速垂直切变小，热带气旋发生数相应增多。

五、热带气旋的移动

1. 世界大洋热带气旋的典型移动路径

全球热带气旋的大部分路径近似抛物线型，北半球为右旋抛物线型，南半球为左旋抛物线型，南北半球抛物线弯曲的方向正好相反，如图 4-5-3 所示。

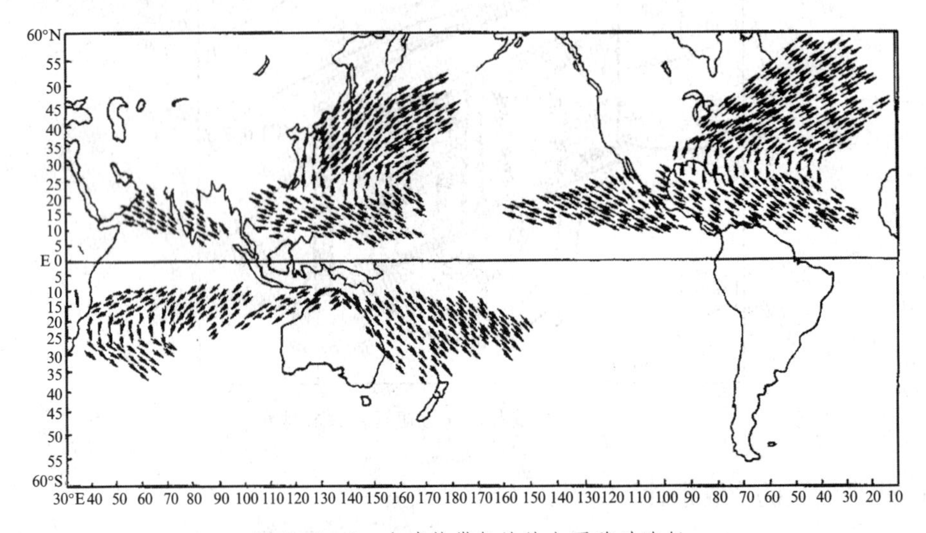

图 4-5-3　全球热带气旋的主要移动路径

在西北太平洋，热带气旋的常规路径如图 4-5-4 所示，大致有三条：①西行路径，沿此路径的热带气旋对中国华南沿海地区影响最大；②西北（登陆）路径，沿此路径的热带气旋对中国华东地区影响最大，对内陆也有不同程度的影响；③转向路径，这条路径一般对我国影响较小，但若转向点靠近我国大陆时，则对中国东部沿海地区影响最大。一般 6 月前和 9 月后的热带气旋主要走 1、2 路径，7、8 月主要走 2、3 路径。

除常规路径外，热带气旋还可能走成如打转、蛇形、突然折向、回旋等异常路径，这些异常路径基本出现在热带气旋转向前。

热带气旋的移动速度平均约为 20～30 km/h。转向后快于转向前，转向时移速较慢，停滞打转时移速最慢；减弱阶段快于加强阶段；高纬快于低纬。

2. 影响热带气旋移动的因子

(1) 副热带高压的影响

副热带高压对热带气旋的移动，特别是转向前得移动路径起主要作用。当副高强大、稳定、呈东西带状分布时，当热带气旋位于副高南侧时将向偏西方向移动；当热带气旋位于副高西侧时，将向北移动；当热带气旋位于副高北侧时将向东移动。

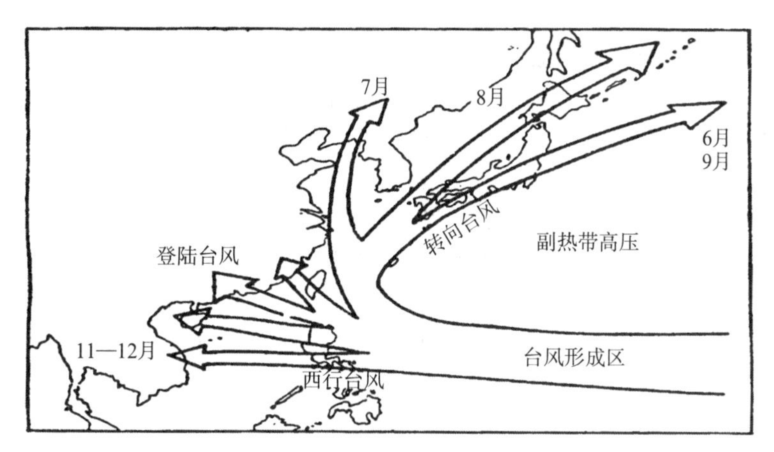

图 4-5-4　西北太平洋热带气旋的主要移动路径

(2) 西风带长波槽、脊的影响

西风带长波槽脊的演变，对热带气旋的移动也有相当大的影响，其影响主要在热带气旋转向后。

(3) “双台风”效应

在一定范围内同时存在两个热带风暴等级以上热带气旋，且两者中心距离在 20 个纬距内时，这种现象称为“双台风”，在西北太平洋夏秋季节较常见到。出现双台风时，由于气旋性流场的作用，两个热带气旋将绕它们中心联线的“质量中心点”作逆时针方向旋转，距离越近，旋转角度越大，这称为“藤原效应”。此时，彼此的路径相互受到影响，出现停滞、摆动或打转等异常路径。

高空冷涡也能和热带气旋产生互旋，原理和双台风效应类似。

六、南海热带气旋

1. 南海热带气旋的活动概况

南海是我国与南亚、非洲和欧洲等地区之间的重要航道。这里平均每年达到热带风暴强度的热带气旋约有 9 个，约占西北太平洋总数的 1/3，相当于北大西洋出现的总数。这些热带气旋中，有大约一半是在西太平洋形成之后从菲律宾以东移入南海的，其余一半是在南海地区由热带低压发展而成。南海热带气旋全年各月都有发生，其中 8—9 月最多，1—4 月极少有热带气旋发生，多出现在南海中北部(12°N～20°N，112°E～120°E)洋面。影响南海的热带气旋约有一半在华南沿海一带登陆，登陆的时间大多集中在 7—9 月。

2. 南海热带气旋的特点

与西北太平洋热带气旋比较，南海热带气旋强度弱，强度大的热带气旋仅占 1/3 左右；水平范围小，平均半径约为 300～500 km，最小的不到 100 km；垂直伸展高度较低，垂直伸展高度约 6～8 km，最高达 10 km 左右。南海热带气旋的这些特点一半认为是其形成后很快登陆，没有得充分发展的缘故。

在南海有时会出现一种小而强的热带气旋，俗称“豆台风”(Midget typhoon)。它具有

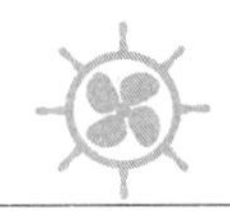

小而强，发展迅速、强度强、移动快，破坏力大等特点。这种热带气旋有时只有小的台风涡旋环流，连闭合等压线都分析不出来。这种小而强的热带气旋，若不注意，同样可以带来巨大的损失。

另外在南海还会出现一种“空心台风”，它外围风力比中心附近风力(4～5级)大，气压自记曲线呈“脸盆”状，发展较前者慢，破坏力也较前者小。这类热带气旋一般出现在秋冬季节南海海面，热带气旋本身较弱，但由于它的北半圆受到冷锋影响，外围风力可达10～11级。

3. 南海热带气旋的路径

南海热带气旋因其范围小、强度弱，移动路径受高空流场影响较大。常见路径大致可以分为三种，如图4-5-5所示。①正抛物线形路径，多发生在5—6月；②倒抛物线形路径，多发生在7—8月；③西移形路径，多发生在6—12月，6—9月西移路径偏北，10—12月偏南。此外，打转后北上路径也较多见。南海热带气旋的异常路径中，较多的是双台风和突然折向问题。

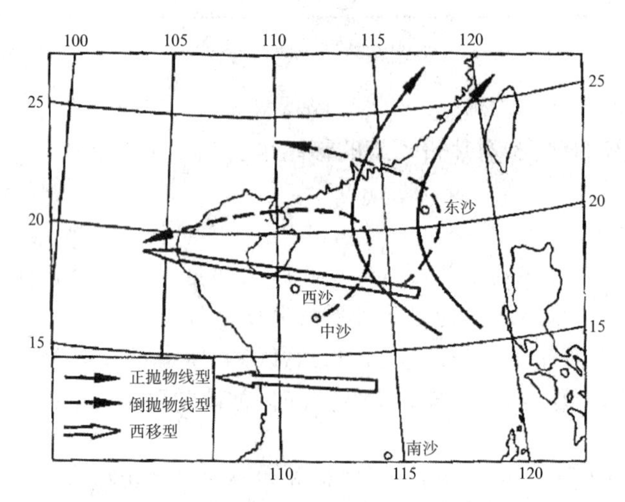

图4-5-5 南海热带气旋主要移动路径

双台风现象一般发生在7—9月。一般来说，当东西两个台风距离≤14纬距时，两个台风之间的相互作用就比较明显，导致台风路径复杂多变。突然折向是指北上热带气旋的突然西折。盛夏季节发生的西折主要由海上副高和大陆副高的强度、位置变化造成。入秋以来(9月下旬到11月)的突然西折路径则与冷空气活动有关。秋季冷空气南下到华南和南海北部时，使南海低层流场转为一致的E～NE风，北上热带气旋受此偏东气流引导将折向西行。

七、船舶测算和避离热带气旋

正确认识热带气旋来临前的征兆，可以帮助我们判断航行海区附近是否有热带气旋活动，其中有些预兆具有很高的参考价值。

1. 热带气旋来临前的征兆

(1) 涌浪

热带造成的涌浪，能向四周传播到很远的距离。传播速度比热带气旋本身快3倍以上，因此，在热带气旋来临之前的1～2天，涌浪往往先到达。如果无风来涌浪，说明远处可能有热带气旋存在。另外，从涌浪的来向还可以判断热带气旋中心所在的

方向，但须注意，涌浪在前进过程中如受到岛屿或陆地的阻挡，可能改变方向和强度。天气谚语“无风起长浪，不久风雨狂”，这里的长浪就是涌浪，风雨狂是由后面的热带气旋带来的。

（2）云和天色

在海边，台风来临前的1～2天，在早晚时会看见大量的底部扁平顶部凸起的浓积云（有些地方叫“和尚云”）由海面吹向内陆，到达陆地后消散，这是由于台风外围环流和海陆风作用形成的。这种云的出现意味着海面有台风环流存在。

当热带气旋外围接近时，天空出现辐射状卷云，并逐渐变厚、变密，辐射状卷云中心的方位就是热带气旋所在的方位。随着热带气旋的移近逐渐出现了卷层云、高层云和层积云，低空伴有的灰黑色的碎层云和碎积云随风急驶。在中纬度地区，高云一般从偏西向偏东方向移动，当热带气旋西行时，高云随热带气旋自偏东向偏西方向移动。所以如果看到高云移向反常时，也可作为热带气象来临的征兆。

当距热带气旋中心约1 000 km时，有时会看到天空的颜色由正常转变成早、晚霞一般的色彩。这种变化不一定发生在早晚，因此不会与早、晚霞混淆起来。

（3）风

当热带气旋接近时，当地的盛行风会发生改变（风向的改变视台风位置决定）。在信风区域内，若小范围内发现东风风速比平均值大25%以上时，就应当提高警惕，尤其是在流线有气旋性弯曲的地方。

（4）气压

随着热带气旋的接近，气压明显下降，日变化消失。

（5）气温

在热带气旋来临之前的2～3天，气温会反常上升出现炎热天气，这是由于台风外围高空气流下沉引起的。

2. 台风中心方位判定法

（1）利用云和涌的特点判定

如前所述辐射状卷云在水天线上的汇合点方向，基本就是热带气旋中心所在的方位。在外海，有规律且不断增强的涌浪的来向，就是热带气旋中心所在的方位。

（2）利用风压定律和风力大小判定

当船舶受到热带气旋环流影响时，根据船上测算的真风判断其中心方位。背真风而立，以正前方为0°，北半球，热带气旋中心的方位在左前方45°～90°；南半球，热带气旋中心的方位在右前方45°～90°。当风力为6级或6级以下时，中心在45°左右；风力8级时，中心在67.5°左右；风力为10级或以上时，中心在90°的方向上。

（3）利用风压定律和气压距平值判定

气压距平值指本船测得的海平面气压经日变化订正后与当地当月平均气温之差。北半球，背真风而立，正前方定为0°，当气压距平值为6 hPa或以下时，热带气旋中心在左前方45°左右；距平值为10 hPa时，在左前方67.5°左右；距平值为20 hPa或以上时，在左方90°。南半球则相反，分别在右前方45°、67.5°和90°左右。

3. 台风部位的划分

沿热带气旋移动方向往前看，将其分成左、右两个半圆，右半圆在北半球为危险半圆

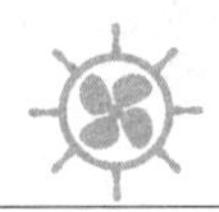

(Dangerous semicircle),南半球为可航半圆(Navigable semicircle)。左半圆在北半球为可航半圆,南半球为危险半圆。危险象限(Dangerous quadrant)指北半球右前象限、南半球左前象限。

在北半球热带气旋的右半圆被称为危险半圆有以下理由:

(1) 北半球热带气旋的右半圆一般与副高相邻,造成水平气压梯度比左半圆大,因此风大、浪大。

(2) 热带气旋中风沿逆时针方向由外向内旋转,右半圆各处的风向与热带气旋整体移向接近一致,风速与热带气旋移向两矢量叠加的结果有利于风加大。而左半圆风向与热带气旋移向基本相反,风力被抵消一部分,使得风力相对较小。

(3) 当船舶处于右半圆(尤其是右前象限)时,容易被吹进热带气旋中心的移动路线上去,一旦被吹进中心,就不容易驶离。另外,北半球大多数热带气旋向右转走抛物线路径,一旦转向,处于右前象限的船舶被卷入热带气旋中心的危险性更大。

这里所谓危险半圆和可航半圆只是相对而言,在海上一旦船舶遇到了热带气旋,在可航半圆同样会遭受到狂风巨浪袭击。

4. 船舶所处的台风部位及其判定法

船舶一旦误入热带气旋区,必须正确判断船舶在热带气旋中的部位,然后采取相应的航法尽快驶离该区域。

在缺乏天气报告和传真天气图的情况下,可以利用本船现场观测的真风和气压随时间的变化来判断船舶所处的热带气旋的部位。

(1) 判断左、右半圆

处在滞航状态下的船舶每隔一段时间进行几次连续观测,了解真风的变化情况。不论南、北半球,当真风向随时间顺时针变化时,表明船舶处在热带气旋右半圆;当真风向随时间逆时针变化时,表明船舶处在热带气旋左半圆;当真风向基本不变时,则表明船舶处在热带气旋的进路上,如图4-5-6所示。

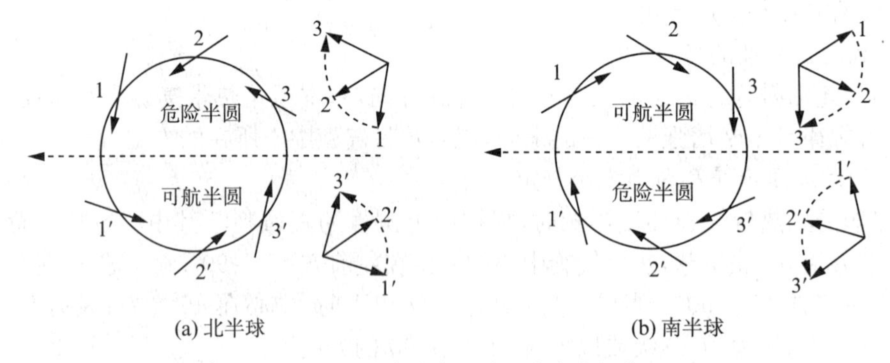

图4-5-6 左右半圆的风向变化规律

(2) 判断前、后半圆

当真风风速随时间增大、气压随时间下降时,表明船舶处在前半圆。反之,当当真风风速随时间减小、气压随时间上升时,表明船舶处在后半圆。

利用前述判断左右半圆和前后半圆的方法,我们可以得到船舶所在的象限。例如:在北半球,若船舶测得的真风随时间顺时针变化,风速随时间增大(或气压下降),则可以判断船舶处在危险象限(右前象限)。同理可判处出其他象限。若风向不变而风速增大(或气压

下降)时，则可判断船舶处在热带气旋中心进路的正前方。

上述方法一般只适用于滞航状态下的船舶。另外，若热带气旋转向、原地打转，船舶观测的风和气压都不会有显著变化，上述方法是无效的。

(3) 船舶脱离热带气旋驾驶法

若船舶处于北半球热带气旋右半圆，应使船首右舷顶风，保持风从右舷 10～45°而来，全速避离，如图 4－5－7 所示；若船舶处于北半球热带气旋左半圆，使右舷船尾受风，保持受风角度 30°～40°，全速避离；若船舶处于南半球热带气旋左半圆，使船首左舷顶风，保持风从左舷 10°～45°而来，全速避离；若船舶处于南半球热带气旋右半圆，使左舷船尾受风，保持受风角度 30°～40°，全速避离。

5. 船舶避离热带气旋的常用方法

船舶为了避免和减少热带气旋带来的伤害，必须采取防避措施。

(1) 选择避风锚地

当热带气旋来临时，在近海航行的船舶应及时避离，选择封闭式或背风的港口避风。如果没有这种条件，则应将船驶向外海深水中，全力以赴准备抗御。

(2) 扇形避离法

根据天气报告可以得知热带气旋的中西位置、移向、移速，再结合本船的船位、航向和航速，在海图上作扇形图，使船与热带气旋保持一定的距离，这种方法称为扇形避离法。如图 4－5－8 所示，H_1、H_2、H_3、H_4 分别代表 0000，0600，1200 和 1800 的热带气旋中心位置，A、B、C、D 分别代表以上各时刻的船位。当 0000 时船位位于 A 点时，根据天气报告得知热带气旋中心位于 H_1 点为中心作扇形 1，其半径等于热带气旋未来 24 h 移动距离，夹角从热带气旋未来移向线左右两侧各取 30°～45°，这就得到船舶未来 24 h 内需要避离的危险扇形区，然后每隔 6 h 依次做出扇形 2、扇形 3 和扇形 4，直到船驶至 E 点完全脱离了热带气旋的威胁时，才可以恢复原航向。

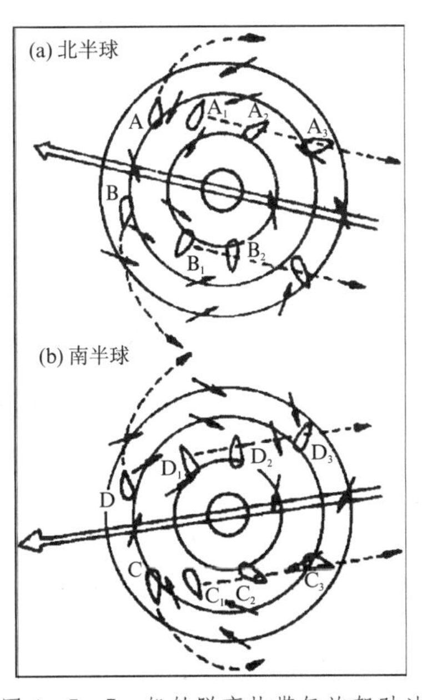

图 4－5－7　船舶脱离热带气旋驾驶法

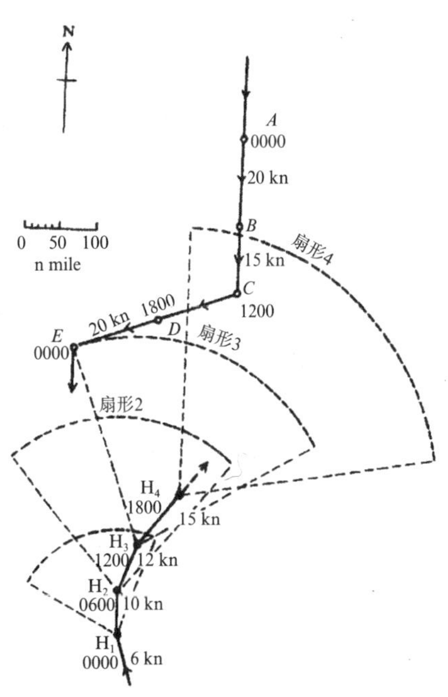

图 4－5－8　作扇形图避离热带气旋

采用扇形避离法应注意：只有在开阔海洋上航行的船舶可以采用，沿岸航行的船舶因为不宜使用；扇形的半径也可以考虑以 8 级大风圈作为半径，使船位最好距离热带气旋中心 200 n mile 以上，至少不要小于 100 n mile；扇形夹角的大小，在低纬海区和热带气旋接近转向时一般取 80°～90°，在高纬海区，可取 60°左右。

拓展训练

1. 说明热带气旋在不同海域的分类、名称和编号。
2. 简述西北太平洋热带气旋的发生源地。
3. 说明热带气旋的形成和消亡条件。
4. 说明西北太平洋热带气旋的移动规律。
5. 说明典型热带气旋的典型天气结构模式。
6. 为什么北半球热带气旋的右半圆被定为危险半圆，左半圆为可航半圆？南半球如何？
7. 简述南海热带气旋的主要特点和活动规律。
8. 什么叫热带气旋扇形避离法？使用时应注意什么？
9. 比较温带气旋和热带气旋的异同。

技能模块

模块 6　天气系统分析

核心概念

锋面、冷高压、副热带高压、热带气旋

学习目标

知识目标

掌握天气系统的基本特征和移动规律

掌握天气系统的基本天气特征

能力目标

能在天气图中正确识别出各类天气系统

能准确分析各种天气系统的天气特征

工作任务

1. 锋面个例分析
2. 冷高压个例分析
3. 副热带高压个例分析

4. 热带气旋个例分析

任务1　锋面个例分析

基本要求

要求学生在天气图中正确识别不同锋面，了解锋面天气特征，加深对锋面天气、结构特征的认识。

任务实施

1. 学生在天气图中确定锋面类型，教师作为实施顾问身份参与任务中

2. 学生在天气图中找出冷锋、暖锋、静止锋、锢囚锋，描述出主要降水区及气温变化特征。

任务拓展

找出近期出现的典型锋面天气与锋面天气实际预报进行对比分析，找出存在的问题。

任务2　冷高压个例分析

基本要求

要求学生在天气图中识别冷高压、寒潮，掌握冷高压及寒潮天气特征及移动规律。

任务实施

1. 学生在天气图中正确识别冷高压天气类型，教师作为实施顾问身份参与任务中。

2. 学生在图中找出冷高压主要降水区及气温大风变化特征。

任务拓展

找出近期出现的冷高压天气与冷高压天气实际预报进行对比分析，找出存在的问题。

任务3　副热带高压个例分析

基本要求

要求学生在天气图中正确识别副热带高压，掌握副热带高压天气特征及移动规律。

任务实施

1. 学生在天气图中正确识别副热带高压天气，教师作为实施顾问身份参与任务中。

2. 学生在图中找出副热带高压主要降水区及气温大风变化特征。

任务拓展

找出近期出现的副热带高压天气与副热带高压天气实际预报进行对比分析，找出存在的问题。

任务4　热带气旋个例分析

基本要求

要求学生在天气图中正确识别热带气旋，掌握热带气旋移动路径与副热带高压之间的

关系，了解热带气旋影响的天气特点。

任务实施

1. 学生在天气图中正确识别热带气旋天气类型，教师作为实施顾问身份参与任务中。
2. 学生在图中找出热带气旋主要降水区及风浪特征。

任务拓展

找出近期出现的热带气旋天气与热带气旋天气实际预报进行对比分析，找出存在的问题。

任务评价

评价内容		评价标准	权重	分项得分
任务完成情况	锋面个例分析	能正确识别不同锋面；能正确描述出锋面主要降水区及气温变化特征；能正确描述出锋面主要大风区及风向	20%	
	冷高压个例分析	能正确识别冷高压；能正确描述出冷高压主要降水区及气温变化特征；能正确描述出冷高压移动特征	20%	
	副热带高压个例分析	能正确识别副热带高压；能正确描述出副热带高压主要降水区及气温变化特征；能正确描述出副热带高压移动特征	20%	
	热带气旋个例分析	能正确识别热带气旋；能正确描述出热带气旋主要降水区及气温变化特征；能正确描述出热带气旋移动特征	30%	
职业素养		敬业、诚信、守时遵规、团队合作意识、解决问题、自我学习、自我发展	10%	
总分			评价者签名：	

项目五　海上天气预报及应用

学习与训练总目标

熟悉船舶获取气象信息的途径
掌握天气报告的主要内容和读报注意事项
掌握传真天气图的识读与分析
熟悉传真海况图的识读与分析
能正确识读传真天气图和天气报告
能应用船舶气象信息分析和预测航行天气

项目导学

天气图是观察、跟踪和研究天气系统发生、发展和移动等情况的基本工具，是进行天气分析和预报的主要工具，也是世界各国气象部门制作天气预报最重要和最基本的方法。

船舶可利用传真天气图准确地分析各海区的天气情况，因此掌握天气图的基本知识，掌握天气系统发生、发展、演变规律是指导船舶安全经济航行的重要保障。

核心概念

海岸电台、天气报告、地面分析图、地面预报图、海浪分析图、海浪预报图、卫星云图

项目描述

为保证航行安全，航行的船舶可以及时接收专门机构提供的有关海上航行安全的信息，准确识读这些信息对保障航行安全至关重要。本项目介绍船舶气象信息的获取、气象报告的识读、传真天气图的识读，要求学生能正确识读气象报告和传真天气图。

知识准备模块

模块1　船舶气象信息的获取和气象报告的基础知识

学习目标

掌握海岸电台播报的范围

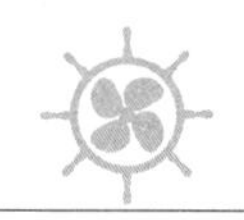

掌握天气报告阅读注意事项

熟悉天气报告的应用

船上可以通过多种渠道，接收世界各国气象台发布的海上天气预报（Maritime weather forecast）和警报（Warning）。随着现代通信技术的飞速发展，船舶获取气象信息的途径越来越多。船舶不论航行在哪里，都能收到航行海区有关国家发布的天气、海况等图文资料。准确识读和应用这些资料，及时掌握航行海区已发生和将要发生的天气和海洋变化，从而做出趋利避害的安全航行决策，无疑对保障海上船舶的航行安全、海上最佳气象航线的选择都具有重要的指导意义。

船舶气象信息的获取途径一般包括气象天气报告或警报的获取、船舶安全系统（GMDSS）接收的航行警告中气象信息的获取、互联网上气象信息的获取以及气象传真图的获取。

一、船舶气象信息的获取

1. 海岸电台

海上气象报告是各国的海岸电台用无线电通信方式向船舶发布的天气情报。现在世界各国都按国际海事组织（IMO）和世界气象组织（WMO）所划定的海区范围，由指定的海岸无线电台，每天定时用中、英文明码电报向国内外商船转发海上天气报告和警报。例如，我国的海岸电台有大连台、上海台、广州台、香港台、台湾的基隆台、花莲台和高雄台等，

大连海岸电台负责播报的海域有渤海、渤海海峡、黄海北部、黄海中部。上海海岸电台负责播报的海域有渤海、渤海海峡、黄海北部、黄海中部、黄海南部、东海北部、东海南部、台湾省北部、台湾海峡、济州、长崎、鹿儿岛、琉球、台湾省东部。广州海岸电台负责播报的海域有台湾海峡、广东东部、广东西部、北部湾、巴士、东沙、西沙、海南岛西南部、华列拉、头顿、中沙、南沙、曾母暗沙。香港海岸电台负责播报的海域有香港、广东、东沙群岛、台湾海峡、台湾省北部、台湾省东部、琉球群岛、舟山、西沙群岛、巴士海峡、巴林塘海峡、黄岩岛、民都洛、南沙群岛、华烈拉、岘港、北部湾。基隆、花莲、高雄的海岸电台负责播报的海域范围为台湾省近海。

世界其他海岸电台的负责区域、广播时间、使用频率等可查阅每年出版的无线电信号表第 3 卷。

2. GMDSS 接收的航行警告中气象信息的获取

从 1988 年开始国际上采用全球海上遇险与 GMDSS，通过国际海事卫星向船舶发布气象警报和预报，是现代化 GMDSS 系统功能的一个组成部分。在近岸和港口作业的船舶，还可以通过无线电广播、电视、报纸、电话、VHF 或国际信号旗等多种方式获取天气报告或警报。

3. 互联网上气象信息的获取

近年来随着国际互联网（www）的飞速发展，能够登录国际互联网的船舶，可以在气象相关网站上获取各种海洋气象资料，这种传播方式得到的天气图具有快速、彩色、高画质和动态等许多优点，发展前景十分看好。例如，世界气象组织的网址为 http://www.wmo.ch/index-en.html、中国气象局主页网址为 http://www.cma.gov.cn/、日本的主页网址为 http://www.imocwx.com/等，此处不做详细介绍。

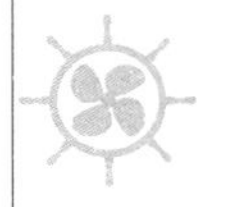

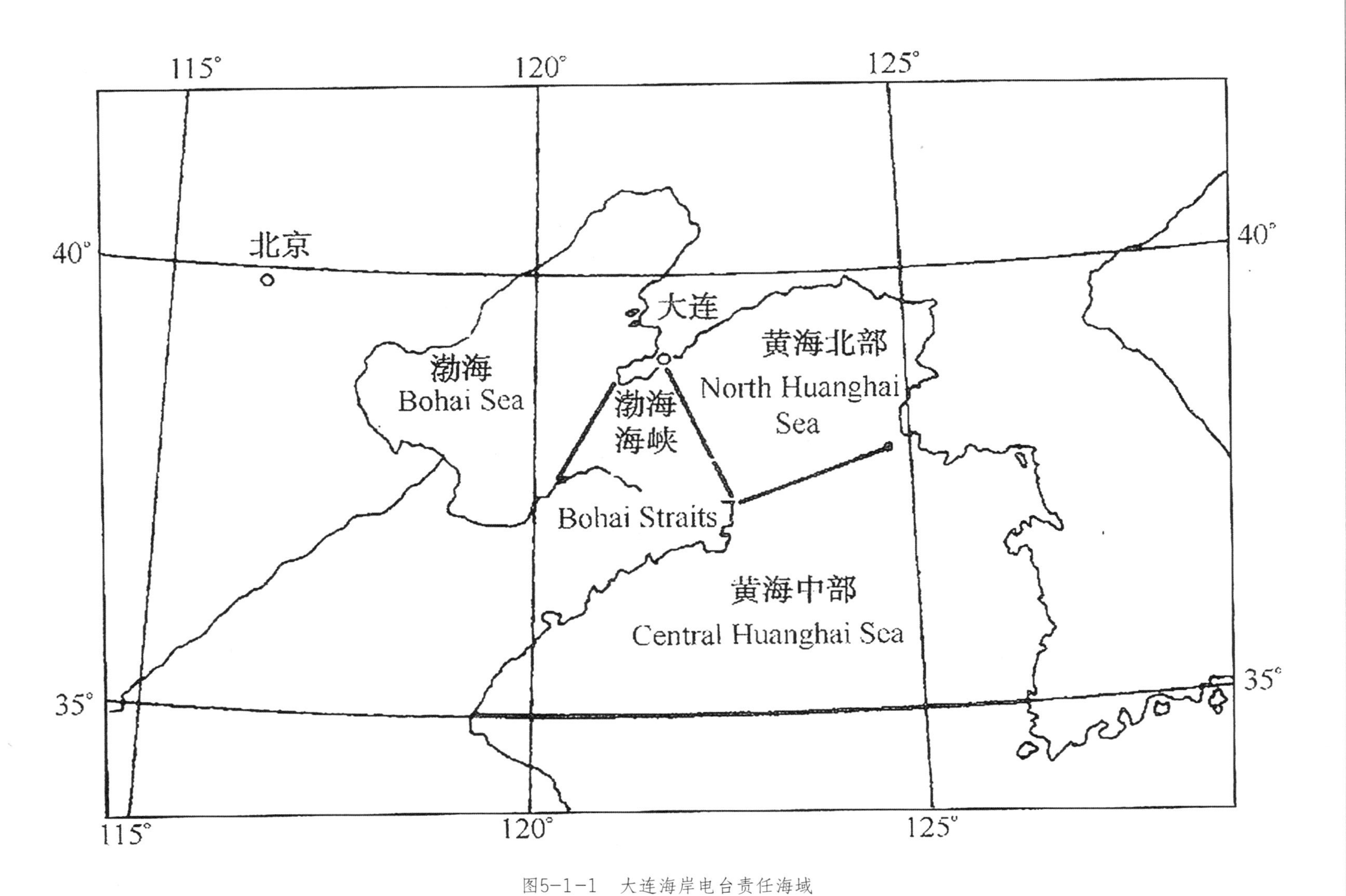

图5-1-1　大连海岸电台责任海域

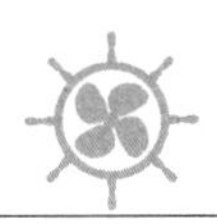

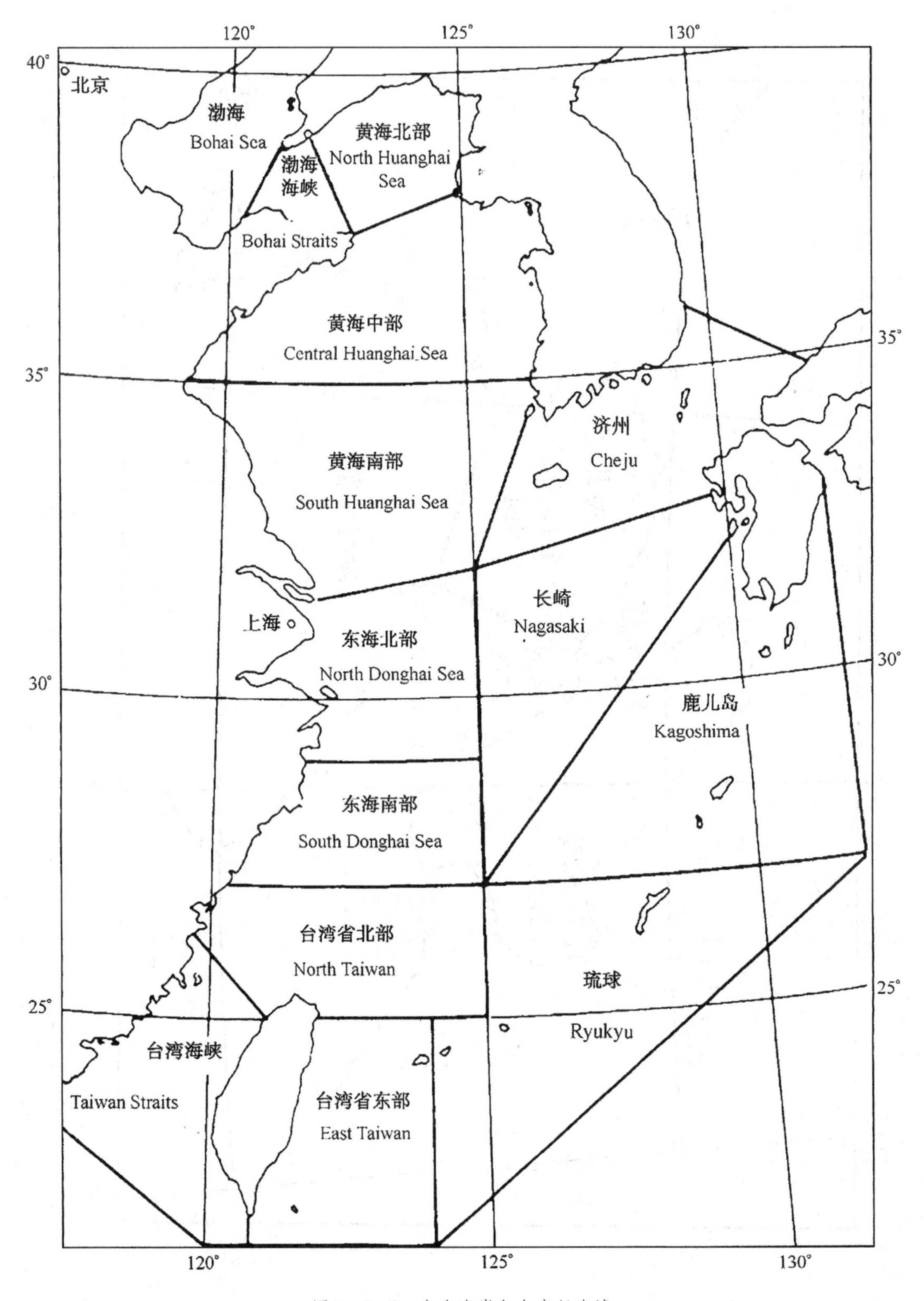

图 5-1-2　上海海岸电台责任海域

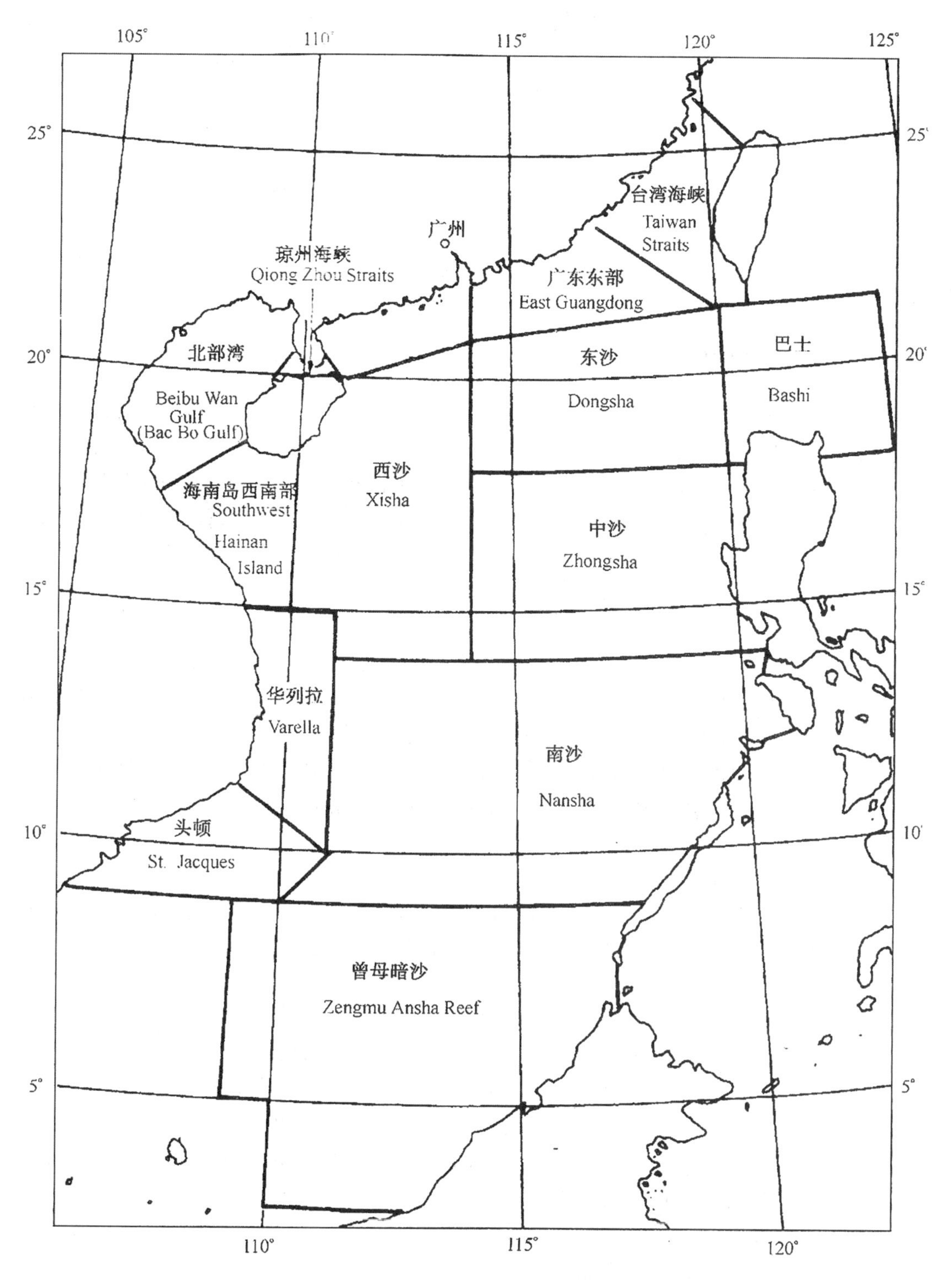

图 5-1-3 广州海岸电台责任海域

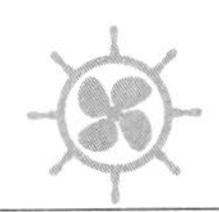

4. 气象传真图的获取

近几十年来，气象传真广播得到了迅速发展，其覆盖范围遍及世界所有海洋。世界气象组织将全球划分了六个传真区域，分别为第一区（非洲区）、第二区（亚洲区）、第三区（南美洲区）、第四区（北美洲区）、第五区（太平洋区区）、第六区（欧洲区）。中国的传真广播台位于第二区。

在每年印发的《无线电信号表》第三卷上都能查到目前无线电气象传真业务的广播台的发图时间和发图内容。

船舶可以根据需要，利用船上的气象传真机有选择的接收各国气象部门发布的气象传真图。气象传真图主要是一些天气和海洋的图像信息，它具有简单明了、直观、便于综合分析等优点。目前海上接收的气象传真图，大多属于数值预报产品。传真天气图的有效使用，为船舶的安全航行起到了一定的保障作用。

二、天气报告的内容

各岸台均按统一规定的格式和内容编发报文，完整的报文由十部分组成，通常船舶只抄收前面第一到第三部分的内容。

第一部分警报（Warning）（如大风、风暴、热带气旋、浓雾警报等）；第二部分天气形势摘要（Synoptic situation）（高压、低压、锋、热带气旋等天气系统的位置、强度、移向、移速等）；第三部分海区天气预报（Forecast for sea areas）（天空状况、天气现象、风力、风向、浪级等）。

三、阅读天气报告后应明确的两个问题

1. 目前船舶所在海域处于何天气系统以及处于该系统的何部位控制。了解该天气系统的发展及变化趋势，了解目前天气状况是该系统控制下的一般天气还是包括地方性特殊天气，了解该系统是新生的还是趋于加强或减弱，还是稳定少变等。

2. 掌握未来的天气形势和天气状况。能在此基础上推算在未来 24 h 内，船位附近海域将处于何系统及该系统的何部位控制，在该系统控制下将出现什么样天气。

四、注意事项

1. 阅读天气报告时应注意广播台名称、广播时间、有效时间（世界时或地方时）和受重要天气系统影响的海域。了解不同岸台报文的习惯用法、风格和常用缩略语。

2. 时间（Time）用语（地方时）含义

白天（Day time）：08—20 时　　夜间（Night）：20—08 时

早晨（Morning）：05—08 时　　傍晚（Evening）：18—20 时

上午（Forenoon）：08—12 时　　上半夜（The first half of Midnight）：20—24 时

中午（Noon）：11—14 时　　半夜（Midnight）：23—03 时

下午（Afternoon）：12—18 时　　下半夜（The second half of midnight）：00—05 时

3. 天空状况（Sky Condition）用语含义

晴（Clear Sky）：总云量 0～2

少云（Partly Cloudy）：总云量 3～5

多云（Cloudy）：总云量 6～8（或高云量 8～10）

阴（Overcast）：中、低云量 9～10

五、报文实例

1. 天气报告(上海台)

报头：SHAI/XSG

SHAI OBSY WEATHER REPORT

中文(In Chinese)

天气形势摘要 9 日 00 时

1 002 hPa 低压中心在 35°N 106°E，静止少动，正填塞中。

1 017 hPa 低压中心在 35°N 115°E，静止少动，正填塞中。

1 007 hPa 低压中心在 53°N 127°E，正以 12kn 移速向东移动，冷锋从中心经过 51°N 124°E到 50°N 115°E，暖锋从 46°N 128°E 经过 40°N 125°到 35°N 113°E。

1 043 hPa 高压中心在 49°N 108°E，正以 12 kn 移速向东南偏东方向移动。

1 023 hPa 高压中心在 30°N 135°E，移动缓慢，正减弱中。

1 022 hPa 高压中心在 45°N 135°E，静止少动，正减弱中。

天气预报 9 日 08 时起未来 24 h：

渤海、渤海海峡、黄海北部和黄海中部：晴到多云，北到东北风 6～7 级，大到巨浪。

黄海南部：晴到多云，西到西南风 3～4 级，晚上转北风 6 级，轻转大浪。

东海北部：晴到多云，西北风晚上转西到西南风 3～4 级，明晨转北风 5～6 级，轻转大浪。

东海南部：多云，东北风 4～5 级，轻浪。

上海港：晴到多云，南到西南风 2～3 级，明晨转北风 4～5 级，微浪转轻浪。

台湾海峡，台湾北部和台湾东部：多云，局部地区阴有雨，东北风 5 级，轻浪。

济州岛和长崎：晴到多云，西北风，晚上转西和西南风 4 级，明晨到上午转北风 6 级，轻转大浪。

鹿儿岛和琉球：多云，北到东北风 5 级，轻浪。

英文(In English)

SHAI/XSG

SHAI OBSY SYNOPTIC SITUATION 090000Z

LOW 1 002 hPA AT 35N 106E STATIONARY FILLING UP

LOW 1 017 hPA AT 35N 115E SATTIONARY FILLING UP

LOW 1 007 hPA AT 53N 127E MOVING ELY 12KTS WITH COLD FRONT FROM CENTER PASSING 51N 124E TO 50N 115E AND WARM FRONT FROM 46N 128E PASSING 40N 125E TO 35N 113E

HIGH 1 043 hPA AT 49N 108E MOVING ESE 12KTS

HIGH 1 023 hPA AT 30N 115E MOVING SLOWLY WEAKENING

HIGH 1 022 hPA AT 45N 135E STATIONARY WEAKENING

24HOURS WEATHER FORECAST FROM 090800Z

BOHAI SEA X BOHAI STRAITS X NORTH HUANGHAI SEA AND CENTRAL HUANGHAI SEA X CLEAR TO CLOUDY X N TO NE WINDS FORCE 6 TO 7 X EA

ROUGH TO VERY ROUGH X SOUTH HUANGHAI SEA X CLEAR TO CLOUDY X W TO SW WINDS FORCE 3 TO 4 BECOMING NLY WINDS FORCE 6 TONIGHT X SEA SLIGHT BECOMING ROUGH X NORTH DONGHAI SEA X CLEAR TO CLOUDY X NW WINDS TURN TO W AND SW WINDS TONIGHT FORCE 3 TO 4 BECOMING NLY WINDS FORCE 5 TO 6 IN THE MORNING TOMORROW X SEA SLIGHT BECOMING ROUGH X SOUTH DONGHAI SEA X CLOUDY X NE WINDS FORCE 4 TO 5 X SEA SLIGHT X

SHANGHAI HARBOUR X CLEAR TO CLOUDY X S TO SW SINDS FORCE 2 TO 3 BECOMING NLY WINDS FORCE 4 TO 5 IN THE MORNING TOMORROW X SEA RIPPLES BECOMING SMOOTH X

TAIWAN STARITS X NORTH TAIWAN AND EAST TAIWAN X CLOUDY LOCAL OVERCAST WITH RAIN X NE WINDS FORCE 5 X SEA SLIGHT X

CHEJU AND NAGASAKI X CLEAR TO CLOUDY X NE WINDS TURN TO W AND SW WINDS TONIGHT FORCE 4 BECOMING NLY WINDS FORCE 6 FROM TOMIRROW MORNING TO FORENOON X SEA SLIGHT BECOMING ROUGH X

KAGOSHIMA AND RYUKYU X CLOUDY X N TO NE WINDS FORCE 5 X SEA SLIGHT X STOP

2. 天气报告(日本气象厅)

英文(In English)

WARNING 09252100Z(2005)

WARNING VALID 09262100Z(2005)

TYPHOON WARNING

TYPHOON 0517 SAOLA(0517) 965 hPA

AT 36.7N 146.9E SEA EAST OF JAPAN MOVING EASTNORTHEAST 15KNOTS

POSITION FAIR

MAX WINDS 70 KNOTS NEAR CENTER

RADIUS OF OVER 50 KNOT WINDS 60 MILES

RADIUS OF OVER 30 KNOT WINDS 240 MILES WEST SEMICIRCLE AND 220 MILES ELSEWHERS

FORECAST POSITION FOR 262100UTC AT 40.0N 157.3E WITH 100 MILE RADIUS OF 70 PERCENT PROBABILITY CIRCLE

992 hPA MAX WINDS 45 KNOTS

BECOMING EXTRATROPICAL LOW

JAPAN METEOROLOGICAL AGENCY=

中文(In Chinese)

警告发布时间为 2005 年 9 月 25 日 21 时 00 分(世界时)

警告有效时间为 2005 年 9 月 26 日 21 时 00 分(世界时)

台风警告

2005 年第 17 号台风苏拉(SAOLA),中心气压为 965 hPa

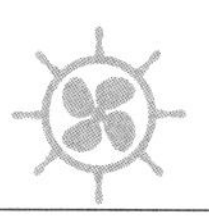

中心位置36.7°N,146.9°E,在日本以东的海面上。台风苏拉正以15 kn的速度向东北偏东方向移动。中心定位采用卫星定位,误差20～40 n mile。

近中心附近最大风速70 kn

距中心60 n mile范围内风速超过50 kn

在台风中心的西半部240 n mile、其他部位220 n mile风速超过30 kn

预计26日21点00分(世界时)台风中心会进入以40.0°N,157.3°E为中心,半径100 n mile的预报圆内,概率为70%

中心气压将只有992 hPa,近中心风速为45 kn

台风将转变为温带气旋

日本气象厅发布

拓展训练

1. 阅读天气报告后应该明确哪两个问题?
2. 说明岸台天气报告前3部分的具体内容和读报注意事项。

模块2　传真天气图

学习目标

熟悉气象传真图的种类

掌握传真天气图的个例分析

目前,世界各国发布的气象传真图种类繁多,内容丰富。这里着重介绍航海常用气象传真图的种类、基本内容、特点、常用符号、英文缩写等。

一、气象传真图的种类和图题

传真天气图一般在图角注有图名标题,简称图题,其中标明该图的图类、图区、图时等。

1. 气象传真图的种类

航海常用的气象传真图主要有:

(1) 地面分析图(AS),地面预报图(FS);

(2) 高空分析图(AU),地面预报图(FU);

(3) 红外卫星云图(IR)、可见光云图(VS);

(4) 海浪分析图(AW)、海浪预报图(FW);

(5) 海流分析图(SO)、海流预报图(FO);

(6) 海冰分析图(ST)、海冰预报图(FI);

(7) 海温分析图(CO)、海温预报图(FO);

(8) 热带气旋警报图(WT)。

2. 图题

日本发布的气象传真图的图题一般采用如下格式：

TTAA(ii)	CCCC	
YYGGggZ	MMM	JJJJ
…	…	…

其中：TT——图类代号(具体的图类说明见表5-2-1)；

AA——图区代号(具体的图区说明见表5-2-2)；

ii——用以区别两份以上相同资料的图的代号，一般用两、三个数字表示。

两个数字一般表示预报时效(时间的百位和十位)或等压面高度(气压的百位数和十位数)，如：

02 表示 24 h　　04 表示 48 h

07 表示 72 h　　14 表示 144 h

50 表示 500 hPa　　70 表示 700 hPa

85 表示 850 hPa　　…

三个数字表示等压面高度和预报时效，一般高度在前，时效在后，如：

504 表示 500 hPa 48 h 预报　　714 表示 700 hPa 144 h 预报

852 表示 850 hPa 24 h 预报

表5-2-1　常用气象传真图类别代号

代号	说　明
A(Analysis)	分析图
AS	地面分析图 Surface analysis
AU	高空分析图 Upper-air analysis
AW	海浪分析图 Sea wave analysis
F(Forecast)	预报图
FS	地面预报 Surface forecast(prognosis)
FU	高空预报 Upper-air prognosis
FE	中期预报 Extended forecast
FW	海浪预报 Sea wave prognosis
FB	重要天气预报 Significant weather forecast

CCCC——传真台呼号，北京台为BAF，日本东京台为JMH；YY——日期；GG——时；gg——分；Z——世界时 Zebra Time 的缩写，有时则用GMT表示世界时；MMM——月份的缩略形式；JJJJ——年。

表5-2-2　部分气象传真图区域代号

代号	说　明	代号	说　明
AA	南极 Antarctica	GW	关岛 Guam
AC	北极 Arctic	HW	夏威夷群岛 Hawaiian Islands

（续表）

代号	说　明	代号	说　明
AE	东南亚 Southeast Asia	IO	印度洋 Indian Ocean
AF	非洲 Africa	IY	意大利 Italy
AG	阿根廷 Argentina	KA	加罗林群岛 Cargo Line Islands
AS	亚洲 Asia	LU	阿留申群岛 Aleutian Islands
AU	澳大利亚 Australia	NA	北美 North Atlantic
BS	白令海 Bering Sea	NT	北大西洋 North Atlantic
CH	智利 Chile	PA	太平洋 Pacific
CI	中国 China	PH	菲律宾 Philippines
CL	锡兰 Ceylon	PN	北太平洋 North Pacific
CN	加拿大 Canada	PS	南太平洋 South Pacific
CU	古巴 Cuba	SA	南美 South America
DL	德国 Germany	SJ	日本海 Sea of Japan
DN	丹麦 Denmark	SS	南海 South China Sea
EA	东亚 East Asia	XE	东半球 Eastern Hemisphere
EC	东海 East China Sea	XN	北半球 Northern Hemisphere
EU	欧洲 Europe	XS	南半球 Southern Hemisphere
FE	远东 Far East	XT	热带地区 Tropical Belt
FR	法国 France	XW	西半球 western Hemisphere
GA	阿拉斯加湾 Gulf of Alaska	XX	其他代号不适用时 for use when other designations are not appropriate

二、地面图、热带气旋警报图

1. 地面分析图(AS)

地面图即地面传真天气图，是航海常用的重要天气图之一。地面图通常分为地面分析图(AS)和地面预报图(FS)两种。

图 5-2-1 为日本东京传真广播台发布的亚洲地面分析图。图中给出了图题信息，单站的填图内容，天气系统的位置、强度和移动情况等信息。

(1) 图题

图中左上角和右下角的长方形框为图题，图题中最上面一行第一个 AS 为图类代号，意思是地面分析，第二个 AS 为图区代号，表示东亚和西北太平洋区域，JMH 为发射台呼号，表示东京台，第二行表示图时为 2009 年 10 月 09 日 00 时(世界时)，第三行是图类的英文全拼 Surface Analysis，即地面分析。

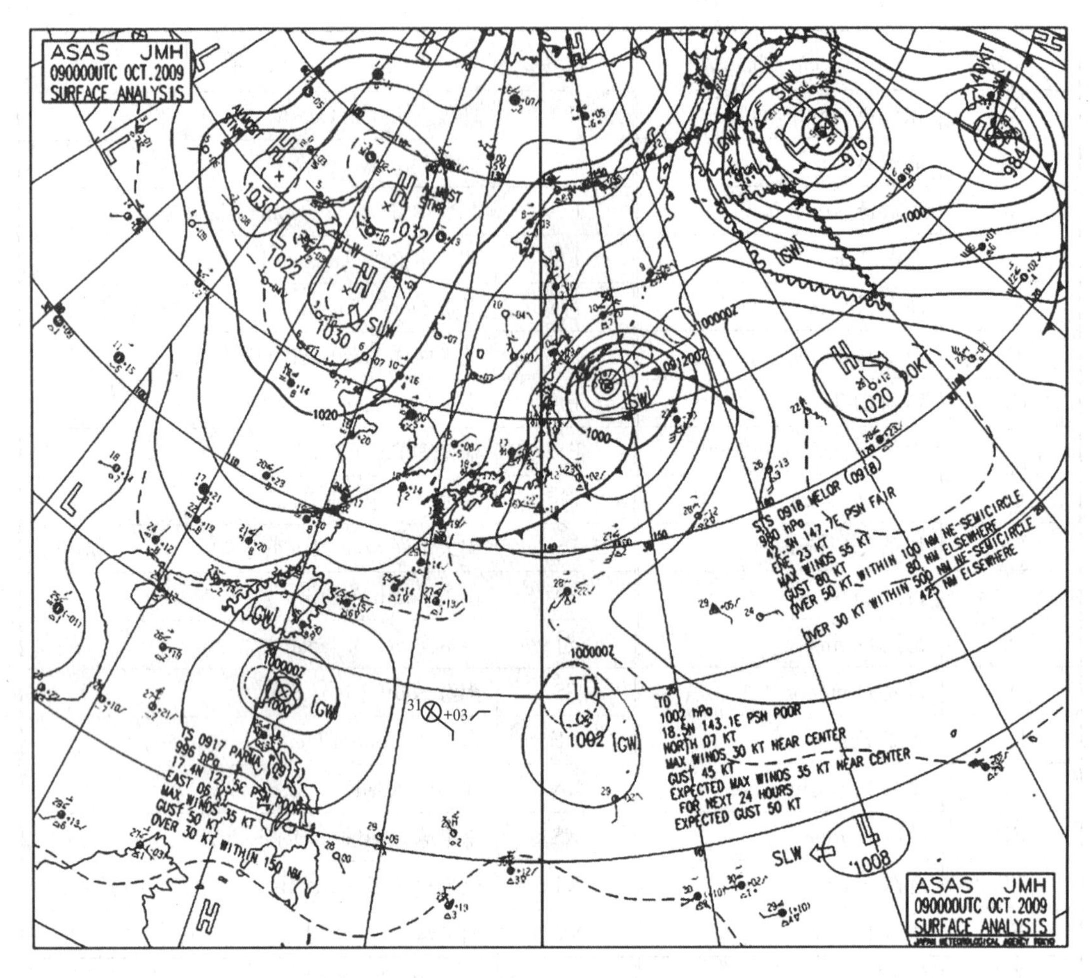

图 5-2-1　亚洲地面分析图

(2) 单站填图符号

单站填图符号已做了简化，填图格式和各符号的含义如第五章所述。图 5-2-2 中，18°N，132°E 测站信息为：温度 31 ℃，三小时变压+0.3 hPa，气压先升后平，风向东南风，风速 10 kn，总云量不明。

(3) 气压系统

在地面图上中的黑实线表示等压线，相邻等压线间隔为 4 hPa(必要时增加的等压线以虚线表示)。为醒目起见，每隔 20 hPa 用一条加粗线表示，如 1 000 hPa、1 020 hPa 等。一般在高气压和低气压中心分别标注 H 和 L，其中心强度用阿拉伯数字标注在 H 或 L 中心下方，通常标明千位、百位、十位和个位数字。气压系统的移动和发展情况通常以下列符号或英文缩写表示：⇨30KT 箭矢表示一般气压系统中心的移动方向，所注数字表示移动速度 30 kn。

如箭矢旁没有数字而代之以 SLW(Slowly 缩写)时，表示有移向，但移速小于 5 kn。如无箭矢而标注 STNR、QSTNR、ALMOST STNR(STNR 为 Stationary 缩写、Q 为 Quasi 缩写)字样时，表示气压系统中心移向不定，移速小于 5 kn，为(准)静止系统。此外，NEW

表示新生的气压系统。UKN 表示情况不明(注：KT 或 KTS 为“节”(knot)，是国外图上常用的英文缩写形式。我国规定用 kn)。

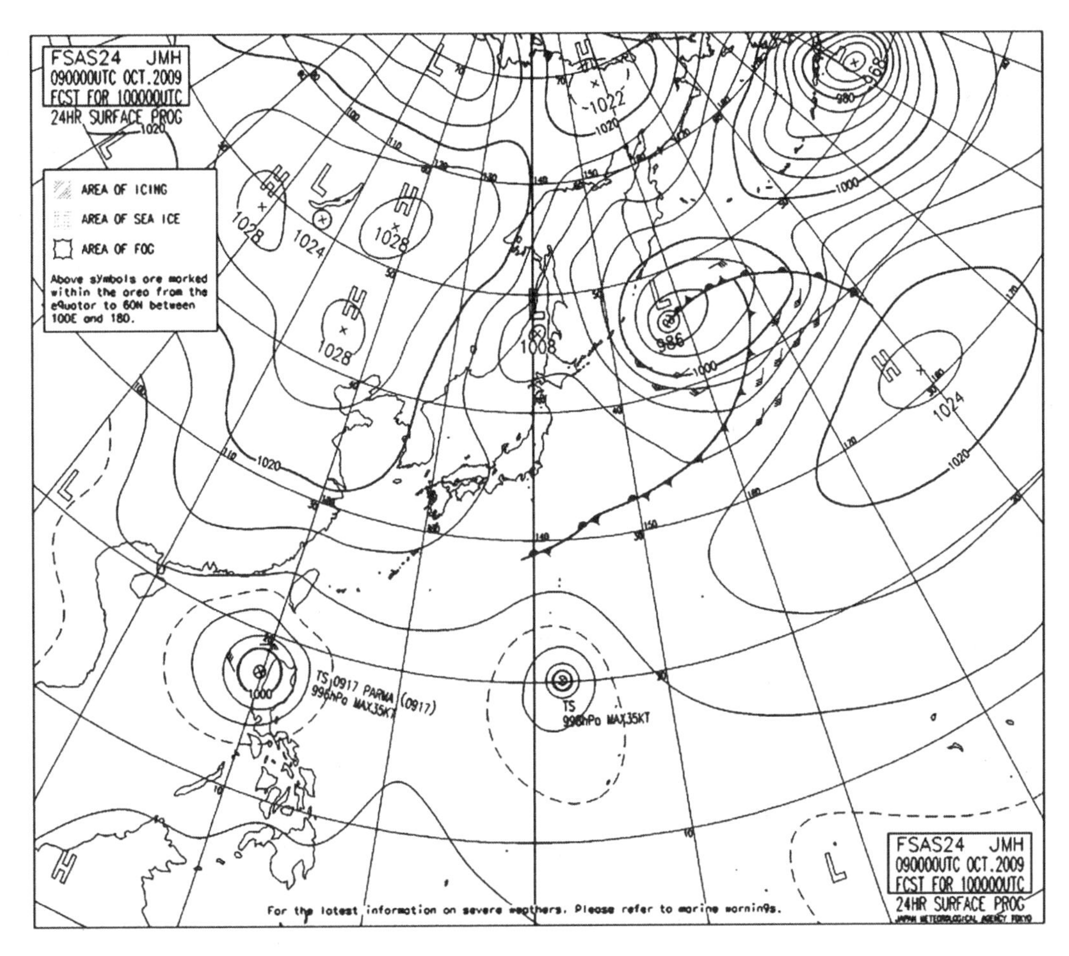

图 5-2-2　地面预报图

对于热带气旋，按其强度等级用下列缩写符号表示 TD、TS、STS 以及 T。

对于热带气旋和风力≥10 级的强锋面气旋的移动预测，一般是用一个扇形区表示其未来移动方向，用扇形区上的虚线圆表示中心可能到达的位置。扇形前面概率圆边上的数字表示预报日期和时间。目前热带气旋中心进入该圆的概率约为 70%。

(4) 锋

在地面图中标有各种锋，包括冷锋、暖锋、静止锋和锢囚锋，锋的填图符号见第四章。

(5) 警报

当海上已经出现或预计未来 24 h 内将出现恶劣天气时，在相应的位置上注有醒目的警报符号：

[w]——一般警报(Warning)表示风力≥7 级，或有必要警告提防大雾等情况；FOG[w]——浓雾警报，海面水平能见度<1 km(或 0.5 n mile)；[GW]——大风警报(Gale Warning)，风力 8～9 级；[SW]——风暴警报(Storm Warning)，由热带气旋带来的表示风力为 10～11 级；由温带气旋带来的表示风力为≥10 级；[TW]——台风警报(Typhoon

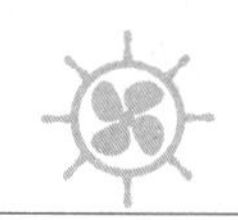

Warning)，风力12级；[WH]——飓风警报 Hurricane Warning)，风力12级；[WO]——其他警报(Other Warning)。

在分析地面天气图时，在图的空白地方常见几段英文简报，它是用来说明达到热带风暴以上强度的热带气旋或风力达到10级或以上的强低压系统的，文中使用一些缩略语和惯用简化形式。

图中从西向东三段英文简报的大致含义分别如下：2009年的第17号热带风暴芭玛(Parma)，中心气压为996 hPa，中心位于17.4°N，121.5°E，定位误差>40 n mile。热带风暴正以6 kn的速度向东移动，近中心附近最大风速35 kn，阵风50 kn。在半径150 n mile范围内风速超过30 kn。

一个1 002 hPa的热带低压，中心位于18.5°N，143.1°E，定位误差>40 n mile。热带低压正以7 kn的速度向北移动，近中心附近最大风速30 kn，阵风45 kn。预计未来24 h近中心附近最大风速达到35 kn，阵风50 kn。

2009年得第18号强热带风暴茉莉(Melor)，中心气压为980 hPa，中心位于42.3°N，147.7°E，定位误差为20～40 n mile。强热带风暴正以23 kn的速度向东北偏东移动，近中心附近最大风速35 kn，阵风80 kn。在强热带风暴的东北部100 n mile、其他部位80 n mile范围内风速超过50 kn。在强热带风暴的东北部500 n mile、其他部位425 n mile范围内风速超过30 kn。

英文简报中的热带气旋(或风力≥10级的强低压)的定位精度一般分为三种：

PSN GOOD表示飞机定位，误差小于20 n mile；

PSN FAIR表示卫星定位，误差为20～40 n mile；

PSN POOR表示外推定位，误差大于40 n mile。

2. 地面预报图(FS)

常见的地面预报图有24 h、36 h、48 h和72 h短期预报，还有3天以上到第10天的逐日的中期预报。图5-2-2是日本东京气象广播台播发的2009年10月9日00时(世界时)的亚洲24 h地面预报图。图中绘出了高压、低压、锋面、锋面气旋等天气系统的分布情况，图中还给出了热带气旋变化、中心气压和近中心附近最大风速。其余各符号的含义同地面分析图。

3. 热带气旋警报图(WT)

图5-2-3为日本东京气象广播台播发的2007年4月3日00时(世界时)热带气旋警报图。图中的"×"为预报时热带气旋中心的位置。

图中绘有3种区域，其含义如下：

(1) 实际大风(≥10级)区(Storm Area)：以预报时刻热带气旋的实际位置为中心，即图中以"×"为中心绘出的实线圆。

(2) 预报圆(Forecast Circles)：表示热带气旋中心未来12 h、24 h、48 h可能落入的范围，分别以点线圆绘出，点线圆的上标注的日期为热带气旋中心落入其中的日期和时间。实际落入圆中的概率为70%左右。

(3) 大风(≥10级)警报区(Storm Warning Area)：以预报圆外的实线同心圆表示。预计未来≥10级大风的区域图中。

图中给出了热带气旋简报，具体含义同地面分析图。

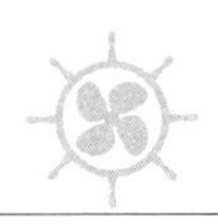

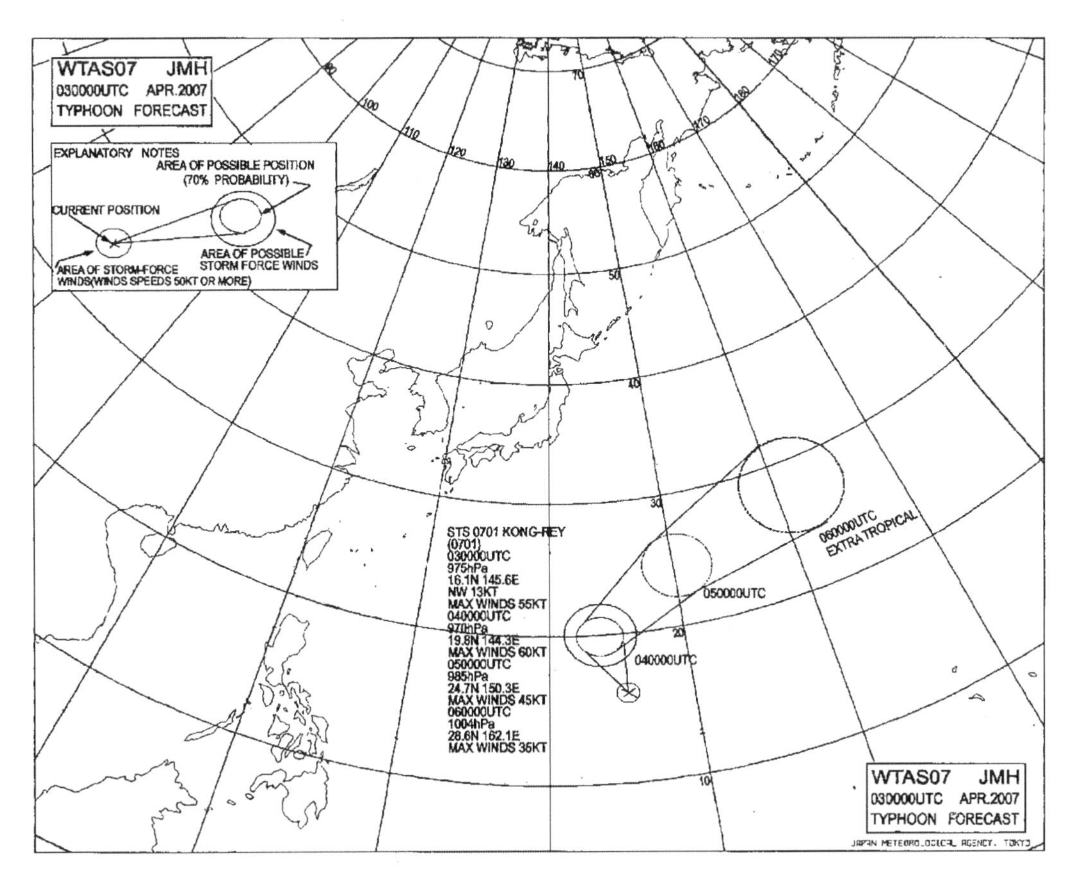

图 5-2-3　热带气旋警报图

二、高空图

1. 高空分析图

图 5-2-4 为日本东京气象传真广播台播报的 2011 年 5 月 20 日 12Z(世界时)太平洋 700 hPa 和 850 hPa 高空分析图。图中的实线为等高线,两相邻等高线间隔为 60 位势米。高、低位势中心分别标注 H 和 L。虚线为等温线,两相邻等温线间隔 3 ℃。冷、暖中心分别标注 C 和 W。

图 5-2-5 为日本东京气象传真广播台播报的 2011 年 5 月 20 日 12Z(世界时)北半球 500 hPa 高空分析图。

2. 高空预报图

图 5-2-6 为日本东京气象传真广播台播报的 2011 年 5 月 21 日 00Z(世界时)太平洋 400 hPa 高空 24 h 预报图。高空预报上通常分析等高线和气压系统,具体规定和高空分析图相同。

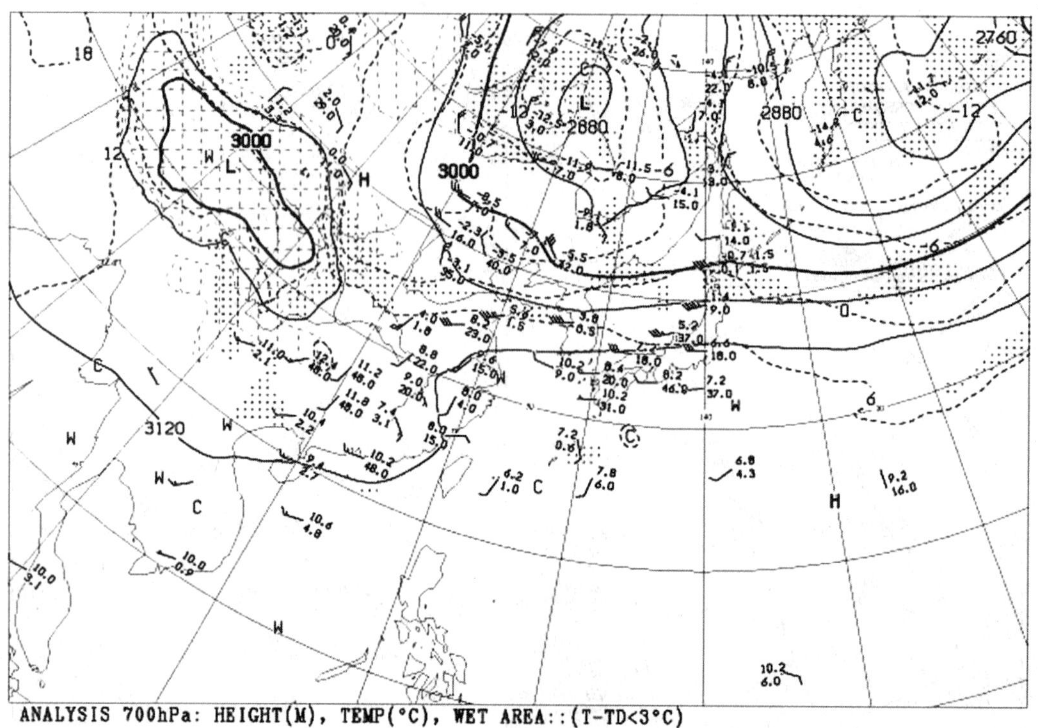
ANALYSIS 700hPa: HEIGHT(M), TEMP(°C), WET AREA::(T-TD<3°C)

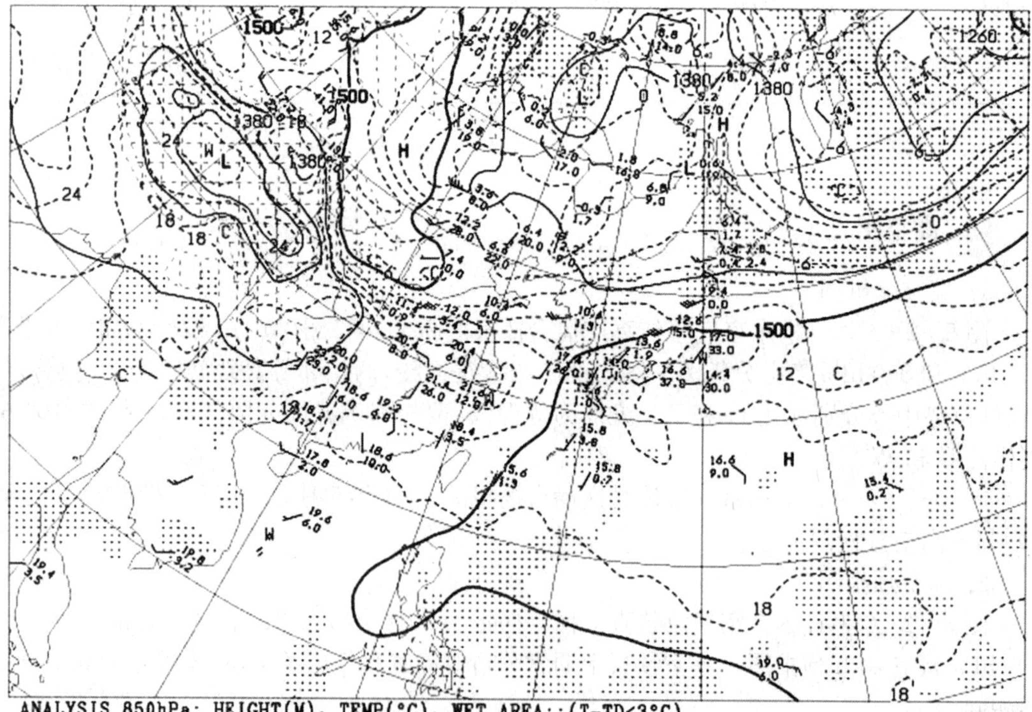
ANALYSIS 850hPa: HEIGHT(M), TEMP(°C), WET AREA::(T-TD<3°C)
AUPQ78 201200UTC MAY 2011
Japan Meteorological Agency

图 5-2-4 高空分析图

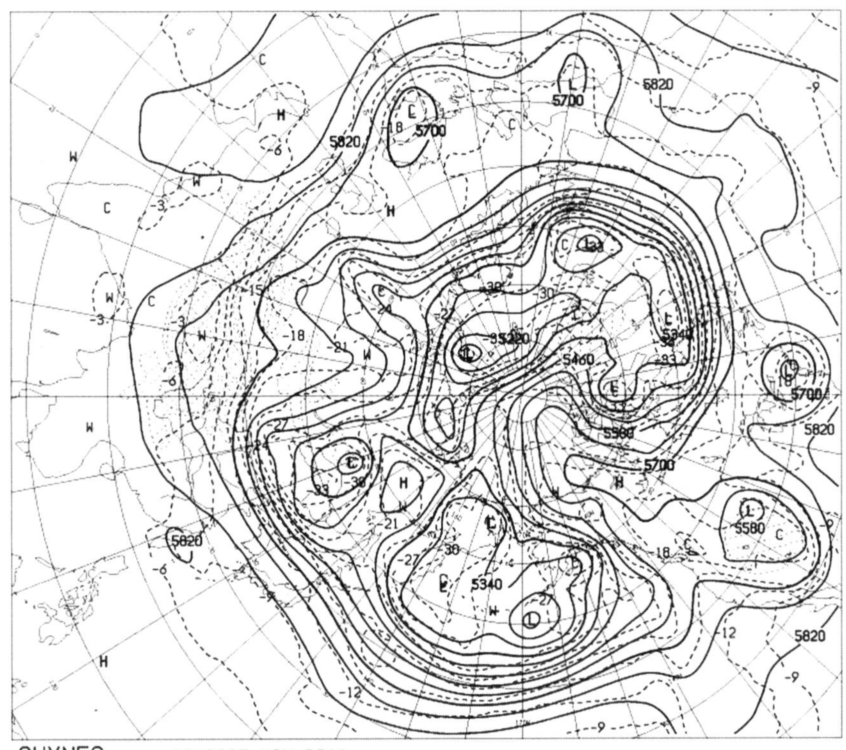

图 5-2-5　高空分析图(北半球)

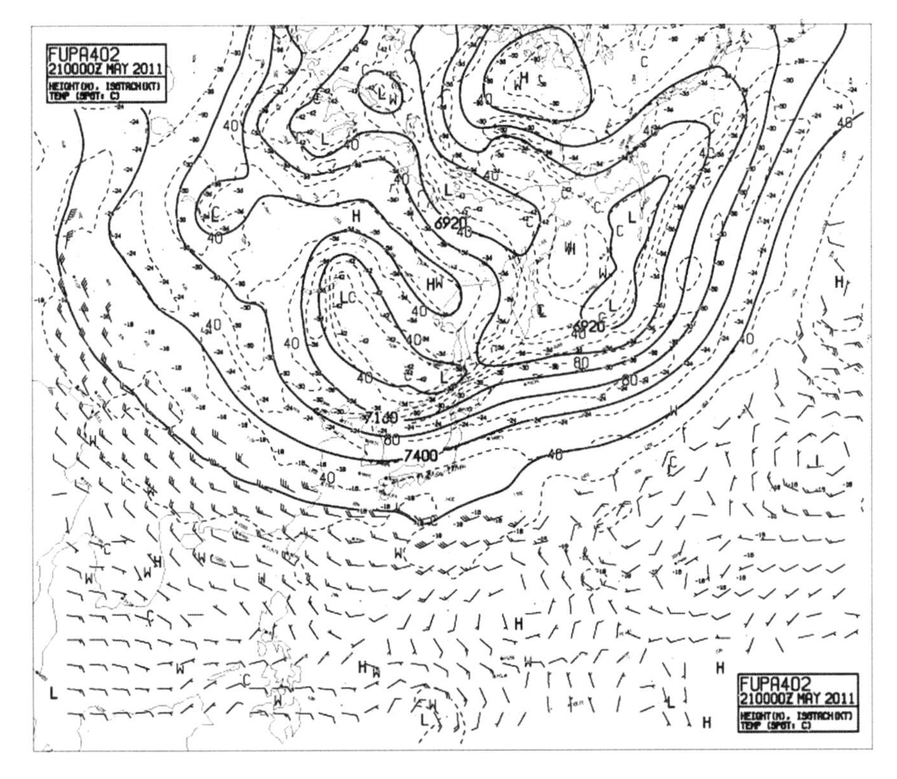

图 5-2-6　400 hPa 高空预报图

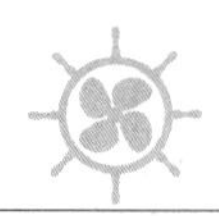

三、海浪图

1. 波浪分析图(AW)

波浪是影响船舶航行安全的主要因素之一,因此波浪传真图时海上最重要、最常用传真图之一。海洋波浪分析图是根据船舶和海岸观测站的资料对海上波浪状况进行分析绘出的图,对船舶航行和预防海难事故很有用处。图 5-2-7 为东京 JMH 台发布的 2004 年 7 月 2 日 00 时(世界时)西北太平洋波浪实况分析图。图中粗实线表示等波高线(m)。从 2 m 开始,两相邻等波高线间隔为 1 m。图中还绘出主波向(几列波并存时波高最大者的传播方向)、乱波区和海上观测船位点的水文气象要素实况,其中包括风向、风速、风浪向、风浪高、风浪周期、涌浪向、涌浪高和涌浪周期等,其填图格式和图例如图 5-2-8 所示。此外,图中还标绘出同一时刻的高(低)气压、热带气旋中心位置、强度及锋线位置等。绘制等波高线所依据的数据是风浪高(H_w)与涌浪高(H_s)两者的合成波高(H_E)

$$H_E = \sqrt{{H_w}^2 + {H_s}^2}$$

式中 H_w 和 H_s 为海上观测船分别为目测得到的平均显著波高。

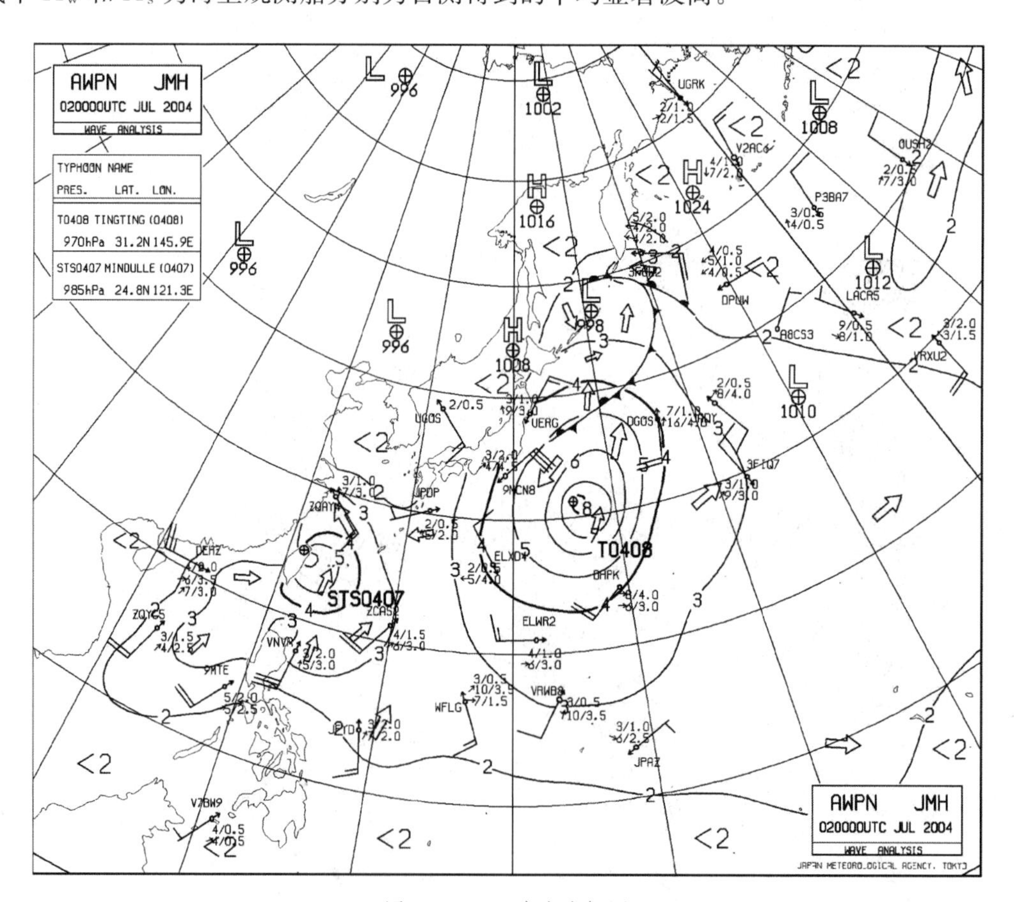

图 5-2-7 波浪分析图

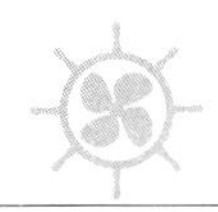

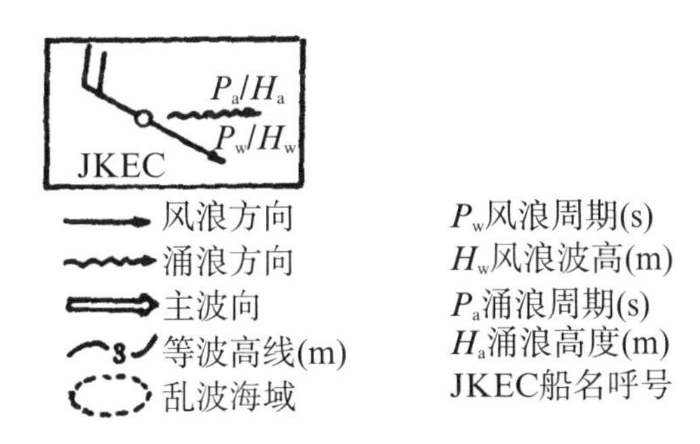

图 5－2－8　波浪图的填图格式

图 5－2－9 为我国国家海洋局发布的波浪实况分析图。

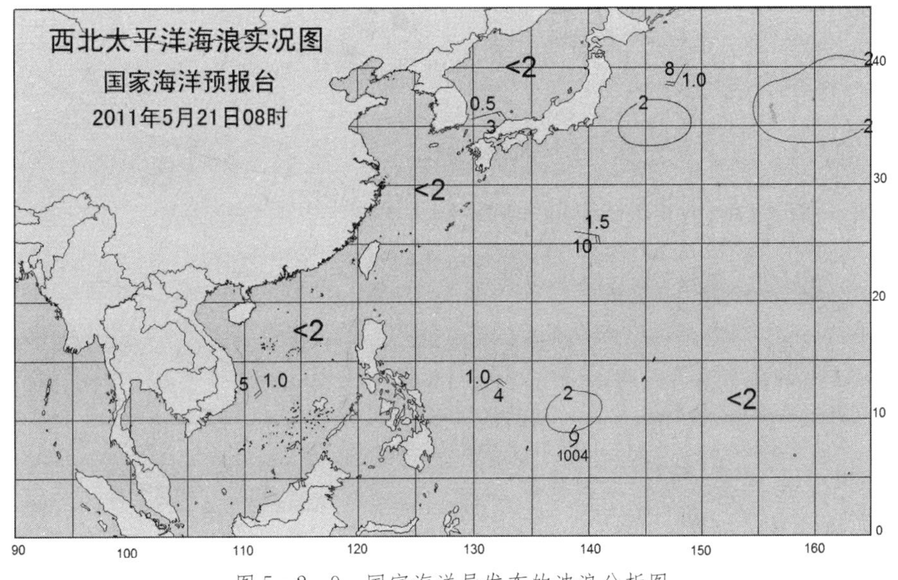

图 5－2－9　国家海洋局发布的波浪分析图

2. 大洋波浪预报图(FW)

图 5－2－10 为日本东京 JMH 台发布的西北太平洋 24 h 波浪预报图，其中绘有等波高线(m)、主波向及个别地点主波的波高和周期、H、L、TD 的中心位置、强度以及锋线位置。在波浪预报图中，等波高线的数值为有效波高($H_{1/3}$)，它是基于波谱分析等海洋学理论经过复杂计算得出的。

目前，国家海洋局也通过传真广播和电视发布我国近海及外海的波浪图。我国海浪预报时效为 24 h。世界各国发布的波浪预报时效多为 24～36 h。近年来海况的预报时效取得了突破性的进展，美国关岛舰队数值气象海洋中心(FNMOC)目前通过互联网对外公开发布全球各大洋逐日 6 d、间隔 12 h 的有效波高和海面风场预报，其时效为 12 h、24 h、36 h、48 h、60 h、72 h、84 h、96 h、108 h、120 h、132 h、144 h，不同波高区分别用彩色表示，这 13 张图(包括起始实况分析 00Z)还可动态连续播放。

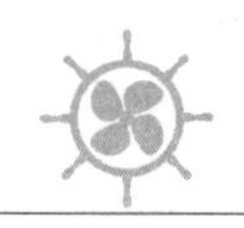

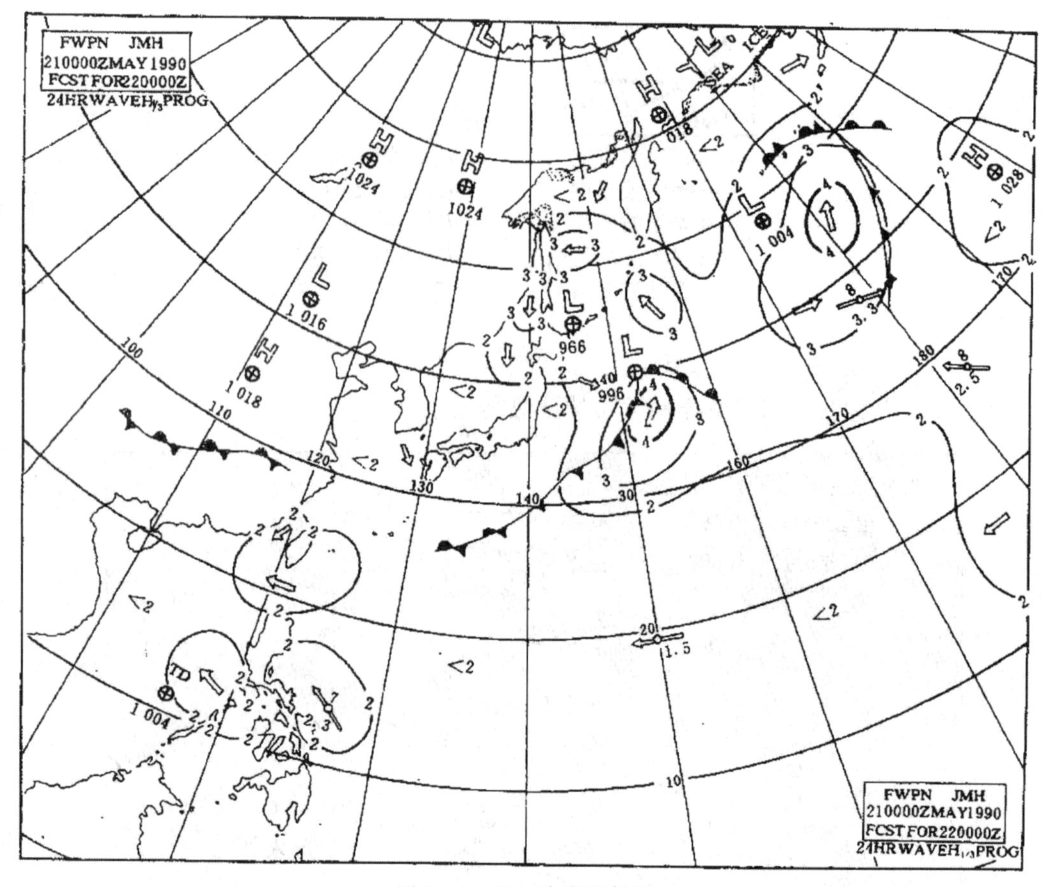

图 5-2-10 波浪预报图

四、海流图和海冰图

1. 海流实况分析图(SO)

海流一般变化缓慢,比较稳定,因此传真海流图的时间间隔比天气图要长很多。常见的有旬和月平均海流图,其中又有海流实况图和海流预报图之分。

海流实况分析图是根据上个旬(或上个月)的海流实测资料绘出的图。图 5-2-11 为东京 JMH 台发布的西北太平洋 1994 年 3 月下旬表层海流实况传真图。图中箭矢表示流向,不同形式的箭杆表示不同流速。图中还标出了黑潮(KUROSHIO)与北赤道流的主轴位置、水平范围和流速分布等情况。

粗箭头表示海流的主轴位置、水平范围和流速分布等情况。

2. 海流预报传真图(FO)

图 5-2-12 为东京 JMH 台发布的 1990 年 4 月上旬北太平洋表层海流预报传真图。图中箭矢表示流向,不同形式的箭杆表示不同流速。图中粗矢线和其中数字表示主轴的推算位置和流速(kn),细实线为该旬表层海水等平均温度线,单位为摄氏度(℃)。图中还标出黑潮(KUROSHIO)与亲潮(OYAHIO)的主轴位置、水平范围和流速分布情况。

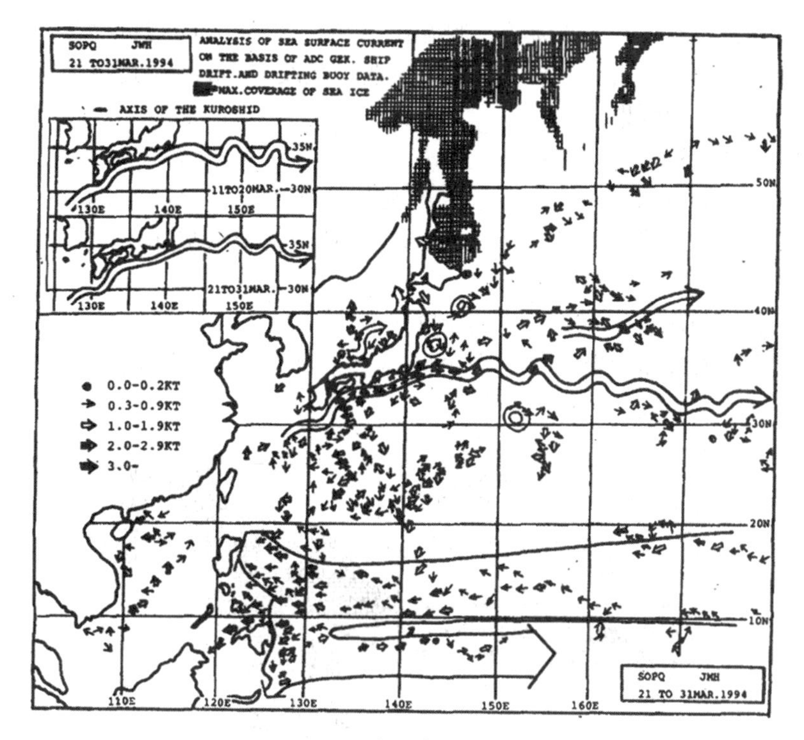

图 5-2-11　海流实况分析图(SO)

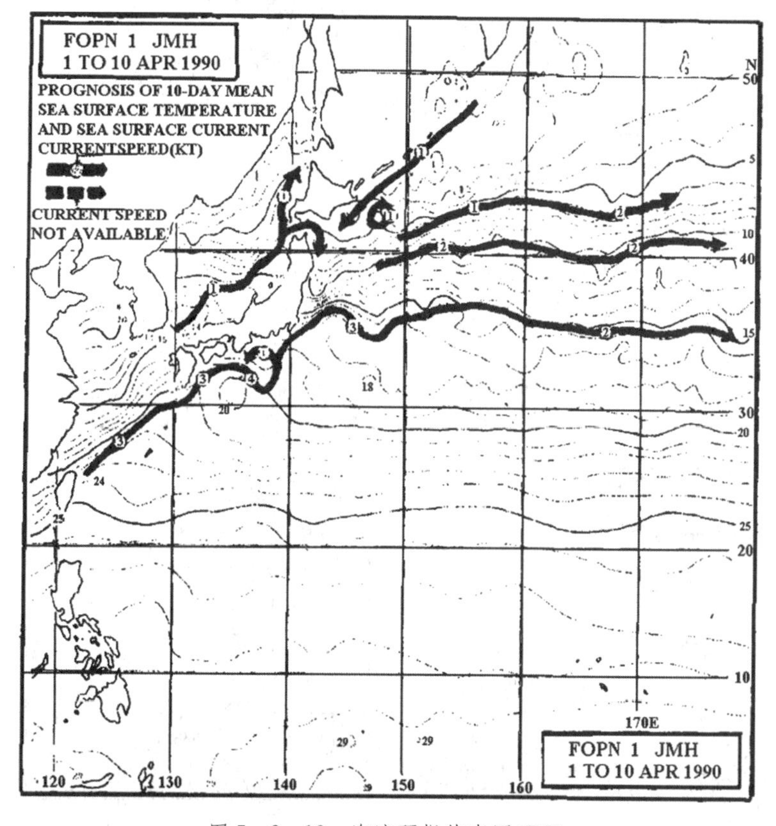

图 5-2-12　海流预报传真图(FO)

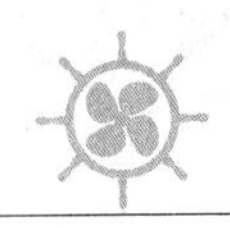

海流预报传真图比根据多年海流资料绘出的旬、月海流气候图更接近实际情况，对航海有更高的参考价值。巧用 JMH 海流传真图选择航线，尽量避开其主轴位置，可以取得缩短航期和节省燃油的效果。

3. 海冰分析图(ST)

冰况图(Ice condition chart)是根据卫星及其他观测资料绘制的，主要用于高纬度航行。目前发布冰况图的传真广播台有日本东京、瑞典斯德哥尔摩、德国奎克博恩、英国布拉克内尔和加拿大哈利法克斯等。

图 5－2－13 为东京 JMH 台发布的 1990 年 3 月 16 日西北太平洋冰况图。由图上方的图例可知不同海域海冰的聚集状况，图的左方还有英文、日文的冰情分析与展望。此外，图中还绘出表层等水温线，间隔为 1 ℃。

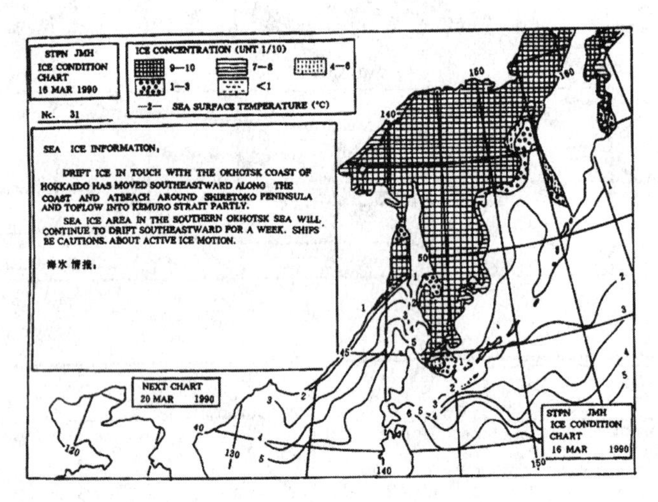

图 5－2－13 海冰分析图(ST)

4. 海冰预报图(FI)

一些国家已开始发布传真冰况预报图(Ice condition forecast chart)。图 5－2－14 为日本 JMH 台发布的西北太平洋未来 48 h 和 168 h(1 周)的冰况预报图。

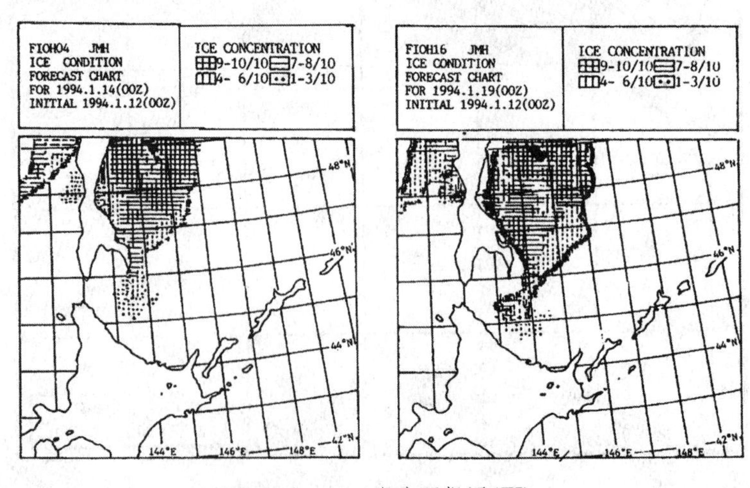

图 5－2－14 海冰预报图(FI)

五、卫星云图

卫星云图(Satellite cloud imagery)由气象卫星自上而下观测到的地球上的云层覆盖和地表面特征的图像。利用卫星云图可以识别不同的天气系统,确定它们的位置,估计其强度和发展趋势,为天气分析和天气预报提供依据。现在,人们通过气象卫星昼夜不停地向地面发回大量图片和数据,其中包括占全球面积 4/5 的广阔海洋、荒无人烟的沙漠和山区,使人类认识天气的能力空前提高。在海洋、沙漠、高原等缺少气象观测台站的地区,卫星云图所提供的资料,弥补了常规探测资料的不足,对提高预报准确率起了重要作用。传真卫星云图还具有真实、生动、直观等特点,所以深受广大航海者的青睐。

(1) 卫星云图种类的识别

可见光云图(Visible satellite image, VS),又称电视云图。在可见光波段,卫星观测仪器感应云或地表面对阳光的反射差异,图片上黑白差异表示云或地面的反照率大小,白色表示反照率大,黑色表示反照率小。通常云层越厚,反照率越大,颜色越白。

红外云图(Infrared satellite image,IR)。在红外云图上,最黑的地区代表最暖的表面,最白的地区代表最冷的表面。根据色调的差异可以判断云顶的高低:色调白,温度就低,表示云顶高度高;色调黑,温度就高,表示云顶高度低。

(2) 重要天气系统的识别和跟踪

热带气旋:在卫星云图上,热带气旋外围为白色的涡旋状云系,中心眼区为黑色无云区或浅黑色少云区,如图 5-2-15 所示。一般当云图上热带气旋云系形状呈"9"时,表明热带气旋向西移动;当云系形状呈"6"时,表明热带气旋向东北方向移动(北半球)。

冷锋:在卫星云图上,冷锋锋区表现为一条长几千公里、宽二三百公里的白色云带,如图 5-2-16 所示。大多数冷锋很容易从卫星云图上识别出来。

图 5-2-15　热带气旋云图

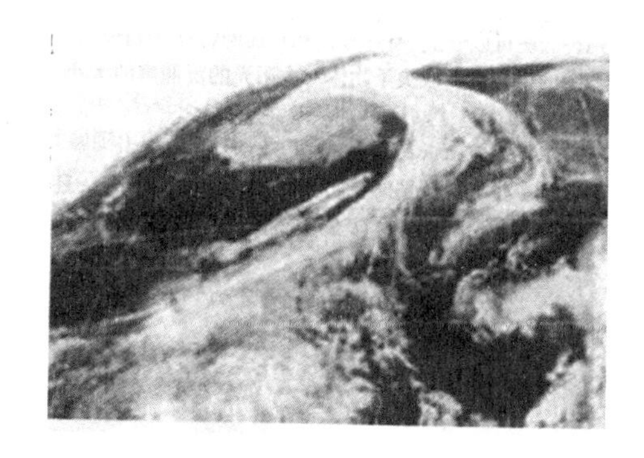

图 5-2-16　锋面气旋云图

暖锋:在卫星云图上,暖锋云区表现为长几百公里、宽 300～500 km 的短而宽的带状云区。在卫星云图上暖锋一般不易识别。

副热带高压:在卫星云图上,副热带高压表现为一大片暗的无云或少云区,其南北两侧均为多云区(白色多)。无云区边界一般很清楚,大致与 500 hPa 图上 588 等高线一致。副热带高压区色调很黑,碧空无云,说明副热带高压区内下沉运动很强;当副热带高压减弱时,副热带高压区颜色将变淡,表明内部云系增加。

拓展训练

1. 船舶常用气象传真图有哪几种?
2. 简述常用气象传真图中各警报符号的具体含义。
3. 简述日本台发布的热带气旋警报图中虚线圆和实线圆的含义。
4. 简述波浪分析图中等波高线的含义,简述合成波高的定义。
5. 简述波浪预报图上等波高线的含义。
6. 可见光云图与红外云图有何区别?

技能模块

模块3　天气报告识读及气象传真图识读

核心概念

天气报告、地面分析图、地面预报图、海浪分析图、海浪预报图、热带气旋警报图、卫星云图

学习目标

知识目标

熟悉气象传真图的种类

掌握各类分析图上的分析项目

技能目标

能认识气象传真图图名标题和各类符号

能正确识读各类天气系统,掌握其位置、强度及未来移向

能对航行海区做简单天气预测分析

能进行气象要素的观测和记录

工作任务

1. 天气报告的识读
2. 地面分析图的识读
3. 地面预报图的识读
4. 海浪分析图和预报图识读
5. 热带气旋警报图识读
6. 卫星云图识读

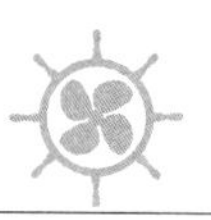

任务 1 天气报告的识读

任务实施

准备一份天气报告，要求学生能正确识读天气报告中各句话含义，教师作为实施顾问身份参与任务中。

任务拓展

网站上查找最新的气象报告信息，准确译出其中文含义。

任务 2 地面分析图的识读

任务实施

1. 准备一份地面分析图，要求学生能正确识读天气图中图题的含义、英文简报的内容、警报符号的位置、警报的含义，测站的中各填图符号的含义、等压线的含义、锋面天气的特点。

2. 教师作为实施顾问身份参与任务中，指导学生将以上问题用书面形式回答上来。

任务拓展

网站上查找最新的气象报告信息，准确找出各天气区位置，能对目前航行海区做准确天气分析。

任务 3 地面预报图的识读

任务实施

1. 准备一份地面预报图，要求学生能正确识读天气图中图题的含义、英文简报的内容、警报符号的位置、警报的含义。

2. 教师作为实施顾问身份参与任务中，指导学生将以上问题用书面形式回答上来。

任务拓展

网站上查找最新的气象报告信息，准确找出各天气区位置，能对未来航行海区做简单天气预报。

任务 4 海浪分析和预报图识读

任务实施

1. 准备一份海浪分析和预报图，要求学生能正确识读天气图中图题的含义、海浪的方向、海浪的高度以及影响海浪的主要天气因素。

2. 教师作为实施顾问身份参与任务中，指导学生将以上问题用书面形式回答上来。

任务拓展

网站上查找最新的天气图信息，准确找出大浪区位置，能对未来航行海区做简单海浪分析。

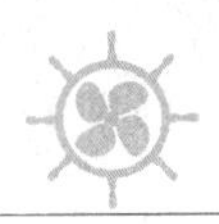

任务5 热带气旋警报图识读

任务实施

1. 准备一份热带气旋警报图，要求学生能正确识读图中图题的含义、英文简报的内容、警报符号的位置、警报的含义，热带气旋未来的移动范围。

2. 教师作为实施顾问身份参与任务中，指导学生将以上问题用书面形式回答上来。

任务拓展

网站上查找最新的热带气旋警报图，准确找出灾害区位置，能对未来航行海区做简单天气预报。

任务6 卫星云图识读

任务实施

1. 准备一份卫星云图图，要求学生能正确识读图中各主要天气系统(锋面气旋、副热带高压、热带气旋等)。

2. 教师作为实施顾问身份参与任务中，指导学生将以上问题用书面形式回答上来。

任务拓展

网站上查找最新的卫星云图，准确找出各天气区位置，能对未来航行海区做简单天气预报。

任务评价

<table>
<tr><th colspan="2">评价内容</th><th>评价标准</th><th>权重</th><th>分项得分</th></tr>
<tr><td rowspan="6">任务完成情况</td><td>天气报告的识读</td><td>能正确识读天气报告中各天气系统的位置、强度、移向、移速等</td><td>15%</td><td></td></tr>
<tr><td>地面分析图的识读</td><td>能正确使用地面分析图分析图中相关信息</td><td>15%</td><td></td></tr>
<tr><td>地面预报图的识读</td><td>能正确使用地面预报图分析图中相关信息</td><td>15%</td><td></td></tr>
<tr><td>海浪分析图和预报图识读</td><td>能正确使用海浪图分析图中相关信息</td><td>15%</td><td></td></tr>
<tr><td>热带气旋警报图识读</td><td>能正确使用热带气旋警报图分析图中相关信息</td><td>15%</td><td></td></tr>
<tr><td>卫星云图识读</td><td>能正确使用卫星云图分析图中相关信息</td><td>15%</td><td></td></tr>
<tr><td colspan="2">职业素养</td><td>敬业、诚信、守时遵规、团队合作意识、解决问题、自我学习、自我发展</td><td>10%</td><td></td></tr>
<tr><td colspan="2">总分</td><td></td><td colspan="2">评价者签名：</td></tr>
</table>

附　　录

附录一　JMH 广播时间表

JMH 广播时间表(2007/03/01 生效)

LTC	图代号	注	内　容	LTC	图代号	注	内　容
0020	SOPQ1	②	重播 1100	0600	FSAS04		地面气压,降水预测(48 h)
0040	AUAS50		500 hPa 高度,温度		FSAS07		地面气压,降水预测(72 h)
0100	AUAS85		850 hPa 高度、温度、温度露点差预测	0620	AWJP	①	重播 0119
0119	AWJP	①	海浪分析(日本近海)	0640	ASAS		重播 0440
0138	FUFE502		500 hPa 高度,涡流预测(24 h)	0700	FSAS24		重播 0330
	FSFE02		地面气压,降水预测(24 h)	0720	FWJP	①	重播 0410
0150	ASAS		重播 2240	0740	FSAS48		重播 0500
0210	FUFE503		500 hPa 高度,涡流预测(36 h)	0800	FSAS04		重播 0600 地面气压,降水预测(48 h)
	FSFE03		地面气压,降水预测(36 h)		FSAS07		重播 0600 地面气压,降水预测(72 h)
0221	FXFE572		500 hPa 温度和 700 hPa 温度露点差预测(24 h)	0820	FSAS09		地面气压,降水预测(96 h)
	FXFE782		850 hPa 温度、风和 700 hPa 垂直 P——速度预测 24 h	0840	FSAS12		地面气压,降水预测(120 h)
0232	FXFE573		500 hPa 温度和 700 hPa 温度露点差预测(36 h)	0903			测试图
	FXFE783		850 hPa 温度、风和 700 hPa 垂直 P——速度预测(36 h)	0910			气象卫星云图(MTSAT)
0250	WTAS07		热带气旋预报	0930	STPN		重播 1819

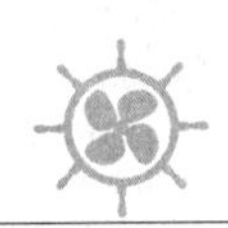

（续表）

LTC	图代号	注	内　容	LTC	图代号	注	内　容
0310			气象卫星云图(WTSAT)		FIOH04/16		重播 1819
0330	FSAS24		地面气压、风、雾、冰、海冰预测(24 h)	0950	WTAS07	①	热带气旋预报
0350	WTAS07	①	热带气旋预报	1010	SOPQ1	②	海面海流，100 m 深度水温
0410	FWJP	①	海浪预测(24 h)(日本近海)	1029		③	无线电预报
0440	ASAS		地面分析	1040	ASAS		地面分析
0500	FSAS48		地面气压、风、冰，预测(14 h)	1100	COPQ1	②	海面水温
0540	WTAS07	①	重播 0350 热带气旋预报	1120	ASAS		重播 1040 地面分析
1140	WANAM		JMH 广播时间表及指南		FSAS07		重播 1430
1200	WTAS07	①	重播 0950	1800	FSAS48		重播 1620
1221	AWPN		海浪分析(西北太平洋)	1819	STPN	④	海冰冰情(季节性)
1240	AWJP		海浪分析(日本近海)		FIOH04/16	⑤	海冰冰情预测(48 h，168 h 季节性)
1259	AUAS50		500 hPa 高度，温度	1840	FSAS24		重播 1348
1318	AUAS85		850 hPa 高度、温度、温度露点差预测	1900	AWPN		重播 1221
1337	AUFE502		500 hPa 高度，涡流(24 h)	1919	AWJP		重播 1240
	FSFE02		地面气压，降水预测(24 h)	1940	FWPN		重播 1451
1348	FSAS24		地面气压、风、雾、冰、海冰预测(24 h)	2000	ASAS		重播 1640
1410	ASAS		重播 1040 地面分析	2020	FWPN07		海浪预测(12/24/48/72 h)(西北太平洋)
1430	FSAS04		地面气压，降水预测(48 h)	2040	FXFE572		500 hPa 温度和 700 hPa 温度露点差预测(24 h)
	FSAS07		地面气压，降水预测(72 h)		FXFE782		850 hPa 温度、风和 700 hPa 垂直 P——速度预测 24 h

（续表）

LTC	图代号	注	内　容	LTC	图代号	注	内　容
1451	FWPN		海浪预测(24 h)(西北太平洋)	2051	FXFE573		500 hPa 温度和 700 hPa 温度露点差预测(36 h)
1510			气象卫星云图		FXFE783		850 hPa 温度、风和 700 hPa 垂直 P——速度预测 36 h
1530	FWJP		海浪预测(24 h)(日本近海)	2103			测试图
1550	WTAS07	①	热带气旋预报	2110			气象卫星云图(MTSAT)
1609	FUFE503		500 hPa 高度，涡流预测(36 h)	2130	FWJP		海浪预测(24 h)(日本近海)
	FSFE03		地面气压，降水预测(36 h)	2150	WTAS07	①	热带气旋预报
1620	FSAS48		地面气压、风、冰，预测(48 h)	2220	SOPQ	②	重播 1010
1640	ASAS		地面分析	2240	ASAS		地面分析
1700	WTAS07	①	重播 1550 热带气旋预报	2320	ASAS		重播 2240 地面分析
1720	ASAS		重播 1640	2340	WTAS07	①	重播 2150
1740	FSAS04		重播 1430				

注：①有热带气旋情况下；②每周二、五；③20 日，21 日；④每周二、五(季节性)，第二天 0930 重播；⑤每周三、六(季节性)，第二天 0930 重播频率(kHz)：3622.5、7795、13988.5、F3C，WHITE(+400)，BLACK(−400)，5 kW。

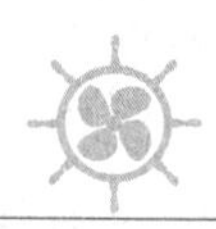

附录二 船舶气象导航

船舶气象定线(Ship weather routing)俗称船舶气象导航,它建立在现代天气预报的基础上,是安全航海技术的最新发展,远洋船舶在横渡大洋时,总希望能够选择出一条既安全又经济的最佳航线,以便赢得较好的航行条件。长期以来,由于技术条件的限制,使得跨洋航行船舶的航线选择往往达不到令人满意的效果。因此,它始终困惑着远洋航行的船长和船舶驾驶人员,随着数值天气预报和其他现代科学技术的迅速发展,从20世纪50年代开始,出现了为横渡大洋的船舶拟定最佳天气航线的新技术——船舶气象定线(船舶气象导航)。

船舶气象导航是将气象学、海洋学、航海学和计算机应用等学科有机会地结合起来,船舶气象导航可以使横渡大洋的船只提高安全性,缩短航行时间,节省燃料,减少因天气导致的损失,从而使船舶在海上的航行能够达到最佳效果。大量的海上实践表明海洋船舶气象导航具有明显的安全性和显著的经济效益,目前已被全球的海运界广泛采用。分为气候航线和气象航线两种。

一、气象航线与气候航线的概念与特点

1. 气候航线

气候航线(Climate routes)是以气候资料为基础,结合《航路指南》《引航图》《大洋航路》等资料而拟定的航线,又称习惯航线。

气候航线大多是根据大气环流、世界风带、季风和洋流等方面的统计资料和航海人员的经验来制定的,它是建立在气候资料统计基础上的,是前人宝贵经验的总结,在相当长的时期内,它对大洋航行的船舶安全和船长的决策工作都起到很大的指导作用,迄今仍有许多船长以它作为选择大洋航行的主要依据。不同季节航线差别很大,它是某种气候条件下的较优航线。“世界大洋航路”中所推荐的航线均属气候航线。

由于气候资料只能反映某一海域、某一季节天气和海况的平均状况,而船舶在气候航线上实际遇到的天气和海况往往与这种平均状况差别很大,有时甚至会遇到意想不到的天气和海况,而导致航行条件复杂化,给船舶航行带来许多困难,甚至造成船损、货损、费时等损失。另外,由于气候航线对温带地区的一些移动性低压系统反映不出来,也正是这些移动性的低压系统对船舶航行威胁很大,常常是造成恶劣的天气和海况的原因之一。某些气候上的优越航线,在天气上有时却是很坏的航线。因此即使选择气候航线,由于遭遇恶劣天气而造成的船损、货损或延误航时的现象仍然时有发生。相反,某些气候资料认为不适合航行的海域,在某些时段会出现有利于船舶航行的好天气。这些是气候航线的局限性和它不能满足当今航海需要之处。

2. 气象航线

1952年美国创建世界上第一个气象导航公司——美国海洋气象导航公司(OCEAN ROUTES INC.)。20世纪60年代后期,随着预报技术的提高,英国、苏联、德国等先后建立了气象导航服务机构。从20世纪80年代开始,我国也逐步开展了气象导航的服务和研

究，并且取得了一定的成绩。由于在航行中实际遇到的天气可能与航行海区该季节的平均天气状况出入，采用船舶气象导航技术，可以使船舶缩短减少因恶劣天气造成的损失。

气象导航机构推荐的航线称为“气象航线”(Weather routing，又称为最佳航线)，它是根据较准确的短、中期以及有效的长期天气和航行海区的海况预报，结合船舶性能、船型、装载特点、技术条件以及航行任务等，为横渡大洋的船舶选择的既安全又节省航行时间的最佳天气航线，并在航行中气象导航公司始终跟踪被导船舶，利用不断更新的天气和海况资料指导船舶安全、经济航行的航海技术。它一般可分为最经济航线和最舒适航线两种。

最经济航线是使船舶从始发港到目的港之间的整个航程，在确保安全(船损、货损减小到最低限度)的条件下，减少航时、节省燃料、提高船舶的营运效益的航线。一般最短航时航线又称经济航线，多为货船采用。

最舒适航线是要求船舶在航行中尽量减少风浪的影响的航线，它使航行条件安全、舒适。这种航线多为客船和旅游船所采用。

气象导航对沿岸航行和狭水道航行一般没有意义，在那里可选择的航线少，因此它一般适用于横渡大洋的航行。其次，在低纬度除热带气旋活动外，天气很稳定，因此气象导航通常不用于低纬度，而是用于中高纬度大洋航线。

气象航线充分考虑了航线上未来的各种天气过程，并在很大程度上克服了气候航线的局限性。但是，由于气象航线对未来天气和海况预报实效要求较高，而目前国际上天气预报的水平只能提供准确的 5 天预报，无法完全满足跨洋航线的需求。因此，在目前阶段，气象航线还不能完全取代气候航线，在很多情况下还要参考有关的气候资料。所以说气候航线是气象航线的基础，气象航线是气候航线的发展。

二、气象导航的安全性和经济效益

1. 气象导航的安全性

恶劣天气和海况，常常严重威胁船舶航行安全。因此，最大限度地保障船舶安全是船舶航行的基本要求，也是船舶选择航线时必须考虑的首要问题。

多年来，即使选择气候航线，由于各种恶劣天气和海洋因素的影响所造成的海事仍相当严重。气象航线充分考虑了航线上未来的各种天气过程，并在很大程度上克服了气候航线的局限性，其明显地提高了船舶航行的安全性，其主要表现在以下几个方面：

(1) 采用气象导航的船舶，由于天气和海洋因素而引发的船损、救助、共同海损等事故有较大幅度的下降，船舶航行的安全性有了较大提高。据有关资料统计，在以往 10 年中，每年因天气造成的船舶灭失占世界总商船队吨位的 0.13%，在过去的 25 年里，只有 2 艘使用海洋气象导航的船舶在推荐航线上灭失，占事故当年使用海洋气象导航船舶总数的 0.02%。按照 6 万次跨洋航次的船舶灭失率为基础统计，表明使用海洋气象导航使船舶航行安全率提高 6 倍多。

(2) 气象导航能使船舶减少遭遇顶头浪的机会，尽量避开这种危害船舶航行安全的恶劣天气区和恶劣海况区，从而减少大风浪对船体的损坏。尽管船舶所有人大多会参加船舶保险，但船舶所有人或租船人在运输途中如果能同时利用海洋气象导航，那么将获得更大的利益。因为伦敦保险市场协会船舶定期保险条款和中国人民保险公司船舶保险条款中，并不对承保的所有由海上恶劣天气引起的船体损害承担赔偿。据有关资料报告，60 年代

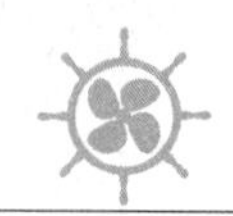

前，海洋气象导航尚未普及，恶劣天气引起的船损修理费平均每船达 32 000～53 000 美元。从 60 年代起，海洋气象导航在班轮航线上应用后，使得船损修理费逐年下降，到 1967 年由天气因素造成的船损修理费降为平均每船 6 000 美元。可见，海洋气象导航的运用使得船体损害的机率大幅下降。

(3) 船舶采用了气象导航，航行环境得到了极大的改善，不但减少了船损，而且货损率也大大降低。如果期租船人租入船舶从事班轮运输不使用海洋气象导航，一旦由于恶劣天气而发生货损灭失，按《海牙规则》第四条第二款第三项"海上灾难"并非所有恶劣天气原因均可免责，租船人(此为承运人)就会因无法免责的货损灭失而可能进行巨额赔偿。但是，倘若租船人能有效地利用海洋气象导航，就可以选择安全航线，尽可能避开会造成货损灭失的恶劣天气的风险。因此，使用海洋气象导航，能提高船舶航行的安全性。

船舶采用气象导航，很大程度山改善了航行条件，使船损、货损率大大降低。大量的实践证明，这些都是气象导航越来越被航运界和航海家们所接受的主要原因。

2. 气象导航的经济效益

采用气象导航的经济效益主要体现在以下几个方面：

(1) 缩短航时、节省燃料，降低成本

使用海洋气象导航，能够尽量避开恶劣的天气和海况，充分利用有利的环境场，缩短航时，节省燃料费用，降低成本。气象导航充分利用有利的海洋环境因素来缩短航时。缩短航时的办法有两方面，一是使航程尽量短而合理；二是尽量避开航行途中的强风、巨浪，特别是顶风、逆浪的海区，充分利用顺风、顺浪、顺流等有利条件。大量的统计资料表明，采用海洋气象导航的船舶与没有采用海洋气象导航而航线类同(例如同走高纬度)的船舶相比较，北太平洋东航平均节省约 4.5 h，西航平均节省 8.6 h，北大西洋东航平均节省 3.6 h，西航平均节省 5.9 h。这是冬季和夏季的综合情况，其中冬季的效益比夏季高。

气象导航选择了比较合理的航线，能达到缩短航时的目的，同时，航时的缩短又会带来燃料的节省和运输成本的降低。

(2) 确保船舶在航时间的准确性

船舶一旦使用海洋气象导航后，就可以避免因天气、海况等原因造成的不能准时挂靠港的情况，从而增加了航期的准确性，提高了公司的信誉度。如果期租船人以航程租赁的形式出租船舶，在预备航次中就能使用海洋气象导航准时赴约，往往可以避免因天气、海况等原因造成船舶未能在销约期之前抵达指定交船地点，而面临租约被解除、甚至有被提出索赔的危险。由于海洋气象导航的使用确保了船舶在航时间的准确性，对于那些有时间限制的运输合同显得尤为重要，而对那些赶潮水进港的船舶意义则更大，拖一次潮水，时间就会损失好几个小时。据有关部门统计，凡接受气象导航的船舶有 93%提前或准时抵达目的港，而没有接受气象导航的船舶却有 38%晚到。可见，采用气象导航能够提高船舶到港时间的准确性，赢得信誉。尤其对那些要求使用专用码头装卸货和严格按计划使用吊车的特种船舶和集装箱运输船舶来说，采用气象导航是极为有利的。

(3) 使用海洋气象导航可更好地掌握船舶动态、营运和履约情况

对于租期为多年的长期租约，租船人希望能连续地掌握船舶的航行动态、航速和燃油消耗，随时关注是否符合租约规定的要求。租船人除了从船长、船舶所有人和船舶代理人那里得到信息外，使用海洋气象导航也是行之有效的方法之一。

在定期租船运输中，租船人使用海洋气象导航主要是为其自身利益，但船舶所有人从中也可受益。由于船舶所有人负责船舶每日的营运成本及船舶管理方面的风险，而租船人只负责经营方面的事务，所以租船人很难掌握船舶动态和营运，

租船人定期租入船舶后，如果该船使用海洋气象导航服务，租船人通过海洋气象导航公司提供的"航次后分析报告"和"初步航次报告"就可知道该船的航行情况，实际航速是否符合租船合同的保证船速。一旦发现航速不足，租船人可以立即通知船东，除了可以因该航次中的航速不足要求索赔外，更可据此告诫船舶所有人引起注意，及时采取措施，使船舶航速达到合同规定的保证速度。以减少和避免今后发生严重纠纷。若船舶航速减慢，除了依上所述可以根据租约内船舶可达航速规定指控船舶所有人外，还可根据事实，引用租约内的其他条款作为租期中减速赔偿的有力根据。另外，还可以引用"纽约土产格式(NYPE)"第一条"合理维修"条款中因船舶所有人没有合理维修船舶而减速、第八条"尽速遣航"条款中因船长没有尽速遣航而减速和第十五条"停租"条款中因船壳、机器等损坏而减速作为依据。海洋气象导航公司也专门为此提供了一个实际时间损失和燃油消耗计算格式供期租船人参考使用，以利于期租船人在受损时进行索赔。

(4) 其他经济效益

采用气象导航后，由于减少了船舶遭受大风、大浪的袭击，从而也降低了船舶维修和货物损失的赔偿费。可见跨洋航行的船舶采用气象导航后，在很大程度上可达到安全、经济、准时的航行效果。

气象导航的经济效益，主要体现在缩短航时，减少燃料消耗，降低营运成本，提高经济效益。气象导航能充分利用有利的天气和海洋环境，如顺风、顺浪、顺流等，以此来提高船速或使船舶失速降到最低限度，以达到缩短航时、降低营运成本和提高经济效益之目的。另外，通过气象导航改善航行环境，使得船损、货损减少也是一项重要的经济效益。

三、气象导航服务程序

最初的船舶气象定线大都采用经验法和作图法。目前已发展到用动态规划和变分法等数值方法在计算机上进行处理，逐步向客观、定量和最优化发展。气象导航公司对船舶进行气象导航业务服务，其过程主要包括优选初始推荐航线、跟踪导航与变更航线、航次事后分析三部分。该过程核心部分是航线选定程序和监视程序两部分。

1. 优选初始推荐航线

首先根据中、长期天气和海况预报图，以及大洋大型天气形势的主要型式和特殊型式，选定大圆航线的起始点，确定一条基础航线。然后根据中短期天气和海况预报资料(主要是未来两周、72 h 和 12 h 的地面图、高空图、波浪的分析及其预报图)，在基础航线两侧一定范围内选择最有利的航线。考虑船舶预计经过整个航区先后将要遇到的自然环境的有关数据、船舶运动性能曲线图以及装载情况、某些特殊要求等约束条件，编制成运算程序，利用计算机求出最佳航线。通用的方法是将基础航线全程划分为若干小段。每一小段有若干可供选择的航线。选择不同的航线，可以到达不同的中间点。这些点和线组成的网络，布设于实际的最佳航线所可能通过的海区上。当网络足够密集时，实际的最佳航线必然很接近其中某一小段航线序列。每小段航程不长，天气和海况因子可当作常量。计算天气和海况因子的影响后，算出每小段的航行时间。在此基础上，逐段地找出到达各中间点

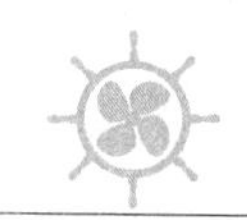

的最佳路径,剔除非最佳路径,直至选出全程的最佳航线。气象导航机构将拟定的最佳航线和风浪预报图推荐给离港前申请气象导航的船舶,从而得到可供船长参考的初始推荐航线。

2. 跟踪导航与变更航线

在整个航行过程中,被导船在气象导航机构的指导下航行,并定时向导航机构报告船位以及沿途观测到的气象和水文资料。气象导航机构继续对其实施计算机跟踪导航服务,并根据不断更新的、精度较高的短、中期天气和海况预报推算船位,当发现航线前方有恶劣天气和海况时及时报警提示。导航机构根据所掌握的整个航区情况的变化,每天两次调整推荐航线,告知被导船。有时并将被导船航线附近的波浪预报图或天气形势报告等一并告知。被导船遇到恶劣天气和异常海况时,必须及时将现场附近的气象与水文情报报告导航机构,导航机构则视需要随时向被导船提出指导性意见。被导船按照或参考导航机构推荐的气象航线航行,直到安全到达目的港。

跟踪导航与变更航线是以计算机的程序控制来实现的,和选择初始推荐航线一样,同样需要考虑船舶的性能、货物情况、航行要求及天气、海况等诸多因素。变更航线建议的提出是需要慎重考虑的,不但要考虑当前的情况,而且还要考虑航线变更后,在剩余航程上避免再遇到恶劣或更坏的天气,所以,航线分析人员总是经过各方面慎重考虑和协商后,才能发出变更航线的建议。如果船舶离开了原推荐航线,导航公司将根据天气和海况同样方式对船舶进行监护并提出建议,必要时,向船长推荐新的航线。计算机的控制程序将跟踪这两条航线,直到船舶抵达目的港。这样以便在航行结束后,比较他们的优劣。

3. 航次事后分析

航行结束后,气象导航机构将及时做出本航次的航行总结报告(Post voyage analysis)。航行总结报告的内容包括整个航程的天气、海况分析、每天世界上 12 h 的推算船位、航速、风向、风速、海浪方向、海浪高度、大风的天数、平均航速、绘制的航迹图以及所有来往报告。航行总结报告寄送申请气象导航的公司,公司将报告的副本转送给船长,以便总结经验。

由于目前中长期天气预报准确性和海况预报准确性的限制,推荐航线不一定是理想航线。船舶抵港后,可以根据全程的天气实况找出风浪最小、航时最省的理想航线,事后航次分析将推荐航线、实际航线与理想航线进行对比,找出该航次中前两者不足之处并分析其原因,以改进以后的天气预报和船舶定线技术。

四、船舶使用气象导航程序及注意事项

1. 船舶使用气象导航程序

(1) 申请气象导航

如果在港船舶准备接受气象导航服务,船长、船东、或租船人应在起航前 24～48h 内向气象导航公司提出申请,导航公司接到申请后开始工作,为船舶优选航线。

申请时需提供如下有关资料:

船舶名称(Ship Name)、呼号(Callsign)及船速(Speed)

船公司(Owner)或租船公司名称(Charter)

预计离港时间(ETD)

出发港口或始发点(Departure Port)

目的港(Destination)(包括中途港及预计停留时间)

特殊事项(Special Requirements)

载货情况(Load)

船舶吃水(Draft)、吃水差(Trim)、干舷高度(Freeboard)

该航次中选用的联系电台(Radio Station Preference)

起航港船舶代理人(Departure Port Agent)

若船舶因故推迟起航,应将新的预计起航时间及时通知气象导航公司。

(2) 航行途中

船舶起航后,航行途中,应及时将下列各项反馈给气象导航公司:

(a) 开航后立即电告船舶实际起航时间(ATD)。船舶起航后,应立即将实际起航时间电告气象导航公司,以便气象导航公司以此为依据做出最佳气象航线和跟踪导航服务。

(b) 航行途中,如果不是由于天气影响而使船舶降速或停滞,应及时电告气象导航公司,以便掌握被导船舶的动态。途中若遇恶劣天气航行确有困难时,可随时向气象导航公司咨询。

(c) 每两天电告一次午时(世界时 1200Z)船位及天气情况,内容包括:船名、呼号、日期时间、船位、航向、航速、风向、风速及海况等。若被导船是承担大气观测报告的制定船,仅要求船舶提供船位报告。

一般情况下,气象导航机构每两天给船上一份船舶前方的天气,海况预报,在天气变化较大,对船舶航行有影响的情况下,气象导航机构会及时主动与船长联系,通过电台或卫星通信设备发送途中天气预报,如果有必要,还会建议船长采取改变航行或改变航速等有关措施,避开恶劣天气和海况。

(3) 抵港

到达目的港后,船舶应立即电告气象导航公司实际抵达目的港的时间(ATA),以便气象导航公司结束对本船的导航服务。

2. 船舶使用气象导航注意事项

气象导航的安全和经济效益已被大量的事实所证明。因而船长对于气象导航公司的服务,应给予足够的信任,同时不能减轻个人对于船舶安全的责任感,决不能盲目地依赖,要明确气象导航的实际意义,正确理解气象导航公司推荐航线的意图。积极与之配合,才能获得良好的导航效果。在接受导航过程中应注意下列问题:

(1) 装备现代化通信和定位设备

被导船舶应装备卫星通信设备和 GPS 等通信和定位设备,以保证在任何情况下与被导船与气象导航机构之间的及时有效的通信联系以及全天候高精度定位。当然,船舶还应装备气象传真接收机。航行途中,要保证通信畅通,使船长与气导公司保持密切联系,船长要报告实情。

(2) 明确气导机构推荐的航线仅仅是航行建议

气导机构推荐的航线仅仅是航行建议,完全是资讯性质和顾问性质的,不承担任何法律责任,就如同船上的雷达等辅助设备一样,只是一种助航手段。航线是否采纳由船长根据当时的情况最后决断,船长在任何情况下都对航行负有全责,其中也包括对航线的选择。

因此,船舶采用气象航线航行后,船长不能盲目的依赖,相反对船长的技术要求更高了,要求船长应具备一定的海洋气象知识和航海经验,能更好的理解气象导航机构的推荐航线意图,积极与其配合。同时,途中要密切注视海洋和天气的变化过程,保持对天气和海况做连续不间断的观察,按时接收气象传真图和天气报告。观察,分析可能突然发生的某些天气现象,及时与气象导航机构联系,以弥补其推荐航线的不足和出现的误差。欲使整个导航过程达到最佳,船长积极配合是一个相当重要的环节。

(3) 采用气导推荐航线时,应做好抗风浪、雾航和高纬度冰区航行的思想准备

气象定线是力图为被导船舶推荐一条尽量减少大风浪和恶劣天气的安全经济航线。但这并非意味着船舶在气象航线上一定不受大风浪的影响。尤其冬季,在北太平洋和北大西洋的中高纬度海域,6 级以上的大风及 5 m 以上的大浪是常见的,其影响范围也较广,此时,横跨大洋的船舶要想完全避开大风浪区是不可能的。这时气象导航机构将根据天气系统、大风浪区的分布和变化规律及船舶的实际情况可能要求船舶短时间闯过大风浪区或完全避开大风浪区,以获得剩余航程中大范围好天气。因此,不要错误地认为采用气象导航公司的推荐航线就一定不遇大风浪,更不可一遇到大风浪就不加分析盲目地改向低纬航行。所以,采用气象导航的船舶,轻易不要放弃偏离推荐航线,必需时刻随时向气象导航公司咨询,掌握航行主动权,确保船舶航行安全。

气象导航机构认为,对于全年多雾的北大西洋和北太平洋中高纬海域涞水,要想完全避开雾区是不可能的。所以,采用气象导航的船长和驾驶人员必须有足够的雾航思想准备。

另外,冬季高纬度航行时,可能会遇到海冰,船长还需考虑海冰对船舶航行的影响。

(4) 气象导航公司的推荐航线并非都是大圆航线

气象导航是根据当时的天气和海况不同时效的预报及其他多种海洋环境因素来选择航线的,由于船舶在航行中受多种因素的影响,它不是某种单一的航法,而是多种航法的综合。通常是大圆航线、等纬圈航线和恒向线等混合航线,气象导航机构在拟定航线时,通常以大圆航线作为选择气象导航线的基础航线,并在其两侧作离散化处理,选出一条最佳的气象航线。因此,大多数的气象航线都是基于大圆航线的两侧,这就要求驾驶人员对大圆航法必须熟悉。

(5) 气导机构对热带气旋的预报仅供参考

实践证明,气导机构提供的热带气旋的路径预报其准确率不比气象部门提供的准确率高,因此不可迷信气导机构的热带气旋预报。船长应密切关注热带气旋的动向,根据实际情况,做好多种准备,应使船舶保持在有利的位置上,并留有足够的活动余地。

大量事实证明了气象导航的安全、经济效益是无可非议的。这也是气象导航目前广泛被横跨大洋航行的船舶而采用的主要原因。当然目前气象导航还存在某些需要解决和完善的地方,如目前中、长期的天气、海洋预报的准确率和预报时效受限制对,全部大洋的天气、海况观测资料不够充等。因此影响了船舶离港时选择最佳航线的准确率。另外,船舶实际运动的状态和船舶的运动性能等问题也有待进一步研究完善。

我们相信随着气象卫星、大气探测手段、电子技术的迅速发展,以及海洋预报准确率和实效的提高,气象导航将会显示出其更大的优越性和更好的效果。

附录三　教学案例

教学案例

第一部分　“气象基础知识观测与分析”案例

1. 全球变暖

《京都议定书》是1997年12月在日本京都召开的联合国气候大会通过的。这一议定书规定，在2008年至2012年间，发达国家的二氧化碳等6种温室气体的排放量要在1990年的基础上平均削减5.2%，其中美国削减7%，欧盟8%，日本6%。今年3月，美国政府决定不履行《京都议定书》，并借口称，如果发展中国家不作出削减排放量的具体承诺，美国绝不会在议定书上签字。

(1) 讨论通过《京都议定书》的环境背景？为何二氧化碳增多使全球气温升高？

(2) 二氧化碳增多原因？为何规定主要是发达国家的二氧化碳等6种温室气体的排放量的削减？

(3) 对美国政府不履行《京都议定书》，你的立场怎样？为什么？

(4) 对全球变暖的事实，你认为人类应该给以怎样的态度并采取哪些措施？

讨论：对于“大气保温气体使全球变暖”这一论题，目前存在两种不同的看法：一是支持大气保温效应增强的观点，二是反对大气保温效应增强的观点。你的看法如何呢？简述理由。

2. 高原缺氧反应

从低海拔地区来高原的游客，由于气候等方面的急剧变化，超过了正常人机体自动调节的限度。在海拔4 000 m以上地段，约60%～100%的人会发生急性缺氧反应或者疾病，其症状常见的有头痛、头昏、心慌、气短、食欲不振、恶心呕吐、腹胀、胸闷、胸痛、疲乏无力、面部轻度浮肿、口唇干裂、鼻衄等。危重时血压增高，心跳加快，甚至出现昏迷状态。有的人出现异常兴奋，如酩酊状态、多言多语、步态不稳、幻觉、失眠等。

长期在高海拔地区工作，重返平原居住后，觉得特别懒洋洋，人也会晕乎乎的想睡觉，就像喝醉了酒一样。这就相当于“醉氧”。

讨论：

(1) 高原缺氧反应及醉氧现象的解释。

(2) 讨论人缺氧产生的原因，人类如何克服。引起体育锻炼健康饮食的重要性。提前度过适应期的人，一定要热情帮助还在患难中的团友，体现团队精神是克服缺氧的一剂良药，也是探险旅游最伟大的意义。

3. 飞机飞行

飞机在飞行过程中平稳，在起飞和降落中颠簸明显。

讨论：

(1) 这种现象出现的原因。

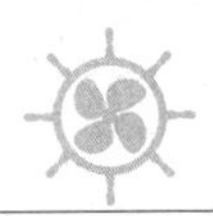

（2）如何适应。

（3）给出大气不同层次的空气运动特点。加强对大气分层的理解。

4. 辐射

中新网2011年12月11日电据日本共同社11日报道，日本福岛市以及福岛县伊达市、二本松市的大米中接连被检测出超出国家暂定标准（每千克500贝克勒尔）的放射性铯。福岛县产大米的安全性受到质疑。由日本农林水产省和福岛县政府主导的调查机制出现疏漏，福岛大米必将因形象受损而滞销。稻农和大米批发商为此苦恼不堪被暂停出货的这些地区以及伊达市的旧小国村等位于山区，存在局部辐射量较高的“热点”。当地有居民表示：“本来就是辐射较高的地区，对大米辐射超标不感到惊讶。”

讨论：

（1）生活中提到的辐射和气象中的辐射有和异同，结合微波炉的知识给出短波和长波辐射。

（2）自然界中的各种辐射对人体的影响。

（3）生活中如何减少辐射对人体的伤害。

5. 云

《看云识天气》（九年义务教育阶段新课标人教版7年级上册语文教材第17课）。“天上的云，真是姿态万千，变化无常。它们有的像羽毛，轻轻地飘在空中；有的像鱼鳞，一片片整整齐齐地排列着；有的像羊群，来来去去；有的像一床大棉被，严严实实地盖住了天空；还有的像峰峦，像河流，像雄狮，像奔马……它们有时把天空点缀得很美丽，有时又把天空笼罩得很阴森。刚才还是白云朵朵，阳光灿烂；一霎间却又是乌云密布，大雨倾盆。云就像是天气的‘招牌’：天上挂什么云，就将出现什么样的天气”。根据看云识天气中关于云的描述，给出：根据积状、层状、波状、高、中、低云分类方法观测云。

积状云

波状云

层状云

低云

中云

高云

6. 地转偏向力

船过赤道，航海界在很久以前就流传着举行仪式进行祭祀和庆祝的习俗，叫做"赤道祭"，以保佑航海者平安吉祥。不少的外国海船上，当船过赤道时，除当值者以外，全体船员放假一天，大摆酒宴，用整猪、整羊祭奉海神。有的船长还在驾驶台设香坛祭祀，船员们一边喝酒一边跳舞，祈求海神赐福，保佑平安。这种习俗一直沿袭下来。这个从中世纪流传下来的活动一直延续到现在。只不过今天的海员不再只是祭神，而是把活动逐渐演变成一种狂欢。

(1) 这种活动形成的原因是什么？讨论分析船只过赤道出现的不同气象因素。

(2) 地转偏向力对风的影响，自行分析信风过赤道产生的改变，理解南北半球热带地区的季风风向。

(3) 船员们如何看待这类事件。

7. 南亚季风

目前，印尼、马来西亚、索马里、也门、尼日利亚海岸的海盗出没较多。海盗形成的地理原因。除了政治动荡和军火等原因外，还有很多的其他原因。

讨论：

(1) 结合南亚季风，海盗在此出没的气象原因。

(2) 了解并正确认识海盗事件。

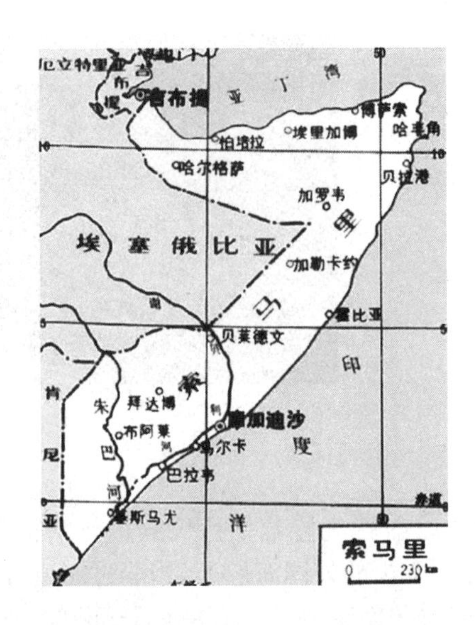

8. 局地环流

唐代诗人李商隐所著七绝《夜雨寄北》一诗：君问归期未有期，巴山夜雨涨秋池。何当共剪西窗烛，却话巴山夜雨时。结合山谷风给出“巴山夜雨涨秋池”的解释。

“巴山”是指大巴山脉，“巴山夜雨”其实是泛指多夜雨的我国西南山地（包括四川盆地地区）。这些地方的夜雨量一般都占全年降水量的60%以上。例如，重庆、峨眉山分别占61%和67%，贵州高原上的遵义、贵阳分别占58%和67%。我国其他地方也有多夜雨的，但夜雨次数、夜雨量及影响范围都不如大巴山和四川盆地。

（1）西南山地为什么多夜雨呢？山谷风形成后特点？形成云的主要条件是什么？

（2）对谚语和诗句中关于天气的描述如何看待？

9. 气旋、反气旋

据澳大利亚媒体2010年3月2日报道，天上下雨不是新闻，但天上“下鱼”大概是许多人闻所未闻的奇闻。澳大利亚北部地区的拉加马奴镇日前竟连续下了2天“鱼雨”，成千上万条小鱼竟从天而降，且这些鱼落到地面时居然仍是活着的！鱼雨在拉丁美洲，成为很多国家的民间传说。据说在鱼雨到来之前，天上乌云滚滚，大风呼啸，强风暴雨大约持续2到3小时之后，数百条活鱼在地面上。人们把这些地上的新鲜活鱼拿回家烹饪，看似多可笑的事情啊，可是它却真实存在着。

结合对流的特点讨论分析自然界中奇怪的雨，给出低压中天气的模型。

10. 风——稳定、不稳定

在国家大力提倡节能减排时，重庆日报 2005 年报道空调如何省电时提到制冷时出风口向上，制热时出风口向下，调温效率将大大提高。

(1) 讨论这样做的原因。

(2) 作为一名大学生，如何做到节约能源。

(3) 给出空气稳定和不稳定的解释。

11. 辐射雾

中新网 12 月 5 日电据中央气象台预报，中央气象台 12 月 5 日 18 时发布大雾黄色预警：预计，今天夜间到明天上午，华北、黄淮、江淮、江南、华南北部、西南地区东部等地有轻雾。

分析：

(1) 利用气象台预测的最低气温估计次日凌晨雾出现的可能性。

(2) 将自己的预测和实际天气比较，在有出入的时候，给出具体原因。

(3) 雾天我们应该如何保护好身体。

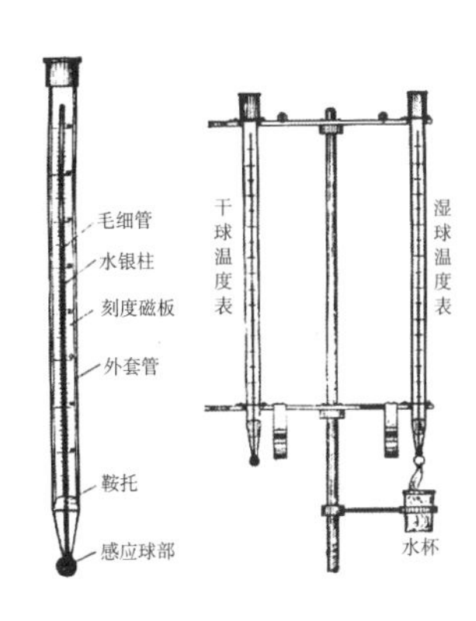

第二部分　"海洋学基础知识观测与分析"案例

1. 海啸

2004 年 12 月 26 日上午，印尼北部苏门答腊岛海域发生 8.9 级地震，并引发强烈海啸，至少 28 万人死亡，包括至少 600 名华人。在 2004 年 12 月 26 日的大海啸中，印尼受袭最为严重，据印尼卫生部称，该国共有 238 945 人死亡或失踪。已经确认死亡的人数增加了 1 874 人，达到 111 171 人，失踪人数则为 127 774 人。泰国确认遇难者总人数为 5 393 人，失踪人数新增加 3 071 人，其中超过 1 000 人为外国人。斯里兰卡是受袭仅次于印尼的国家，其遇难者总人数为 30 957 人，失踪者人数为 5 637 人。在印度，官方确认的死亡人数是 10 749 人，失踪人数为 5 640 人。缅甸共有 61 人在海啸中遇难，而联合国估计该国死亡人数为 90 人。马尔代夫至少有 82 人遇难，失踪人数新增加 26 人。马来西亚警方称，该国共有 68 人遇难，大部分为槟榔屿居民。孟加拉国则有 2 人死亡。非洲东海岸也有人员在海啸中遇难，其中索马里死亡 298 人，坦桑尼亚死亡 10 人，肯尼亚死亡 1 人。

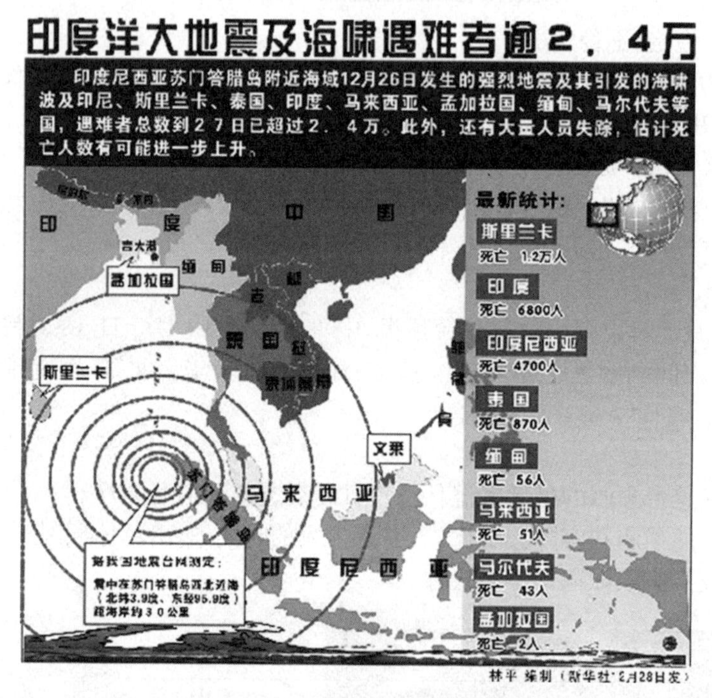

林平 编制（新华社12月28日发）

(1) 针对近年海啸频发，给出海啸形成的原因。

(2) 生活中需要做哪些准备工作？

(3) 遇到海啸后如何安全逃生？

2. 海雾

金门大桥是世界著名的桥梁之一，是近代桥梁工程的一项奇迹。大桥雄峙于美国加利福尼亚州宽 1 900 多米的金门海峡之上。金门大桥以浓雾闻名。

(1)出现大雾天原因。

(2) 给出海流对雾的影响。

(3) 雾对生活的影响。

(4) 雾中如何安全航行。

3. 海冰

1912年4月15日凌晨，“泰坦尼克”号在驶往北美洲的处女航中不幸撞到冰山，很快沉没在冰冷的北大西洋中，致使近两千名乘客和船员葬身鱼腹。这次沉船事件，成为世界航海史上最大的灾难，震惊了世界。

(1)解释冰山一角。

(2) 根据冰山的特点了解冰山附近航海的危害。

(3) 搜集相关冰山对航海影响资料的影响。正确认识冰山。

第三部分　“天气系统基础知识分析应用”案例

1. 锋面

根据冷暖锋天气模型，结合模式给出具体的天气分析。谚语“天上钩钩云，地上雨淋淋”天气为何是指暖锋天气？

2. 副热带高压

2.1　平均而言，每年2—5月，主要雨带位于华南沿海地区，并随着季节的转暖缓慢向北移动；6月中旬或下旬，雨带北移至长江流域，使江淮一带进入梅雨期，这种连续性的阴雨一直会持续到7月上旬末；到了7月上旬或7月中旬，雨带北移至黄河流域。7月中旬以后，华南地区又一次出现了雨区；7月底至8月初，雨带北移至华北、东北一带达到一年中最北位置；从 8 月底到 9 月上旬开始，雨带随着北方冷空气的活跃而开始迅速南撤，华北、东北地区雨季最早结束；到了 10 月上旬，雨带退至江南华南地区，随后退出大陆，结束了一年为周期的雨带推移活动。

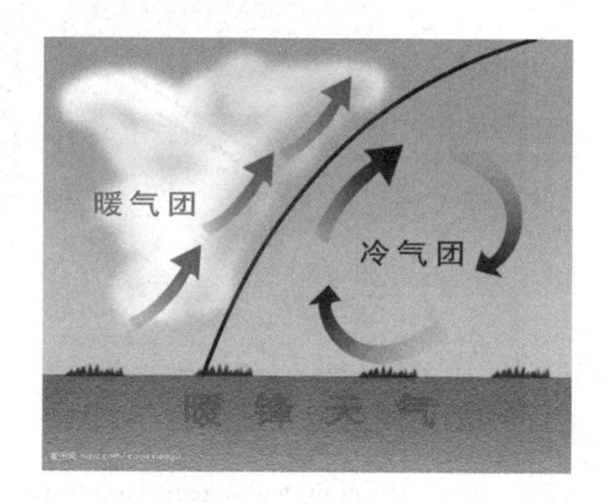

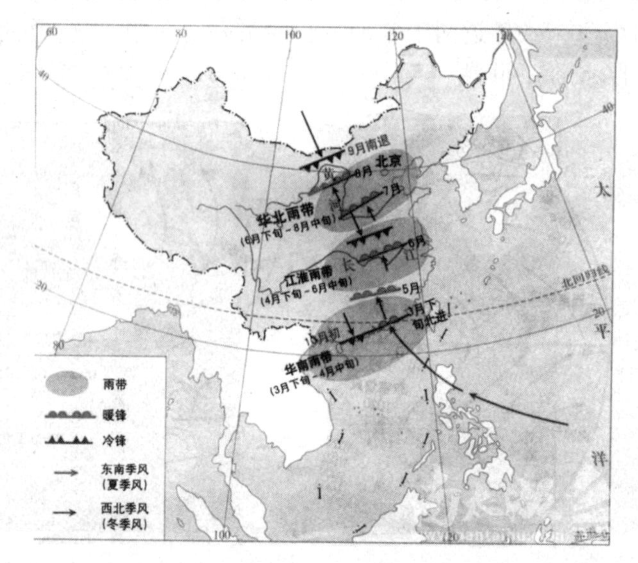

(1) 结合四季的天气变化给出太平洋地区副热带高压的变化对我国雨带的影响。

(2) 分析副高对我国气候异常的影响。

2.2　1998 年，中国大地气候异常。6 月 12 日到 8 月 27 日，整整 77 天里，汛期主雨带一直在我国长江流域南北拉锯及上下摆动。长江流域在经历了冬春多雨和 6 月梅雨季节之后；7 月下旬迎来了历史上少见的高强度“二度梅”，水位长期居高不下；8 月份，长江上游的强降雨进一步加剧了长江中下游地区的洪涝灾害。中国大地经历了一场不寻常的洪水考验。

(1) 当年气候异常和我们学过的哪类天气系统相关，从副热带高压的移动解释气候异常的原因。

(2) 气候异常对台风是否会造成影响。

(3) 正确认识气候异常事件。

2.3　2011 年 9 月份全球重大灾害性天气气候事件主要有暴雨洪水、山体滑坡和泥石流、热带风暴、高温、干旱、强风等。影响范围最广的是暴雨洪水及泥石流灾害，其中泰国、

巴基斯坦、尼日利亚、柬埔寨等地遭受严重洪灾；美国南部、非洲东部和中国西南地区持续干旱；强台风“塔拉斯”和“纳沙”造成多人死亡和严重经济损失。

（1）正确认识极端天气事件。

（2）针对近年频发的气候事件，我们能做些什么。

3. 热带气旋

3.1　案例(a)：2011 年 08 月 06 日江苏省气象台召开新闻发布会，气象专家表示，今年第 9 号台风“梅花”最大可能于 7 日白天在浙江北部（台州）到江苏南部沿海（启东）一带登陆，并转向北偏西方向移动，也有可能在这一带近海北上。“梅花”可能是近十多年来影响江苏比较严重的强台风。今天夜间到 8 日，狂风暴雨将自南向北席卷江苏。此次风力超强，陆上风力将可能达到 7 到 10 级！江苏省气象台昨日发布台风紧急警报，提醒大家做好防台风的准备工作。

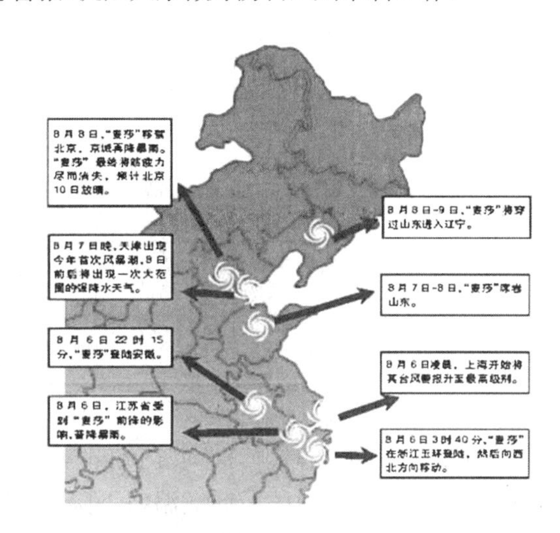

案例(b)：热带气旋麦莎预报图和真实路径图

（1）根据以上案例给出热带气旋天气模式。台风来临时，往往带来狂风暴雨的天气，是否狂风暴雨结束就预示着台风过境。

（2）根据所处台风不同位置给出台风中心所在方位，理解低压中风的方向。

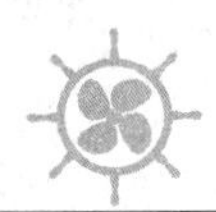

(3) 如何防弊台风,在海上如何做大限度减少损失,保障自身安全。

(4) 分析比较梅花和麦莎的预报以及登陆,给出影响热带气旋移动的主要因素是什么。正确看待目前热带气旋的预报水平。

3.2　今年第9号强台风“梅花”来势汹汹,目前仍然在向我国华东沿海靠近,并且将在未来的几天给浙江、江苏、上海等沿海多省市带来狂风暴雨。

针对热带气旋是有名字的,讨论热带气旋的名字以及热带气旋的除名正确认识热带气旋的名字。

第1列	第2列	第3列	第4列	第5列	名字来源
Damrey 达维	Kong-rey 康妮	Nakri 娜基莉	Krovanh 科罗旺	Sarika 莎粒嘉	柬埔寨
Longwang 龙王	Yutu 玉兔	Fengshen 风神	Dujuan 杜鹃	Haima 海马	中国
Kirogi 鸿雁	Toraji 桃芝	Kaimaegi 海鸥	Maemi 鸣蝉	Meari 米雷	朝鲜
Kai-tak 启德	Man-yi 万宜	Fung-wong 凤凰	Choi-wan 彩云	Ma-on 马鞍	中国香港
Tembin 天秤	Usagi 天兔	Kammuri 北冕	Koppu 巨爵	Tokage 蝎虎	日本
Bolaven 布拉万	Pabuk 帕布	Phanfone 巴蓬	Ketsana 凯萨娜	Nock-tem 洛坦	老挝
Chanchu 珍珠	Wutip 蝴蝶	Vongfong 黄蜂	Parma 芭玛	Muifa 梅花	中国澳门
Jelawat 杰拉华	Sepat 圣帕	Rusa 鹿莎	Melor 茉莉	Merbok 苗柏	马来西亚
Ewiniar 艾云尼	Fitow 菲特	Sinlaku 森拉克	Nepartak 尼伯特	Nanmadol 南玛都	密克罗尼西亚
Bilis 碧利斯	Danas 丹娜丝	Hagupit 黑格比	Lupit 卢碧	Talas 塔拉斯	菲律宾
Kaemi 格美	Nari 百合	Changmi 蔷薇	Sudal 苏特	Noru 奥鹿	韩国
Prapiroon 派比安	Vipa 韦帕	Megkhla 米克拉	Nida 妮妲	Kularb 玫瑰	泰国
Maria 玛莉亚	Francisco 范斯高	Higos 海高斯	Omais 奥麦斯	Roke 洛克	美国
Saomai 桑美	Lekima 利奇马	Bavi 巴威	Conson 康森	Sonca 桑卡	越南
Bopha 宝霞	Krosa 罗莎	Maysak 美莎克	Chanthu 灿都	Nesat 纳沙	柬埔寨
Wukong 悟空	Haiyan 海燕	Haishen 海神	Dianmu 电母	Haitang 海棠	中国
Sonamu 清松	Podul 杨柳	Pongsona 凤仙	Mindule 蒲公英	Nalgae 尼格	朝鲜
Shanshan 珊珊	Lingling 玲玲	Yanyan 欣欣	Tingting 婷婷	Banyan 榕树	中国香港
Yagi 摩羯	Kajiki 剑鱼	Kujira 鲸鱼	Kompasu 圆规	Washi 天鹰	日本
Xangsane 象神	Faxai 法茜	Chan-hom 灿鸿	Namtheun 南川	Matsa 麦莎	老挝
Bebinca 贝碧嘉	Vamei 画眉	Linfa 莲花	Malou 玛瑙	Sanvu 珊瑚	中国澳门
Rumbia 温比亚	Tapah 塔巴	Nangka 浪卡	Meranti 莫兰蒂	Mawar 玛娃	马来西亚
Soulik 苏力	Mitag 米娜	Soudelor 苏迪罗	Rananim 云娜	Guchol 古超	密克洛尼西亚
Cimaron 西马仑	Hagibis 海贝思	Imbudo 伊布都	Malakas 马勒卡	Talim 泰利	菲律宾
Chebi 飞燕	Noguri 浣熊	Koni 天鹅	Megi 鲇鱼	Nabi 彩蝶	韩国
Durian 榴莲	Ramasoon 威马逊	Hanuman 翰文	Chaba 暹芭	Khanun 卡努	泰国
Utor 尤特	Chataan 查特安	Etau 艾涛	Kodo 库都	Vicente 韦森特	美国
Trami 谭美	Halong 夏浪	Vamco 环高	Songda 桑达	Saola 苏拉	越南

4. 寒潮

中新网南京2011年11月18日电:18日上午5时,江苏气象台发布寒潮预报,未来48 h内全省大部分地区最低气温将下降7~10 ℃。江苏宿迁、连云港等多个市县于18日下午发布了寒潮蓝色预警。

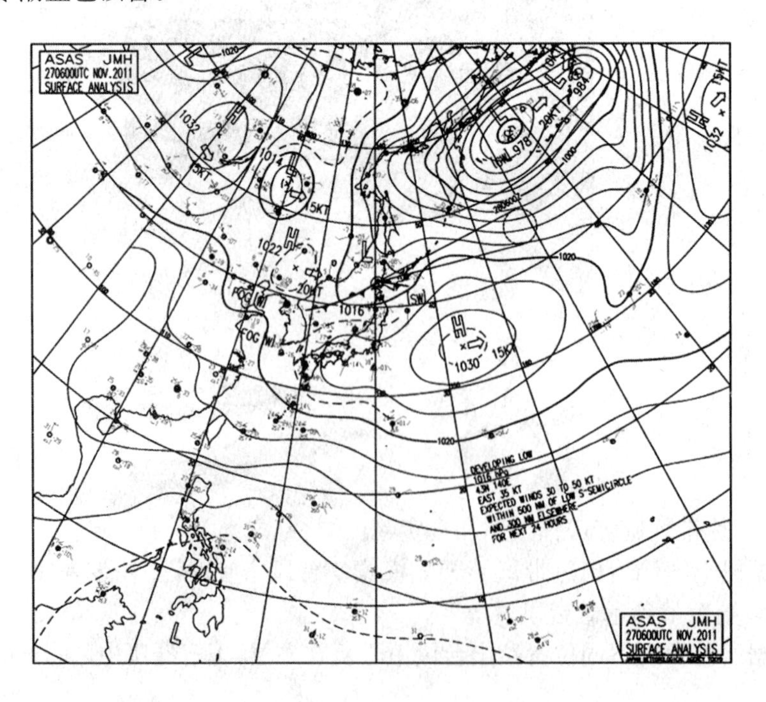

(1) 寒潮对我们生活的影响是什么?

(2) 如何分析寒潮天气,识别寒潮天气图,寒潮的移动规律个变化机制。

(3) 面对不同级别的寒潮预警机制,给出海上如何防弊寒潮灾害,在海上如何做大限度减少损失,保障自身安全。

第四部分　“海上天气预报及应用”案例

1. 图中某船位于 30°N、130°E 正驶向青岛港,预计未来 12～24 h 船舶将观测到什么样的天气现象?船舶做何种防御措施?

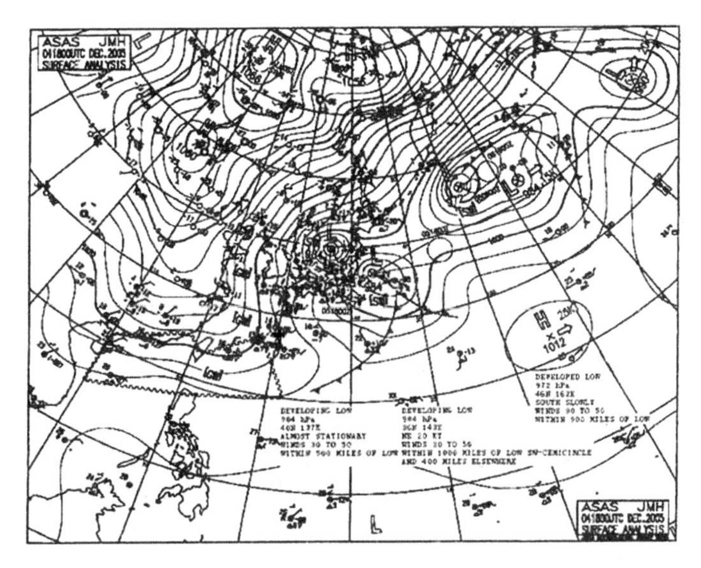

2. 根据以下资料自行分析各地及各个海区的天气,和气象台的预测对比,给出预报依据。并分析讨论天气预报的基本原理。

资料 1: 2011 年 11 月 27 日日本传真台发布地面分析图

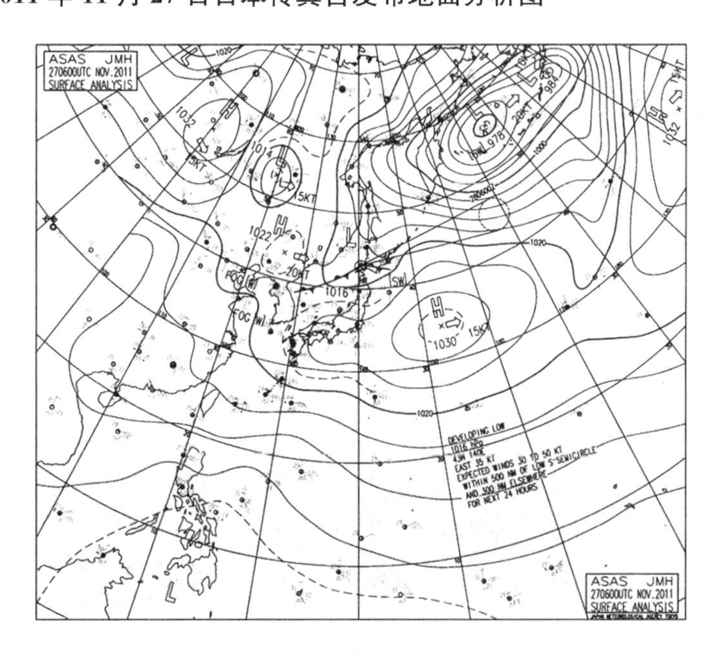

资料 2：中央气象台发布的 2011 年 11 月 27 日海面 500 hPa 分析图

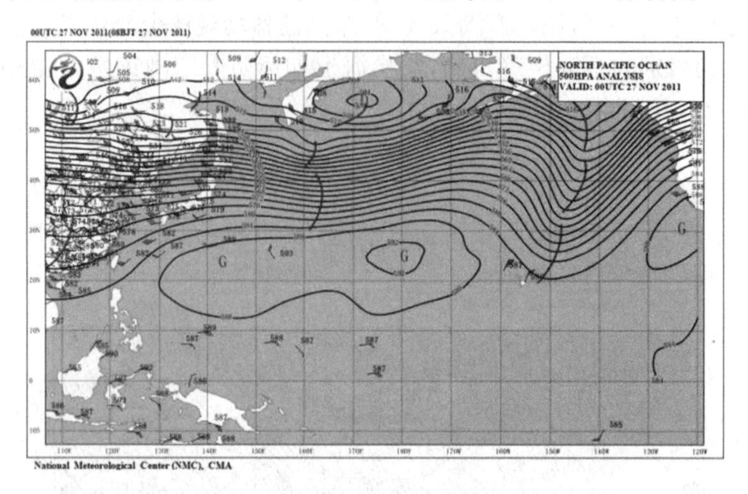

资料 3：中央气象台发布的 2011 年 11 月 26 日海面 500 hPa 24 h 预报图

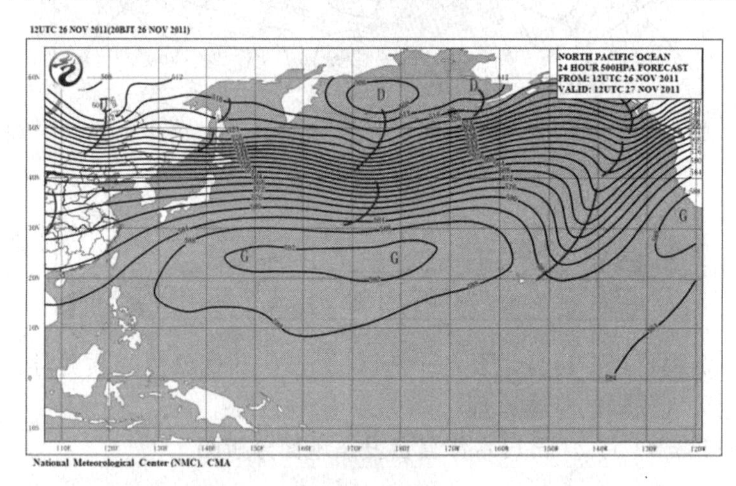

资料 4：风云 2 号 2011 年 11 月 27 日卫星云图

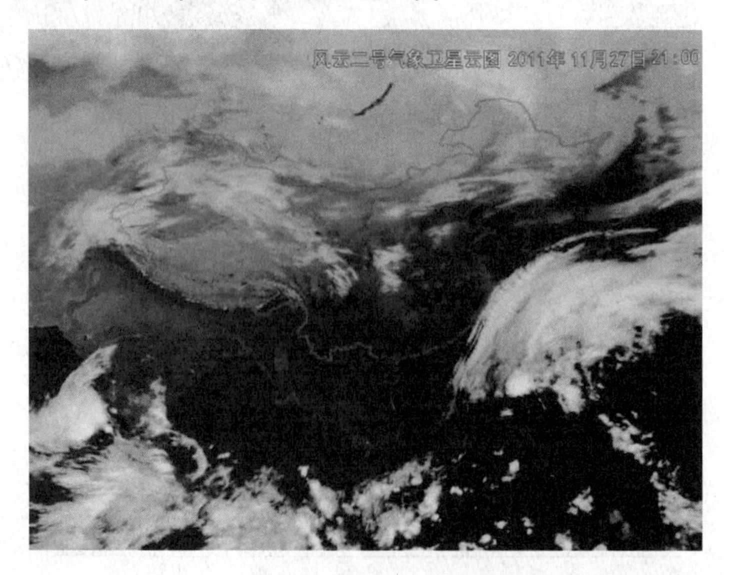

资料5：

海事天气公报

预报：黄奕武　　2011年11月27日15时30分

MESSAGE FOR NAVAREA XI(IOR) ISSUED BY NMC BEIJING
AT 1530UTC NOV. 27 2011=
MESSAGE IS UPDATED EVERY 06 HOURS=
SYNOPSIS VALID 1200UTC NOV. 27=
FORECAST VALID 1200UTC NOV. 28=
WARNNING=
NIL=
SUMMARY=
NE WINDS FROM 10 TO 12M/S SEAS UP TO 2.0M OVER
TAIWAN STRAIT AND NORTH PART OF SOUTH CHINA SEA
AND BASHI CHANNEL AND SEA SOUTH OF JAPAN=
ELY WINDS FROM 12 TO 16M/S SEAS UP TO 2.5M OVER
SEA EAST OF TAIWAN AND SEA NEAR RYUKYU ISLANDS=
FOG OBSERVED LOCALLY OVER BOHAI SEA AND BOHAI
STRAIT AND PARTS OF YELLOW SEA AND HORIZONTAL
VISIBILITY LESS THAN 10KM=
HORIZONTAL VISIBILITY LESS THAN 10KM ALSO OVER
ANDAMAN SEA AND SEA WEST OF SUMATERA AND SEA
EAST OF SINGAPORE AND MAKASSAR STRAIT AND
SULAWESI SEA AND LAUT MALUKU AND LAUT BANDA=
FORECAST=
NLY WINDS FROM 07 TO 10M/S VEER NE WINDS FROM 14
TO 20M/S GUST 22M/S SEAS UP TO 3.0M OVER
BOHAI SEA=
NLY WINDS FROM 07 TO 10M/S VEER NE WINDS FROM 10
TO 12M/S SEAS UP TO 2.0M OVER BOHAI STRAIT AND
NORTH PART OF YELLOW SEA=
NE WINDS FROM 08 TO 12M/S SEAS UP TO 2.0M OVER
MIDDLE PART OF YELLOW SEA AND SOUTH PART OF EAST
CHINA SEA AND WEST PART OF SOUTH CHINA SEA=
NE WINDS FROM 10 TO 14M/S SEAS UP TO 2.5M OVER
TAIWAN STRAIT AND SEA EAST OF TAIWAN AND BASHI
CHANNEL AND NORTHEAST AND MIDEAST PARTS OF SOUTH
CHINA SEA=
NE WINDS FROM 12 TO 18M/S SEAS UP TO 4.0M OVER
SEA EAST OF RYUKYU ISLANDS AND SEA SOUTH OF JAPAN=

海事公报(北京,中央气象台)

2011年11月27日1530时(世界时)

11月27日1200时(世界时)海事分析

11月28日1200时(世界时)海事预报

海事分析

台湾海峡、南海北部海域、巴士海峡、日本以南洋面出现了5～6级东北风,浪高2.0 m;

台湾以东洋面、琉球群岛附近海域出现了6～7级偏东风,浪高2.5 m;

渤海、渤海海峡、黄海部分海域有雾,能见度不足10 km;

能见度不足10 km的海域还有安达曼海、苏门答腊以西洋面、新加坡以东海域、望加锡海峡、苏拉威西海、马鲁古海以及班达海等海域。

海事预报

渤海将有4～5级偏北风转7～8级、阵风9级的东北风,浪高3.0 m;

渤海海峡、黄海北部海域将有4～5级偏北风转5～6级东北风,浪高2.0 m;

黄海中部海域、东海南部海域、南海西部海域将有5～6级东北风,浪高2.0 m;

台湾海峡、台湾以东洋面、巴士海峡、南海东北部和中东部海域将有5～7级东北风,浪高2.5 m;

琉球群岛以东洋面、日本以南洋面将有6～8级东北风,浪高4.0 m。

资料6

海洋天气公报

(预报:曹越男　　签发:王慧　　2011年11月27日18时)

中央气象台11月27日18时继续发布海上大风预报:

11月27日14时,黄海南部海域、东海北部海域出现了4～5级偏南风,东海南部海域出现了4～6级偏东风,台湾海峡、巴士海峡、南海中东部和西南部海域出现了5～7级东北风,台湾以东洋面、南海北部和中西部海域出现了5～6级东北风。渤海、渤海海峡、黄海北部和中部海域有雾,能见度不足10 km。其他海域天气海况条件较好。

预计,27日20时至28日20时,受冷空气影响,渤海将有4～5级偏北风逐渐增大为7～8级、阵风9级的东北风,渤海海峡、黄海北部海域将有4～5级偏北风增大为6～7级东北风。另外,黄海中部海域、东海南部海域、南海西部海域将有5～6级东北风,台湾海峡、台湾以东洋面、巴士海峡、南海东北部和中东部海域将有5～7级的东北风。其他海域天气海况条件较好。

28日20时至29日20时,受冷空气影响,渤海将有7～8级、阵风9级的东北风,渤海海峡、黄海北部和中部海域将有6～7级东北风。另外,黄海南部海域、东海大部海域、台湾以东洋面、南海大部海域将有5～6级东北风,台湾海峡、巴士海峡将有5～7级东北风。其他海域天气海况条件较好。

29日20时至30日20时,受冷空气影响,渤海、渤海海峡、黄海大部海域将有7～8级、阵风9级的东北风,东海大部海域、台湾海峡将有5～7级东北风。另外,台湾以东洋面、巴士海峡、南海大部海域将有4～6级东北风。其他海域天气海况条件较好。

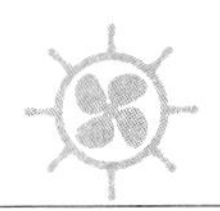

防御指南：

中央气象台、中国海上搜救中心提醒受大风影响海域航行、作业的船舶，注意航行安全。

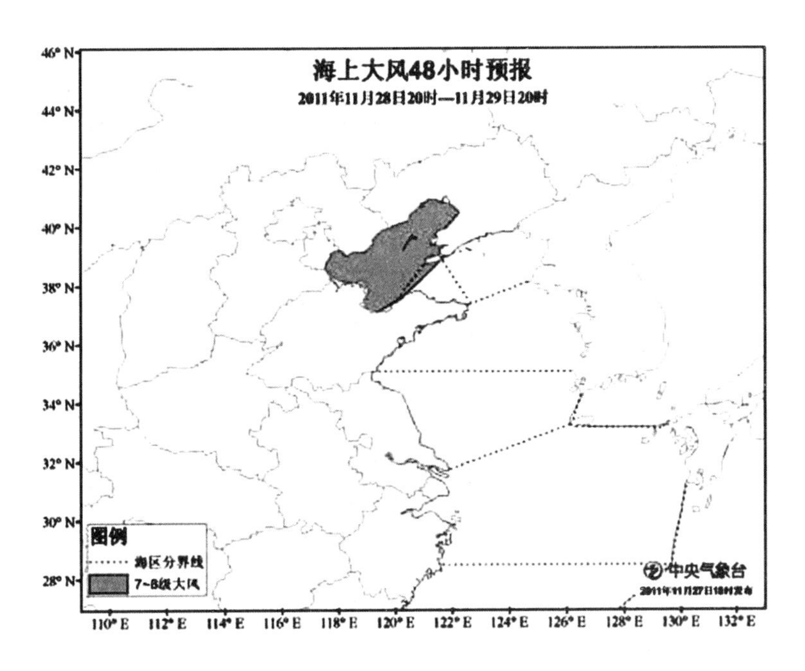

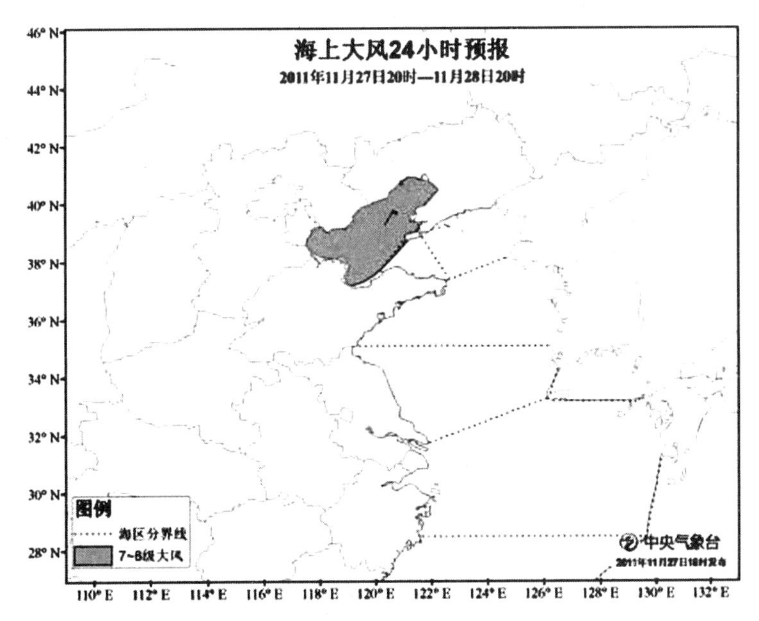

资料7

较强冷空气来袭华北黄淮等地将迎雨雪降温

来源：中央气象台　发布时间：2011年11月27日

中央气象台最新预报，预计11月28日至12月2日，受较强冷空气影响，我国中东部大部地区将先后出现4～6级偏北风，并伴有6～8℃的降温，其中内蒙古东部、东北地区、

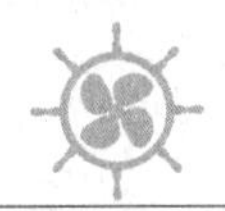

华北北部等地部分地区过程降温有 10～12 ℃，局地可达 14 ℃。我国东部和南部海区先后有 7～8 级、阵风 9 级偏北风。

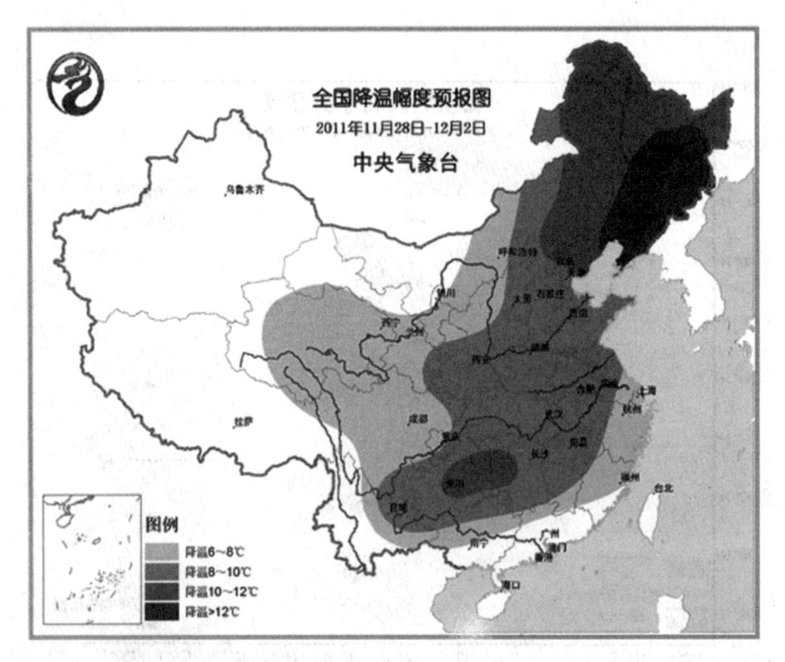

受冷空气和暖湿气流的共同影响，预计 11 月 28 日至 12 月 2 日，我国中东部大部地区将出现一次明显雨雪天气过程，其中陕西东南部、湖北中西部、湖南西北部及黄淮中西部、西南地区东部等地累计降水量有 25～50 mm，局地可达 60～70 mm。华北中南部、黄淮西部和北部将出现雨转雪或雨夹雪天气，部分地区有中到大雪。

此次雨雪过程将利于北方冬麦区墒情进一步增加，华北南部、黄淮大部农区底墒更加充足，利于北方冬小麦安全越冬以及江淮、江汉冬小麦生长发育。

但由于北方大部地区气温下降明显，气象专家提醒人们及时增加衣物，防范流感、呼吸道和心血管等疾病的发生。此外，雨雪天气将对北方的交通、电力、农业等造成影响，相关部门要提前做好应对准备工作。

附录四　灾害预警信号及防御指南

台风	蓝 BLUE	黄 YELLOW	橙 ORANGE	红 RED
暴雨		黄 YELLOW	橙 ORANGE	红 RED
高温			橙 ORANGE	红 RED
寒潮	℃ 蓝 BLUE	黄 YELLOW	℃ 橙 ORANGE	
大雾		黄 YELLOW	橙 ORANGE	红 RED
雷雨大风	蓝 BLUE	黄 YELLOW	橙 ORANGE	红 RED
大风	蓝 BLUE	黄 YELLOW	橙 ORANGE	红 RED
沙尘暴		黄 YELLOW	橙 ORANGE	红 RED
冰雹			橙 ORANGE	红 RED
雪灾		黄 YELLOW	橙 ORANGE	红 RED
道路结冰		黄 YELLOW	橙 ORANGE	红 RED

突发气象灾害预警信号，是指由有发布权的气象台站为有效防御和减轻突发气象灾害而向社会公众发布的警报信息图标。预警信号由名称、图标和含义三部分构成见上图。

预警信号分为台风、暴雨、高温、寒潮、大雾、雷雨大风、大风、沙尘暴、冰雹、雪灾、道路积冰等十一类。

预警信号总体上分为四级（Ⅳ，Ⅲ，Ⅱ，Ⅰ级），按照灾害的严重性和紧急程度，颜色依次为蓝色、黄色、橙色和红色，同时以中英文标识，分别代表一般、较重、严重和特别严重。根据不同的灾种特征、预警能力等，确定不同灾种的预警分级及标准。

当同时出现或预报可能出现多种气象灾害时，可按照相对应的标准同时发布多种预警信号。

县级以上气象主管机构所属的气象台站统一发布预警信号，并指明气象灾害预警的区域。各级气象主管机构及时、准确地发布预警信号，并根据天气变化情况，及时更新或者解除预警信号，同时通报同级人民政府。

一、台风预警信号

台风预警信号根据逼近时间和强度分四级，分别以蓝色、黄色、橙色和红色表示。

1. 台风蓝色预警信号

含义：24 h 内可能受热带低压影响，平均风力可达 6 级以上，或阵风 7 级以上；或者已经受热带低压影响，平均风力为 6～7 级，或阵风 7～8 级并可能持续。

2. 台风黄色预警信号

含义：24 内可能受热带风暴影响，平均风力可达 8 级以上，或阵风 9 级以上；或者已经受热带风暴影响，平均风力为 8～9 级，或阵风 9～10 级并可能持续。

3. 台风橙色预警信号

含义：12 h 内可能受强热带风暴影响，平均风力可达 10 级以上，或阵风 11 级以上；或者已经受强热带风暴影响，平均风力为 10～11 级，或阵风 11～12 级并可能持续。

4. 台风红色预警信号

含义：6 h 内可能或者已经受台风影响，平均风力可达 12 级以上，或者已达 12 级以上并可能持续。其他同台风橙色预警信号。

二、暴雨预警信号

暴雨预警信号分三级，分别以黄色、橙色、红色表示。西北和青藏高原地区的省级气象主管机构可根据实际情况制定暴雨预警标准，报中国气象局预测减灾司审批。

1. 暴雨黄色预警信号

含义：6 h 降雨量将达 50 mm 以上，或者已达 50 mm 以上且降雨可能持续。

2. 暴雨橙色预警信号

含义：3 h 降雨量将达 50 mm 以上，或者已达 50 mm 以上且降雨可能持续。

3. 暴雨红色预警信号

含义：3 h 降雨量将达 100 mm 以上，或者已达 100 mm 以上且降雨可能持续。

三、高温预警信号

高温预警信号分二级，分别以橙色、红色表示。干旱地区的省级气象主管机构可根据实际情况制定高温预警标准，报中国气象局预测减灾司审批。

1. 高温橙色预警信号

含义：24 h 内最高气温将要升至 37 ℃以上。

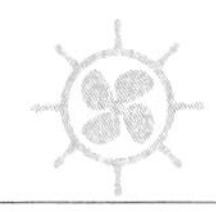

2. 高温红色预警信号

含义：24 h 内最高气温将要升到 40 ℃以上。

四、寒潮预警信号

寒潮预警信号分三级，分别以蓝色、黄色、橙色表示。对寒潮预警标准中的大风标准，各省级气象主管机构可根据实际情况参照以下标准制定，报中国气象局预测减灾司审批。

1. 寒潮蓝色预警信号

含义：24 h 内最低气温将要下降 8 ℃以上，最低气温小于等于 4 ℃，平均风力可达 6 级以上，或阵风 7 级以上；或已经下降 8 ℃以上，最低气温小于等于 4 ℃，平均风力达 6 级以上，或阵风 7 级以上，并可能持续。

2. 寒潮黄色预警信号

含义：24 h 内最低气温将要下降 12 ℃以上，最低气温小于等于 4 ℃，平均风力可达 6 级以上，或阵风 7 级以上；或已经下降 12 ℃以上，最低气温小于等于 4 ℃，平均风力达 6 级以上，或阵风 7 级以上，并可能持续。

3. 寒潮橙色预警信号

含义：24 h 内最低气温将要下降 16 ℃以上，最低气温小于等于 0 ℃，平均风力可达 6 级以上，或阵风 7 级以上；或已经下降 16 ℃以上，最低气温小于等于 0 ℃，平均风力达 6 级以上，或阵风 7 级以上，并可能持续。

五、大雾预警信号

大雾预警信号分三级，分别以黄色、橙色、红色表示。

1. 大雾黄色预警信号

含义：12 h 内可能出现能见度小于 500 m 的浓雾，或者已经出现能见度小于 500 m、大于等于 200 m 的浓雾且可能持续。

2. 大雾橙色预警信号

含义：6 h 内可能出现能见度小于 200 m 的浓雾，或者已经出现能见度小于 200 m、大于等于 50 m 的浓雾且可能持续。

3. 大雾红色预警信号

含义：2 h 内可能出现能见度低于 50 m 的强浓雾，或者已经出现能见度低于 50 m 的强浓雾且可能持续。

六、雷雨大风预警信号

雷雨大风预警信号分四级，分别以蓝色、黄色、橙色、红色表示。

1. 雷雨大风蓝色预警信号

含义：6 h 内可能受雷雨大风影响，平均风力可达到 6 级以上，或阵风 7 级以上并伴有雷电；或者已经受雷雨大风影响，平均风力已达到 6—7 级，或阵风 7—8 级并伴有雷电，且可能持续。

2. 雷雨大风黄色预警信号

含义：6 h 内可能受雷雨大风影响，平均风力可达 8 级以上，或阵风 9 级以上并伴有强雷电；或者已经受雷雨大风影响，平均风力达 8～9 级，或阵风 9～10 级并伴有强雷电，且可能持续。

3. 雷雨大风橙色预警信号

含义：2 h 内可能受雷雨大风影响，平均风力可达 10 级以上，或阵风 11 级以上，并伴有强雷电；或者已经受雷雨大风影响，平均风力为 10～11 级，或阵风 11～12 级并伴有强雷电，且可能持续。

4. 雷雨大风红色预警信号

含义：2 h 内可能受雷雨大风影响，平均风力可达 12 级以上并伴有强雷电；或者已经受雷雨大风影响，平均风力为 12 以上并伴有强雷电，且可能持续。

七、大风预警信号

大风(除台风、雷雨大风外)预警信号分四级，分别以蓝色、黄色、橙色、红色表示。

1. 大风蓝色预警信号

含义：24 h 内可能受大风影响，平均风力可达 6 级以上，或阵风 7 级以上；或者已经受大风影响，平均风力为 6～7 级，或阵风 7～8 级并可能持续。

2. 大风黄色预警信号

含义：12 h 内可能受大风影响，平均风力可达 8 级以上，或阵风 9 级以上；或者已经受大风影响，平均风力为 8～9 级，或阵风 9～10 级并可能持续。

3. 大风橙色预警信号

含义：6 h 内可能受大风影响，平均风力可达 10 级以上，或阵风 11 级以上；或者已经受大风影响，平均风力为 10～11 级，或阵风 11～12 级并可能持续。

4. 大风红色预警信号

含义：6 h 内可能出现平均风力达 12 级以上的大风，或者已经出现平均风力达 12 级以上的大风并可能持续。

八、沙尘暴预警信号

沙尘暴预警信号分三级，分别以黄色、橙色、红色表示。

1. 沙尘暴黄色预警信号

含义：24 h 内可能出现沙尘暴天气(能见度小于 1 000 m)或者已经出现沙尘暴天气并可能持续。

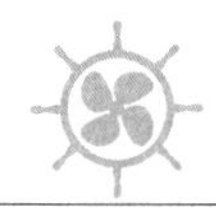

2. 强沙尘暴橙色预警信号

含义：12 h 内可能出现强沙尘暴天气(能见度小于 500 m)，或者已经出现强沙尘暴天气并可能持续。

3. 特强沙尘暴红色预警信号

含义：6 h 内可能出现特强沙尘暴天气(能见度小于 50 m)，或者已经出现特强沙尘暴天气并可能持续。

九、冰雹预警信号

冰雹预警信号分二级，分别以橙色、红色表示。

1. 冰雹橙色预警信号

含义：6 h 内可能出现冰雹伴随雷电天气，并可能造成雹灾。

防御指南：

2. 冰雹红色预警信号

含义：2 h 内出现冰雹伴随雷电天气的可能性极大，并可能造成重雹灾。

十、雪灾预警信号

雪灾预警信号分三级，分别以黄色、橙色、红色表示。

1. 雪灾黄色预警信号

含义：12 h 内可能出现对交通或牧业有影响的降雪。

2. 雪灾橙色预警信号

含义：6 h 内可能出现对交通或牧业有较大影响的降雪，或者已经出现对交通或牧业有较大影响的降雪并可能持续。

3. 雪灾红色预警信号

含义：2 h 内可能出现对交通或牧业有很大影响的降雪，或者已经出现对交通或牧业有很大影响的降雪并可能持续。

十一、道路结冰预警信号

道路结冰预警信号分三级，分别以黄色、橙色、红色表示。

1. 道路结冰黄色预警信号

含义：12 h 内可能出现对交通有影响的道路结冰。

2. 道路结冰橙色预警信号

含义：6 h 内可能出现对交通有较大影响的道路结冰。

3. 道路结冰红色预警信号

含义：2 h 内可能出现或者已经出现对交通有很大影响的道路结冰。

附录五　船舶海洋水文气象辅助测报记录表

船名：　　　　年　月　日　　　　　　　　　　　　　　　　　　第　　航次

			00Z(08)	06Z(14)	12Z(20)	18Z(02)
世界时 GG(北京时)			00Z(08)	06Z(14)	12Z(20)	18Z(02)
航线			由　到	由　到	由　到	由　到
船位	纬度(LaLaLa)					
	经度(LoLoLo)					
	航向(DsDsDs)					
	航速(VsVsVs)					
	观测前 3 h 内主导航向 Ds					
	观测前 3 h 内平均航速 Vs		kn	kn	kn	kn
云	总云量 N/低云量 N_h		/	/	/	/
	云状 高云 C_H	电码				
	云状 中云 C_M	电码				
	云状 低云 C_L	电码				
	最低云高 h	电码	m	m	m	m
能见度 VV		电码	km	km	km	km
现在天气现象 ww		电码				
过去天气现象 W_1W_2		电码				
风浪波高 HwHw		电码	m	m	m	m
涌浪来向 dw_1dw_2		电码				
涌浪波高 Hw_1Hw_1		电码	m	m	m	m
风	合成风向					
	合成风速		m/s	m/s	m/s	m/s
	真风向 dd					
	真风速 ff		m/s	m/s	m/s	m/s
干球温度	读数	器差				
	修正后 TTT					
湿球温度	读数	器差				
	修正后 TcTcTc					
相对湿度	读数	器差				
	修正后					
气压	读数					
	综合修正					
	海平面气压 PPPP		hPa	hPa	hPa	hPa
表层水温	读数	器差				
	修正后 TwTwTw					
采水瓶号		盐度				
海发光						
观测员						
记要栏						
年　月　日						

BBXX	BBXX	BBXX	BBXX	BBXX	4PPPP	4	4	4	4
DDDD					$7wwW_1W_2$	7	7	7	7
$YYGGi_w$					$8N_hC_LC_HC_H$	8	8	8	8
$99L_aL_aL_a$	99	99	99	99	222DsVs	222	222	222	222
QcLoLoLoLo					0SnTwTwTw	0	0	0	0
4ixhVV	4	4	4	4	2//HwHw	2//	2//	2//	2//
Nddff					$3//dw_1dw_1$	3//	3//	3//	3//
1SnTTT	1	1	1	1	$4//Hw_1Hw_1$	4//	4//	4//	4//